Christoph Bornschein & Sebastian Pioch

Corporate Heroes

So werden Mitarbeiter zu den Intrapreneuren, die Unternehmen in der Zukunft brauchen

Unter Mitarbeit von Sebastian Cleemann

REDLINE | VERLAG

CHRISTOPH BORNSCHEIN & SEBASTIAN PIOCH

MIT SEBASTIAN CLEEMANN

CORPORATE HEROES

So werden Mitarbeiter zu den Intrapreneuren, die Unternehmen in der Zukunft brauchen

Bibliografische Information der Deutschen Nationalbibliothek

Die Deutsche Nationalbibliothek verzeichnet diese Publikation in der Deutschen National-
bibliografie. Detaillierte bibliografische Daten sind im Internet über https://dnb.de abruf-
bar.

Für Fragen und Anregungen
info@m-vg.de

Wichtiger Hinweis

Ausschließlich zum Zweck der besseren Lesbarkeit wurde auf eine genderspezifische Schreibweise
sowie eine Mehrfachbezeichnung verzichtet. Alle personenbezogenen Bezeichnungen sind somit
geschlechtsneutral zu verstehen.

Originalausgabe
1. Auflage 2024
© 2023 by Redline Verlag, ein Imprint der Münchner Verlagsgruppe GmbH
Türkenstraße 89
80799 München
Tel.: 089 651285-0
Fax: 089 652096

Redaktionelle Mitarbeit: Donata von der Leyen
Redaktion: Anne Horsten
Umschlaggestaltung: Marc Fischer
Umschlagabbildung: Alena Spott
Satz: Carsten Klein
Druck: GGP Media GmbH, Pößneck
Printed in Germany

ISBN Print 978-3-86881-936-6
ISBN E-Book (PDF) 978-3-96267-514-1
ISBN E-Book (EPUB, Mobi) 978-3-96267-513-4

Weitere Informationen zum Verlag finden Sie unter

www.redline-verlag.de

Beachten Sie auch unsere weiteren Verlage unter www.m-vg.de

Inhalt

Vorworte

Wettbewerbsfähigkeit ohne Innovationen?

Niemand würde das für möglich halten. Daher leuchtet es ein, dass eine der Topprioritäten von Unternehmen lautet, innovativ zu sein und es vor allem zu bleiben. Innovationen beschränken sich nicht nur auf die Entwicklung neuer Technologien und Produkte, auch Prozesse oder Geschäftsmodelle sollten kontinuierlich innoviert werden. Damit dies gelingt, braucht es schlaue Köpfe mit neuen Ideen und natürlich auch Investitionen.

Ich erinnere mich gut an ein Programm, das wir bei meinem ehemaligen Arbeitgeber Siemens entwickelt haben. Im Zuge einer Restrukturierungsmaßnahme legten wir einen sogenannten Innovationsfonds an, ein zentrales Budget für disruptive Ideen aus dem Unternehmen. Die einzige Voraussetzung für die Bewerbung um Mittel aus diesem Fonds lautete: Es durften keine Einzelpersonen ihre jeweilige Idee vorbringen, sondern es musste sich jeweils ein gesamtes Team bewerben, damit bereits zu Beginn vielfältige Perspektiven auf die Idee und ihre Machbarkeit eingebracht wurden.

Natürlich waren wir skeptisch, ob dieses Vorhaben gelänge. Unsere Sorgen waren allerdings unnötig – Teams überrannten uns mit Ideen, von denen viele eindeutig förderungswürdig waren. Längst nicht alle Mitglieder dieser Teams kamen aus Forschungs- und Entwicklungsabteilungen. Aber sie alle hatten Märkte, Kunden und Technologie im Blick und interessierten sich vor allem dafür, sich einzubringen, um die Innovationsfähigkeit des Unternehmens zu sichern. Nicht selten hatten sie ihre Ideen bereits vorher im Management vorgestellt, waren jedoch auf diesem Weg nie zum Zug gekommen.

Ein klassisches Problem: Wer ein Budget für Forschung und Entwicklung verantwortet, investiert meist in die Weiterentwicklung bestehender Produkte. Dies macht einen Misserfolg unwahrscheinlicher, und außerdem hat man für »the same procedure as every year« keine negative Konsequenz zu erwarten. Also ist klar, worauf der Fokus liegt. Doch die Ideen von übermorgen bedürfen anderer Mechanismen und anderer Freiräume. Und diese gilt es zu ermöglichen.

Bestehende Produkte und Technologien kontinuierlich weiterzuentwickeln, beherrschen die meisten Organisationen gut. Dies ist auch eindeutig notwendig, um im jeweiligen Marktsegment wettbewerbsfähig zu bleiben. Doch wenn es um neue, disruptive Innovationen geht, wird es komplizierter, denn alles Neue ist bekanntlich unsicher, und der menschliche Habitus kommt schnell ins Spiel. Man hinterfragt alles und zerredet es auch gern: Passt das wirklich zu uns, wer will das Produkt kaufen oder lässt sich die Technologie jemals praktisch einsetzen? Wenn disruptive Innovationen aber gelingen, dann ist es möglich, komplett neue Märkte und Geschäftsfelder zu erschließen und damit neue Umsatzstränge zu generieren.

Wie gelingt es also, Innovationen in all ihrer Breite zu ermöglichen?

Nicht überraschend führt nicht die eine Lösung zum Erfolg, aber Neugier und Offenheit sind gute Startvoraussetzungen. Ein »Ecosystem« aufzubauen, also einen regelmäßigen Austausch und Zusammenarbeit mit Universitäten, Forschungsinstituten und anderen Partnern zu etablieren, ist ein guter Start, um am Ball zu bleiben. Je internationaler diese Netzwerke, je vielseitiger die Menschen sind, desto mehr kreative Ideen werden entstehen. Denn inhouse findet man meist weder diese Vielfalt an Köpfen noch die erforderliche Zeit. Auch die Grundlagenforschung bleibt die Domäne der Wissenschaft und ist immens wichtig. Denn wer sonst arbeitet an den Herausforderungen der Zukunft, die wir noch gar nicht kennen?

Für viele Unternehmen ist auch das aktive Screening im Markt sinnvoll, um geeignete Firmen zu finden, die das eigene Portfolio ergänzen könnten. Ob Start-ups oder etabliertere Unternehmen, es bieten sich viele Möglichkeiten an. Doch auch wenn die Mergers & Acquisitions-Strategie in jedem Lehrbuch steht, ist das aktive Scouting nicht überall tägliche Realität, sondern wird oft noch opportunitätsgetrieben gesteuert. Dies funktioniert manchmal auch, doch die strategische Perspektive lohnt sich auch hier.

Doch nicht nur der Blick nach außen ist hilfreich, auch im eigenen Unternehmen kann man Bedingungen schaffen, die Innovationen, auch die radikalen, zu ermöglichen. Mitarbeiter zu finden, die out of the box denken, ist einfacher, als es scheint. Und Manager zu entdecken, die das richtige, innovationsfreudige Mindset bereits gezeigt haben, ist ebenfalls machbar.

Schwieriger wird es jedoch, die Unternehmenskultur so auszulegen, dass Mitarbeiter sicher sind, sie dürfen, ja sollen sogar ihre Ideen einbringen, unabhängig von Funktion oder Hierarchiestufe. Denn Ideen entstehen nicht nur in den dafür vorgesehenen Abteilungen, sondern überall in einer Firma. Dies klingt einfach, doch diese Unternehmenskultur zu etablieren, ist kein schneller Schritt, sondern erfordert eine tiefe Überzeugung und zielgerichtetes Agieren – von der Idee bis zur Bereitstellung des Budgets.

Idee und Budget sind allerdings nur ein Anfang, relevant sind auch die Strukturen und die Freiheitsgrade, welche die Teams erhalten. Denn wenn sie in der üblichen Unternehmensbürokratie agieren müssen, können sie das notwendige Tempo kaum erreichen. Manchmal reichen Freiräume in den bestehenden Abteilungen, andere Male sind Inkubatoren oder Acceleratoren geeigneter. Es bestehen viele Möglichkeiten, doch was sie immer gemein haben, ist die vorhergehende klare Managemententscheidung, Freiräume zu gewähren, Dinge mal anders zu machen und sich manchmal auch aus den Details herauszuhalten.

Im Innovationsbereich geht es selten zu wie geplant. Manches funktioniert schneller als erwartet, manches dauert länger. Zu früh aufzugeben, kann ebenso falsch sein, wie zu lange abzuwarten. Nicht zu vergleichen mit etablierten Geschäften. Klare KPIs helfen dennoch dabei, Entscheidungen zu treffen, die nicht auf einem Bauchgefühl basieren, sondern auf klaren Fakten. Dann wird nicht aus akuten Dringlichkeiten agiert. Vor allem aber geben KPIs eine klare Guidance in den Gremien, in denen die technologische Kompetenz zur Bewertung nicht mehr durchgängig vorhanden ist.

Wer glaubt, Innovationen brauchen Chaos, der täuscht sich. Doch sie benötigen Freiraum, Weitsicht und das Wissen, dass nicht aus jeder Idee das nächste große Geschäft wird. Wer es schafft, diese Erkenntnis in der Unternehmenskultur zu verankern, wird nicht lange auf Erfolg warten müssen.

Janina Kugel
Aufsichtsrätin und Senior Advisor

In der Erzählung der digitalen Transformation ...

... kommt dem deutschen Mittelstand oft eine wenig schmeichelhafte Rolle zu. Im besten Fall ist er der etwas dröge Begleiter der wahren Helden immer ein wenig hinterher, zu sehr mit eigenen Problemen beschäftigt, um der großen Sache dienlich zu sein. Sein industrielles Erbe wird oft als Ballast auf dem Weg in die postindustrielle Gesellschaft gesehen, als unnützer Klumpen, von dem er sich einfach nicht trennen kann, während die Helden längst an einer neuen, einer viel schillernder scheinenden Welt arbeiten. Das mag eine überspitzte Wiedergabe des Diskurses der letzten Jahrzehnte sein, doch der Glaube, die über Jahrzehnte erarbeiteten Stärken vieler Unternehmen seien in der digitalen Transformation allmählich zu Schwächen geworden – Schwächen, die viele auch als Grund für den Abgesang Europas nutzen –, hält sich hartnäckig. Dieser Einschätzung widerspreche ich vehement.

Innovation ist die Triebfeder der deutschen und europäischen Wirtschaft und das Herz des deutschen Mittelstands. Unternehmen, die sich zum Teil seit hundert und mehr Jahren konsequent weiterentwickeln, deren Innovationskraft sie durch zahlreiche neue Marktzyklen getragen hat, die heute mit Substanz und Kraft in ihren Märkten stehen und wertvolle Kundenbindungen halten, dürfen auf ihre Position und ihr Erbe durchaus stolz sein. Nun gilt es, all diese Stärken angesichts der aktuellen und kommenden Herausforderungen zu mobilisieren und die eigene Innovationskraft neu zu entfalten. Könnten viele deutsche Unternehmen darin schneller und effektiver vorgehen? Zweifellos. Das aber ist keine Frage von Stärken und Schwächen, sondern in den meisten Fällen eine des ersten Schritts – und dafür braucht es Mut, bewährte Pfade zu verlassen und neue Wege einzuschlagen.

Am besten funktioniert Innovation nach wie vor, wenn Unternehmer »in der Schwebe des Lebendigen« bleiben, wenn sie weiterhin im Austausch mit der Welt stehen und kreative Analogien aus anderen Lebens- und Wirtschaftsbereichen auf das eigene Schaffen anwenden. Dieser Austausch prägt einen Großteil meines eigenen Lebens. Er steckt in der Geschichte meines Großvaters, der vom Künstler zum Unternehmer wurde und dabei nie den Blick für die Kunst und ihre Ideenwelt verlor. Er steckte in meiner Dissertation, in der ich die Wechselwirkungen von Kunst und Unternehmertum in der Renaissance untersuchte. Er steckt nicht zuletzt in meiner Arbeit als Unternehmerin und Investorin, in der ich versuche,

in die Welt kluger Denker, kreativer Künstler und innovativer Unternehmer einzutauchen und mit ihnen im Austausch zu sein. Immer im Ringen um Erkenntnis, denn nur mit dieser können wir die Zukunft so gestalten, dass wir positiven Wandel in die Welt bringen. Schöpferisches Potenzial wird freigesetzt, wenn
Menschen mit unterschiedlichen Denkhintergründen zusammenkommen oder
anders gesagt: Intersektion kann Ursprung disruptiver Innovation sein.

In diesem Sinne ist auch La Famiglia, das Wagniskapitalunternehmen, das
ich mitbegründete und -führe, längst zu einer Plattform geworden, auf der sich
Unternehmer etablierter Industrien mit dem Start-up-Ökosystem austauschen,
begegnen, und voneinander lernen. Hier entstehen neue Verbindungen und neue
Dynamiken ebenso wie neue Ideen und Lösungswege: Die, die alles zu verlieren
haben und dementsprechend bedachtsam und vorsichtig agieren, treffen die, die
alles zu gewinnen haben, und entsprechend schnell, aggressiv und forsch auftreten. Gemeinsam aber sprechen sie EINE Sprache. Es ist ihr Blick auf kreative
Lösungen und große Veränderungen. Es ist, kurz und bündig, ihr Unternehmertum.

Wenn ich hier von Unternehmern spreche, erscheinen vor unserem inneren
Auge bestimmte Bilder, vielleicht Stereotype und sehr klassische Muster. Meine
Erfahrung ist: Unternehmer gab und gibt es in allen Schattierungen und mit
ganz unterschiedlichen Persönlichkeiten. Was ihnen gemeinsam ist: Es sind meist
Menschen mit einem besonderen Blick für Lösungen, die oft auf unerwarteten
Wegen in ihre Position gekommen sind.

Für den kreativ innovierenden Unternehmer ist der Motor der digitalen
Transformation, der softwaregetriebene Technologiewandel, keineswegs eine Be-
drohung. Vielmehr stellt er eine unerschöpfliche Quelle von Möglichkeiten und
Lösungsansätzen dar. Er macht es noch einfacher, Prozesse und Produkte neu
zu denken und zu transformieren. Insbesondere generative künstliche Intelligenz
ist im Kern ein Transformationswerkzeug, welches enorme Wertschöpfungs-
potenziale freisetzen kann. Bereits existierende Phänomene werden in Kombination mit neuen Werkzeugen – Code, Technologien – zu kompletten Neuerungen
kombiniert, die als spürbare Innovationsanwendungen auf die Märkte kommen.

Junge Start-ups mögen in diesem Wandel in mancher Hinsicht Vorteile haben,
denn sie werden um diese neuen Lösungen und Technologien herum gegründet
und können sie entsprechend energisch in die Märkte tragen. Doch das Wissen
um Märkte und Kunden, der Zugang zu ihnen, die prozessualen und strukturel-

len Berührungspunkte, die Nachfrage und die Ressourcen, die benötigt werden, damit neue Ideen zu relevanter Größe kommen, liegen oft in den Händen der etablierten Giganten. Es wäre fahrlässig, die jeweiligen Stärken nicht als komplementär zu verstehen.

Das Interesse der großen Unternehmen an Kollaboration ist mittlerweile geweckt, das Problembewusstsein gegeben: Was in der digitalen Welt passiert, ist wichtig für unser Geschäft und damit für unsere Zukunft. Ich bin fest davon überzeugt: Nachhaltiges und technologiebasiertes Wachstum in Europa erfordert »radikale Zusammenarbeit«. La Famiglia ist selten die einzige Anlaufstelle für Innovationsbestrebungen von Unternehmen. Der Kontakt zu uns erwächst meist aus einer grundlegenden Auseinandersetzung mit den Fragestellungen, die Unternehmen bewegen. Wir und unsere Netzwerke können Antworten geben, aber dafür müssen wir uns gemeinsam mit den richtigen Fragen beschäftigen. Dazu wiederum gehört es, die eigenen Stärken zu erkennen, diese neu zu bewerten und ihnen mit Hilfe neuer Technologien Nachdruck zu verschaffen. Denn in der Erzählung der digitalen Transformation gilt wie in Franz Kafkas Türhüterlegende: »Hier konnte niemand sonst Einlass erhalten, denn dieser Eingang war nur für dich bestimmt.«

Jeannette zu Fürstenberg
Founding Partner of La Famiglia VC

Intros

Von der Tasse auf die Straße – Innovation goes Praxis.

Sebastian Pioch

»Digital & agil: 2030 ist das Ziel!« oder »Innovativ 4-ever!«. Wenn Sie sich gerade fragen, wieso Ihnen diese Floskeln bekannt vorkommen, scannen Sie doch einmal die Kaffeebecher in Ihrem Büro. Statistisch gesehen ist es wahrscheinlich, dass Sie da etwas finden. Kaum ein Strategieworkshop beginnt oder endet, ohne dass man derlei Merchandise-Vehikel austeilt. Nur, wer wüsste genau, was zu tun ist, beim koffeinlastigen Lesen jener Sprüche? Vermutlich die Wenigsten.

Worin Einigkeit besteht: Wer nicht innovativ ist, fliegt zwangsläufig irgendwann aus dem Markt. Lediglich jedes siebte Unternehmen erreicht das 30. Lebensjahr, und sogar nur jede 20. Firma wird 50. Was ist da los?

Mit rund 1.500 Beschäftigten hat sich die Coatinc-Gruppe auf das Verzinken von Stahlteilen spezialisiert. Ein Zinkbadverfahren schützt Maschinen und Bauteile für die nächsten 50 Jahre vor Rost. Noch hat das Unternehmen laut einem *Spiegel*-Bericht gut damit zu tun, alte Aufträge abzuarbeiten. Doch die Zukunft sieht nicht rosig aus, eher rostig.

Ähnlich geht es vielen Automobilzulieferern, die Schmier- und Kühlstoffe herstellen. Während ein Verbrennungsmotor je nach Modell aus ca. 1.400 Bauteilen besteht, wird ein Elektromotor nur noch aus ca. 200 Teilen zusammengebaut. Da wird nicht mehr viel geschmiert oder gekühlt, die Deindustrialisierung ist längst Alltag.

Nun könnte man meinen, Politik und Unternehmen hätten aus Fällen wie Kodak, Brockhaus oder Blockbuster gelernt, aber nein, in Sachen Innovation ist Deutschland bestenfalls Mittelmaß. Dies belegt zum einen die schwache Konjunktur. Mit 0,9 Prozent Wachstum liegen wir etwa weit hinter Spanien mit 3,3 Prozent und meilenweit hinter Indien zurück, das sogar 6,5 Prozent mehr erwirtschaftet als im Vorjahr.

Hatte der *Londoner Economist* recht, als er Deutschland zur Jahrtausendwende schon einmal zum »kranken Mann Europas« ernannte? Auch wenn eine Studie im Auftrag der Denkfabrik Dezernat Zukunft zu dem Schluss kommt, dass die Abwanderung von Firmen Deutschland bis zu 120 Milliarden Euro Wirtschaftsleistung und 1,3 Millionen Jobs kosten werde – wenn die Regierung nichts gegen die absehbar hohen Energiepreise unternimmt, so dürften hierfür auch noch viele andere Gründe bestehen.

Der Präsident des Kiel Instituts für Weltwirtschaft (ifW), Moritz Schularick, etwa sieht ein großes Problem in der Bürokratie: »Wir schieben da einen Berg von Problemen vor uns her, von der schleppenden Digitalisierung bis zur mangelnden Veränderungs- und Risikobereitschaft« […] »Wir sind Veränderungsangsthasen geworden,« konstatierte er in einem *Spiegel*-Interview.

Ein Paradebeispiel, wie die Bürokratie innovatives Handeln ausbremst, liefert Andreas Jäger, Chef eines großen Gummiherstellers in Hannover-Anderten, Weltmarktführer, 1.300 Beschäftigte. Auf dem Dach seiner Firmenzentrale wurden Solarmodule in großer Stückzahl montiert. Mehr als eine Million Euro hat sein Unternehmen investiert, ein halbes Megawatt installierte Stromleistung. Das Problem ist jedoch, dass sich zwischen Büro- und Produktionsgebäude eine öffentliche Straße befindet. Wollte er darunter ein Stromkabel legen, müsste er sich als Energieversorger registrieren, sonst bekäme er keine Genehmigung.

Und wie sieht es anderswo aus? An ausländischen Standorten der Firma, etwa in den USA, Kanada, den Niederlanden oder in Polen sei das kein Problem. Deutschland indes glänzt, wie so oft, durch ausgeprägtes Verharrungsvermögen.

Wie geht es besser? Was bieten wir Ihnen hier an?

Die Energiepreise können wir mit diesem Buch nicht ändern, wohl aber Hilfe zur Selbsthilfe und Unterstützung zur Selbstkorrektur anbieten. Wir wollen Ursachen für Hemmnisse aufzeigen, Begriffe klären und am Ende Chancen für eine erfolgreiche Realutopie liefern.

Wir äußern Ideen für eine »Goldlöckchen«-Strategie, die Experimentierfreude und den Mut, neue Wege zu gehen, fördert, während gleichzeitig eine sorgfältige Bewertung und Analyse der Ergebnisse erfolgt, um die besten Lösungen zu identifizieren – um kein Veränderungsangsthase zu sein.

Innovationen gelingen, wenn man Wirkung und Sichtbarkeit erzeugt. Wir wollen jedoch vorrausschicken, dass man Wachstum nicht um jeden Preis anstreben sollte, die grüne Transformation lässt grüßen. Wir wollen in diesem Buch beleuchten, welche Dinge gelingen und welche Fettnäpfchen Sie besser Ihrem Wettbewerb überlassen.

Dabei geht es uns darum, möglichst viele konkret umsetzbare Ansätze aufzuzeigen. Auch wir kennen kein Patentrezept, wie sich der Fachkräftemangel global lösen lässt. Aber ein Grund, warum sich Fachkräfte für andere Standorte als Deutschland entscheiden, dürfte unter anderem die Problematik des Wohnungsmangels sein. Wenn Sie also als Unternehmen Ihren potenziellen Intrapreneuren nicht nur eine berufliche Heimat, sondern auch eine Unterkunft in einer deutschen Großstadt bieten können, sorgt das mit Sicherheit für viele Punkte auf Ihrem Employer-Branding-Konto.

Moment, Intrapre-was? Dem einen oder anderen ist der Begriff Intrapreneur beziehungsweise Intrapreneurship noch nicht so geläufig, daher hier eine kurze Begriffsklärung. Auch wenn es noch keine einheitliche Definition gibt, so kann man Intrapreneurship verkürzt als Unternehmertum in Unternehmensnetzwerken auffassen. Es handelt sich dabei um Angestellte, die im Unternehmen am Unternehmen arbeiten. Intrapreneure und Menschen, die solche Mitarbeiter fördern, nennen wir *Corporate Heroes*, weil sie oftmals wahre Heldentaten vollbringen müssen, wie wir später sehen werden.

Das Konzept des Unternehmers im Unternehmen beschrieb erstmalig Pinchot im Jahr 1978. Der Intrapreneur hat aus eigener Motivation heraus ein Interesse an der Entwicklung des Unternehmens, ohne dabei jedoch das gesamtwirtschaftliche Risiko zu tragen. Sie seien »Dreamers who do«, so Pinchot.

Alle Mitarbeiter denken und handeln idealerweise, als wären sie selbst Unternehmer oder Unternehmerin, und haben dabei durchaus weitreichende Entscheidungsfreiheit für ihren eigenen Fachbereich.

Eine Herausforderung, die sich dabei stellt, lautet jedoch: Was haben Führungskräfte davon, in riskante oder zumindest unsichere Strategien zu investieren? Warum sollen sie ihre Boni riskieren, anstatt an Bewährtem festzuhalten, das bislang für gutes Wachstum gesorgt hat? Genauso wenig wie die Digitalisierung an der Technologie scheitert, so selten ist die Strategie eines Unternehmens ursächlich für ein Versagen, sondern es sind die Unternehmenskultur und die gelebten Werte.

Seit einigen Jahren erforscht die Universität Bayreuth mit dem »Intrapreneurship-Monitor« wie Unternehmen jenes Konzept umsetzen. 2022 fand sie heraus, dass im Durchschnitt 54 Prozent der befragten Unternehmen Intrapreneurship-Aktivitäten auf der Ebene der Mitarbeiter und 51 Prozent auf der Ebene der Organisation ausüben. Der Aufbau eines Intrapreneurship- Mindsets bei den Mitarbeitern wird als größte Herausforderung wahrgenommen.

Eine KfW-Studie stellte zudem fest, dass Unternehmen mit permanenten Forschungs- und Entwicklungsaktivitäten (FuE) das Innovationsgeschehen im Mittelstand dominieren, obwohl sie mit nur gut einem Neuntel eine kleine Gruppe ausmachen. So würden diese Unternehmen für 69 Prozent der mittelständischen Innovationsausgaben stehen und 54 Prozent des Umsatzes mit Produktinnovationen und 43 Prozent der Kosteneinsparungen durch Prozessinnovationen erzeugen.

Als weitere grundsätzliche Erkenntnis kommt die Studie zu dem Ergebnis, dass alle Maßnahmen, die das Angebot an qualifizierten Fachkräften im deutschen Arbeitsmarkt erhöhen, a priori indirekt auch Innovationsfördermaßnahmen sind. Innovationshemmnisse seien der bereits erwähnte Fachkräftemangel, interne Widerstände, fehlendes Marktwissen oder fehlender Schutzrechtszugang.

Er ist bereits diverse Male gefallen – der Innovationsbegriff. Auch hier bestehen diverse Vorstellungen davon, was es damit auf sich hat. Wir halten es mit Vahs und Brem, die Innovationen als Inventionen, also Erfindungen, betrachten, die sich wirtschaftlich erfolgreich am Markt positioniert haben. Dies wird interessant, wenn wir einen Blick auf eine Statistik der innovativsten Länder werfen.

2022 wurden in Deutschland 24.684 Patente angemeldet. Kein anderes Land in Europa war derart aktiv. Frankreich, als zweitplaziertes Land, kam mit 10.900 Patenten nur auf knapp die Hälfte der Anmeldungen, die Schweiz landete mit 9.008 Anmeldungen auf Platz 3. Betrachtet man jedoch den Global Innovation-Index, der weltweit die innovativsten Nationen aufführt, so belegt die Schweiz sogar noch vor den USA Platz eins, Deutschland ist auf Platz sieben mal wieder im Mittelfeld unterwegs.

Es geht also um mehr, als darum, etwas zu erfinden. Die Ingenieursnation Deutschland scheint zu fragen: *Wie können wir das technisch lösen?* Andere scheinen zu fragen: *Wie können wir das gewinnbringend verkaufen?* Es bedarf mithin also auch eines profitablen Geschäftsmodells – und vieles anderem mehr.

Lassen Sie uns einmal anschauen, was funktioniert und wie auch viele Ihrer Mitarbeiter zu Corporate Heroes werden können. Wir haben diverse Studien gelesen, mehrere Dutzend Sachbücher zusammengefasst auf Blinkist genutzt, Unmengen an Podcast-Minuten ausgewertet und eigene Erfahrungen eingebracht. Vor allem aber haben wir für Sie mit mehr als zehn spannenden Unternehmen gesprochen und ihnen diverse Erfolgsgeheimnisse entlocken können. Jene Schilderungen reichern wir um diverse Exkurse an, die Sie mit direkt anwendbarem Wissen zu Methoden, Frameworks und Konzepten versorgen. Seien Sie gespannt!

P.S.: Den größten Nutzen ziehen Sie aus diesem Buch, wenn Sie damit arbeiten. Googeln Sie unbekannte Begriffe, machen Sie sich Notizen und schauen Sie sich die verlinkten Clips und Webseiten an, auf die wir im Buch verweisen. Viel Erfolg!

Auf allen Ebenen möglich, auf allen Ebenen nötig: Innovation im 21. Jahrhundert

Christoph Bornschein

Innovation ist Erneuerung. Sie eröffnet neue Möglichkeiten, sie ermöglicht neues Denken und Handeln, sie setzt gänzlich neue Wege an die Stelle aufgegleister Routinen. Innovation findet Antworten auf neue Herausforderungen oder neue Lösungen für alte Probleme. Sie entsteht dort, wo Menschen bereit sind, bewährte Traditionen auf dreierlei Weise zu hinterfragen: Welches Problem löst unsere aktuelle Herangehensweise? Welche anderen Möglichkeiten gibt es, dieses Problem zu lösen? Wenn wir das grundlegende Problem genauer betrachten: Ist es tatsächlich ein geschlossenes Problem oder vielmehr ein Bündel von Problemen, dem wir mit einer Kombination verschiedener, altbewährter und völlig neuer Lösungen viel besser beikommen könnten?

Das ist zu verworren? Beginnen wir noch einmal.

Vom Zeitalter des schrittweisen Ausinnovierens ...

Im Grunde weiß jeder Mensch, was Innovation ist: Erneuerung eben. Wir machen etwas besser, indem wir die Dinge – unsere Produkte – oder das Machen – unsere Prozesse – verändern. Dies tun wir so lange, bis beides beinahe perfekt ist. Daraufhin machen wir noch ein wenig weiter.

Diese Perspektive auf Innovation prägte die langen und erfolgreichen Jahre des deutschen Wirtschaftens als Industrienation und Exportweltmeister. Hier fand Erneuerung lange vor allem als schrittweise Verbesserung statt. Geprägt von einem präzisen und gründlichen Ingenieursdenken, das sich am Materialfluss und am greifbaren Produkt orientierte, diente Innovation der Optimierung eines immer besser laufenden Systems und seines Outputs.

Das strategische Innovationsmanagement kennt dafür das Bild der S-Kurve, welche die Potenziale und Grenzen von Technologien und das Verhältnis zwischen Innovationsaufwand und Innovationsergebnis darstellt. Am oberen Ende der S-Kurve wird mit wachsendem Aufwand an immer kleineren Verbesserungen heruminnoviert. Als Symbol für diese Art von Innovation gilt die Obsession des deutschen Automobilingenieurs für das perfekte Spaltmaß. Darin steckt mehr als nur ein Körnchen Wahrheit.

… ins Zeitalter der stetigen Veränderung

Indem der digitale Wandel jedoch Prozesse, Produkte und Geschäftsmodelle verändert, verändert er auch den Innovationsbedarf und den Charakter dessen, was echte Innovation ausmacht. Digitalisierte Prozesse, Produkte und Geschäftsmodelle sind nicht einfach nur in sich geschlossene digitale Abbilder der analogen Originale. Sie lassen vielmehr einen genauen Blick ins Innere dieser Prozesse, Produkte und Geschäftsmodelle zu, erlauben Entkopplungen und Rekombinationen ihrer Einzelteile und schaffen so völlig neue Wertschöpfungsmodelle, Märkte, Herausforderungen und Wettbewerbe.

So kann ein lokaler Versandhändler erst zur globalen Marktplattform und dann als Anbieter von Produkten selbst zum Konkurrenten seiner ehemaligen Geschäftskunden werden. So kann eine Vergleichsplattform für Finanzprodukte ihre über Jahre gesammelten Erfahrungen, Daten und Kundenkontakte in ein eigenes Bankprodukt bündeln. So wird eine Onlinevideothek, die DVDs und BlueRays per Post verschickt, zum global relevanten Medienunternehmen, dessen Filmproduktionen 22 Oscars gewonnen haben. So positionieren sich On-demand- und As-a-Service-Anbieter industrieller Fertigungsprozesse als neuartige Lösung für eine Industrie unter Bilanzdruck. So entstehen zahlreiche neue Lösungen und zahlreiche neue Herausforderungen.

Obendrein sind all dies andauernde und bis auf Weiteres nicht abgeschlossene Entwicklungen – die Zukunft ist noch längst nicht fertig. Der erstrebenswerte Zielzustand von Unternehmen im Wandel bleibt entsprechend ungewiss – oder besser: Plötzlich wird es überlebenswichtig, Veränderungsbereitschaft und Zielflexibilität an sich herzustellen.

Bereit für zahlreiche Zukünfte

Unternehmen finden sich dabei sehr schnell in der Logik des »Portfolio of Bets« wieder, das mehrere Wetten auf die Zukunft ermöglicht und unterschiedliche Innovationsansätze und Geschäftsmodelle verfolgt. Dies widerspricht radikal dem Gedanken, das Bewährte stetig zu optimieren. Doch wer in Zeiten grundlegender Veränderungen an einem geschlossenen, voreingenommenen Zukunftsbild festhält und in seiner Innovationsstrategie maßgeblich auf die Verbesserung bestehender Wertschöpfungskreise und innerer Prozesse setzt, verhindert Innovationskraft im Sinne einer Neuentwicklung jenseits des ingenieurtechnisch inkrementellen Fortschritts. Wenn die strategische Denkrichtung in erster Linie auf die Bestätigung alter Prämissen abzielt, bleibt die Innovationskraft tendenziell eher niedrig.

Der Charakter des digitalen Wandels und die Logik des Portfolio of Bets bedingen allerdings auch, dass Innovation plötzlich überall im Unternehmen möglich und notwendig wird. Wo Prozesse stattfinden, kann man diese auch hinterfragen, verbessern und neu entwickeln. An jedem Schreibtisch, in jedem Arbeitsgang, bei jedem Außentermin und vor allem an jeder Schnittstelle zwischen Prozessen, Bereichen und Menschen kann Innovation stattfinden. Wer dieses Potenzial realisieren will, muss ein System schaffen, das Innovationen ermöglicht, individuell unternehmerisches Handeln belohnt und eine Fehlerkultur pflegt, in der Experimente auch schiefgehen dürfen, solange man aus ihnen lernt. Nicht jeder Fehler ist der Prototyp einer Innovation, aber aus dem Bewährten allein lässt sich wenig Neues erschaffen.

Innovationsfähigkeit als Kern der Unternehmensstrategie

Ein Lehrbuchbeispiel für innovative Systeme liefert nach wie vor 3M – bekannt als Erfinder des Post-its, aber weit darüber hinaus Anbieter von mehr als 1.000 Produktmarken. Der Konzern verfolgt zwei entscheidende Ziele und hat seine Prozesse und Strukturen auf diese ausgerichtet. Zum einen sollen 15 Prozent der Arbeitszeit auf jeder Position neuen und innovativen Ideen gewidmet werden. Zum anderen sollen Jahr für Jahr 30 Prozent des globalen Umsatzes mit Produkten erzielt werden, die seit weniger als vier Jahren auf dem Markt sind. Beide

Regeln gehen Hand in Hand und schaffen dabei auch Raum für Experimente und Misserfolge, denn nicht aus jedem versehentlich auf dem eigenen Schuh gelandeten Klecks Chemiebrei wird eine erfolgreiche Anti-Schmutz-Beschichtung.

3M hat erkannt: Innovation muss von oben verordnet und im ganzen Unternehmen ermöglicht werden. Viele Firmen kranken heute noch daran, dass sie zwar den ersten Teil verstanden haben, sich mit dem zweiten aber schwertun. Denn es ist durchaus möglich, Innovation von oben zu verordnen und sie zugleich unmöglich zu machen. »Ich habe doch schon tausend Mal gesagt, dass wir innovativer werden müssen«, klagt der gleiche Vorstand, der die Rahmenbedingungen dafür verantwortet, dass das tausendfache Erwähnen tausendfach folgenlos verhallt. »Die da unten« in der Organisation können die fähigsten Intrapreneure der Welt sein – wenn das System, in dem sie arbeiten, ihre Innovationskraft lähmt oder ihnen verdeutlicht, dass ihnen ihre Innovationen selbst nichts bringen, bleiben Zukunftspotenziale ungenutzt.

Auf dem Weg zum unternehmerischen Heldentum

Wir glauben daran, dass in deutschen Unternehmen auf allen Ebenen enorm fähige Intrapreneure sitzen oder sich auf allen Ebenen entwickeln können. Zudem sind wir überzeugt davon, dass gerade traditionsreiche Unternehmen über die Erfahrung, die wirtschaftliche Stärke und das Selbstbewusstsein verfügen sollten, der Kraft und dem Mut dieser Menschen Raum zu geben, von ihren Ideen zu profitieren und sie selbst auch profitieren zu lassen.

Wir zeigen auf den folgenden Seiten, wie unternehmerisch handelnde Systeme den Zwang der Tradition überwinden und ein, zwei, viele neue S-Kurven erschließen können. Wir glauben an die Zukunft und an die Corporate Heroes, die sie gestalten. Entsprechend gern stellen wir in diesem Buch einige von ihnen vor. In Gesprächen mit CEOs, Innovationsverantwortlichen und Mitarbeitern haben wir uns Innovationen, Innovationssysteme, Herausforderungen und individuelle Erfahrungen nahebringen lassen und versuchen im Folgenden, Regelmäßigkeiten zu erkennen und daraus die Regeln und Fähigkeiten abzuleiten, die Corporate Heroes ausmachen. Innovation ist Erneuerung. Machen wir es also neu!

Steckbriefe der Unternehmen

Auf den folgenden Seiten stellen wir Ihnen Unternehmen und ihre Cases kurz vor, mit denen wir im Zuge dieses Buchprojekts gesprochen haben. Hier betonen wir, dass aus der Auswahl der Cases keine Wertung abzuleiten ist. Vielmehr lag uns daran, Ihnen in den folgenden Kapiteln eine möglichst diverse Auswahl an Strategien und Vorgehensweisen von Unternehmen aus unterschiedlichen Branchen vorzustellen. Am Ende wird der Markt beurteilen, wie erfolgreich ein Ansatz war, nicht etwa wir.

Damit Sie in den weiteren Kapiteln jeweils schnell nachvollziehen können, um welches Unternehmen es sich gerade handelt, und die sodann skizzierten Strategien gut einordnen können, stellen wir Ihnen auf den folgenden Seiten die befragten Unternehmen nebst Cases kurz anhand der wichtigsten Zahlen, Daten, Fakten vor und skizzieren den jeweiligen Fall in wenigen Sätzen. Allein durch die Auflistung von unterschiedlichen Vorgehensweisen und Ergebnissen werden Sie feststellen, dass es DIE eine Erfolgsstrategie nicht gibt, sondern dass, wie so oft, viele Wege nach Rom führen. Aber lesen Sie selbst …

Unternehmen	Bayer AG // Leaps by Bayer
Sitz	Leverkusen
Web	*https://leaps.bayer.com*
Gründung	1863
CEO (2023)	William N. Anderson
Mitarbeiter	ca. 100.000
Kurzprofil	Als der Deutsche Bund sich im Jahr 1863 mit der dänischen Krone um die rechtmäßige Zugehörigkeit Schleswig-Holsteins stritt, gründeten Friedrich Bayer und Johann Friedrich Weskott im heutigen Wuppertal die offene Handelsgesellschaft Friedr. Bayer et comp. zur Herstellung und zum Verkauf synthetischer Farbstoffe. Nach der Erweiterung ihres Angebots um Arzneimittel gelang dem Unternehmen im Jahr 1899 mit der Einführung von Aspirin der internationale Durchbruch.

In über 160 Jahren schaffte es das Unternehmen, erfolgreich in die Bereiche der Kunststoffe, Chemikalien und Pharmazeutika zu expandieren. Mit dem Grundsatz »Science for a Better Life« möchte das Unternehmen bahnbrechende Innovationen erschaffen, die, so die Eigenkommunikation, »dabei helfen, unsere Gesundheit zu erhalten und wiederherzustellen, die globale Nahrungsmittelversorgung für eine wachsende Bevölkerung zu sichern und den Schutz unseres Planeten voranzutreiben«.

Im Jahr 2015 gründet Bayer eine Geschäftseinheit, die als Innovationsprojekt »Leaps« in die Entwicklung von disruptiven Technologien in den Bereichen Gesundheitswesen und auch Landwirtschaft mit Hilfe von Biotechnologien investieren sollte. Zehn große Herausforderungen, vor denen die Menschheit steht – sogenannte Leaps – bestimmen dabei die Projekte, in die investiert werden. Es sind »die Fragen, die erst einmal irre klingen«, die die Projekte anstoßen und den Startschuss für gewaltige Innovationen geben können.

Unternehmen	Bayer AG // Leaps by Bayer
Innovationscase	Leaps wurde mit dem Auftrag gegründet, wissenschaftliche und medizinische Durchbrüche zu entdecken und zu fördern, indem es in innovative Biotech-Unternehmen investiert und ihnen Bayers Marktzugang, aber auch Erfahrung und Patente zur Verfügung stellt. Seit 2015 hat Leaps knapp zwei Milliarden US-Dollar in über 55 nternehmen investiert.

Mit dem Anspruch, das vermeintlich Unmögliche möglich zu machen, verbindet Leaps Wissenschaft und Unternehmertum. Die Vision, einen »Return on Humanity« zu generieren, statt nur auf den kurzfristigen Ertrag abzuzielen, dient als Anreiz für Mitarbeiter und unterstreicht den kulturellen Ansatz von Leaps: Erst wird die Welt gerettet, dann folgt die finanzielle Belohnung. Dies verdeutlicht auch die Zusammenarbeit in Projekten, in der sich Leaps als Anteilseigner im Hintergrund sieht und damit die täglichen Entscheidungen den Start-ups überlässt.

Als unabhängige Instanz hat sich Leaps bewusst auch von seinem Mutterkonzern Bayer durch Design, Haltung und Kommunikation getrennt. Auf diese Weise hat es sich als »Impulsgeber, Innovatoren, Pioniere und Wegbereiter« auf dem Feld der Entwicklungen etabliert. Die Investitionen vom Jahr 2022 sind breit gestreut: Leaps investierte erfolgreich in Lösungen für onkologische Erkrankungen, in Wintersaatgut zur Förderung der Bodengesundheit und Kohlenstoffspeicherung sowie in KI-gesteuerte und chatbasierte Therapieansätze der mentalen Gesundheit.

Ein Grund für den Erfolg von Leaps ist zweifelsohne auch die crossfunktionale und divergente Zusammensetzung des Leaps-Teams, das sich durch hohe Heterogenität und fachliche Vielfalt auszeichnet. Unser Interviewpartner André Guillaume ist Vice President und Head of Brand & Community Engagement des Unternehmens.

Unternehmen	DEUTZ AG
Sitz	Köln
Web	*www.deutz.com*
Gründung	1864
CEO (2023)	Dr. Sebastian Schulte
Mitarbeiter	ca. 5.000
Kurzprofil	Als weltweit älteste Motorenfabrik widmet sich die DEUTZ AG der Entwicklung, Herstellung und dem Vertrieb von Dieselmotoren und Antriebssystemen. Im Jahr 1864 vom Erfinder Nicolaus August Otto und Ingenieur Eugen Langen gegründet, entwickelte sich das Kölner Traditionsunternehmen zu einem führenden Anbieter für Fahrzeuge und Maschinen in den Bereichen Baustellen, Straßen, Schienen und Wasser.

Unter dem Motto »We ensure the world keeps moving« hat sich auch die DEUTZ AG selbst den verändernden Anforderungen ihres Marktes und der Nachfrage angepasst. Die Produktpalette erstreckt sich von Diesel- und Gasmotoren über Hybrid- und Elektroantriebe bis hin zu wasserstoffbasierten Lösungen. Im Hinblick auf Klimawandel und Mobilitätswende hat die Entwicklung elektrischer und hybrider Antriebslösungen Priorität: Schon im Jahr 2007 präsentierte DEUTZ den weltweit ersten Hybridantrieb für Radlader; 2022 brachte die Firma ihren ersten Prototypen eines Wasserstoffmotors auf den Markt.

Auch nach über 150 Jahren ihres Bestehens beansprucht die DEUTZ AG eine klare Führungsposition. Sie versteht Tradition und Innovation nicht als Gegensätze, sondern als starke Kombination. 2018 eröffnete sie das DEUTZ-Innovation-Center, 2019 wurde sie zu einem der Top-100-Innovatoren Deutschlands gekürt und vergab im selben Jahr erstmals den »Nicolaus August Otto Award«, der die Mission des Unternehmens unterstreicht: Die Auszeichnung ehrt Visionäre, entscheidende Zukunftsgestaltung und neuartige Technik und symbolisiert so, laut Eigenwerbung, die »symbolische Renaissance von Innovation und Pioniergeist«.

Unternehmen	DEUTZ AG
Innovationscase	Nachhaltigkeitsbewusstsein und Emissionsvorschriften, technologische Veränderungen, veränderter Wettbewerb und neue Kundenbedürfnisse sowie konjunkturelle Schwankungen gingen nicht spurlos an der DEUTZ AG vorbei. Um dem Relevanzverlust entgegenzuwirken, investierte das Unternehmen in die identifizierten Lücken: Es förderte Forschung und Entwicklung, investierte in die Diversifizierung des Produktportfolios, in Technologien und Serviceleistungen, verstärkte durch Kooperationen die globale Präsenz und verpflichtete sich der Nachhaltigkeit sowie der digitalen Transformation.

Für die wertvollste Ressource des Unternehmens, die Mitarbeiter, wurden die neuen Funktionen der DEUTZ AG an einem Ort gebündelt: dem Innovation Center in Köln-Porz. Innovation zentral, kulturell und gemeinsam erschaffen lautet wohl der Anspruch des im Jahr 2018 ins Leben gerufenen Projekts. Es ist das »perfekte Umfeld«, so der DEUTZ-Vorstandsvorsitzende, »um aus den kreativen Ideen unserer Mitarbeiter die Innovationen von morgen zu entwickeln«.

Fachübergreifendes Brainstorming, Networking, agile Projektarbeit, Pitch Trainings und Kreativworkshops – das »Alles-an-einem-Ort«-Prinzip brachte bald schon Früchte ein. So gelang es den Mitarbeitern, innerhalb von sechs Monaten erste Elektroantriebsprototypen zu entwickeln. Nicht ohne Grund erfolgte die Top-100-Auszeichnung im Jahr 2019 in der Kategorie »Innovative Prozesse und Organisation«. Damit begleitet das Unternehmen auch die eigenen Kunden auf dem Weg zur klimaneutralen Mobilität: Im Jahr 2022 wurde der »PowerTree«, eine Schnellladestation für Elektrobaufahrzeuge, zum Einsatz gebracht.

In einem von seiner Verbrennervergangenheit stark geprägten Unternehmen stößt eine solche Innovationsarbeit gelegentlich auf Widerstände, doch der Erfolg gibt der Innovationseinheit unter der Führung von Michael Halfen Recht. Insgesamt gelingt es dem Team laut eigener Schätzung, drei bis vier Innovationsprojekte pro Jahr umzusetzen, wobei der Fokus jenseits von Antriebslösungen auch auf neuen Geschäftsmodellen und softwarebasierter Wertschöpfung liegt.

Unternehmen	Drägerwerk AG & Co. KGaA // Dräger Garage
Sitz	Lübeck
Web	*https://www.draeger.com* bzw. *https://www.draegergarage.de/*
Gründung	1889
CEO (2023)	Stefan Dräger
Mitarbeiter	ca. 16.000
Kurzprofil	Das Familienunternehmen Dräger – Drägerwerk AG & Co. KGaA – stellt Produkte der Medizin- und Sicherheitstechnik her. Heinrich Dräger gründete die Firma 1889 in Lübeck, seitdem hat sie sich zu einem börsennotierten Unternehmen mit Vertriebs- und Servicestandorten in rund 50 Ländern entwickelt. Während der Coronapandemie war Dräger insbesondere wegen seiner Expertise in Beatmungstechnik und persönlicher Schutzausrüstung gefragt.

Im Jahr 2016 eröffnete Dräger die Dräger Garage als Innovationszentrum des Unternehmens. Vor dem Hintergrund, dass digitale Geschäftsmodelle weitestgehend unerforscht waren und gleichzeitig bisherige Herangehensweisen, Erfahrungen und Blaupausen nicht mehr ausreichten, sollte die Garage ein Ort sein, an dem Mitarbeiter, Kunden und Partner von Dräger zusammenkommen, um gemeinsam neue Ideen und Produkte zu erforschen.

Unter dem Motto: »Raum schaffen, Ausprobieren, Lernen, Umsetzen oder Verwerfen« ist die Garage als ein Raum für Menschen entstanden, die neue Wege gehen wollen. Dabei nutzen sie die kreativen Räume und die erfahrenen Moderatoren des globalen Innovationsteams. Hier in den mittlerweile 700 qm großen historischen Hallen finden regelmäßig Workshops, Vorträge und Schulungen statt, bei denen Experten aus verschiedenen Bereichen ihr Wissen teilen und für sich den nächsten Schritt in ein ungewisses Thema gehen. Dabei stehen die Menschen und nicht die Technologie im Vordergrund.

Unternehmen	Drägerwerk AG & Co. KGaA // Dräger Garage
Innovationscase	Für technologiegetriebene Unternehmen wie Dräger ist es »überlebenswichtig, flexibel und rasch auf Marktanforderungen und Trends reagieren zu können«, so der Vorstand der Medizintechnik, Toni Schrofner. In einem etablierten Unternehmen mit über 130 Jahren erfolgreicher Geschichte ist es eine Herausforderung, bestehende Pfade und Strukturen zu verlassen und dabei Agilität und neue Methoden zuzulassen. Dieses Umfeld bedurfte eines Balanceakts zwischen Drägers klassischer Aufbauorganisation und der Erstellung neuer Netzwerke, die parallel etabliert werden.

Um die Innovationskultur bei Dräger weiter zu fördern, eröffnete man dort 2016 die erste Dräger Garage. Freiraum, Neugierde, Incentivierung, Abwechselung und Teamgefühl: Für Dräger-Mitarbeiter bietet die Garage die Möglichkeit, an Innovationen mitzuwirken, und ist zugleich Arbeitsplatz, Treffpunkt und Gestaltungsraum. In einer wettbewerbsähnlichen Situation können Teams anlehnend an ein konkretes Ziel eine Idee entwickeln, die sie im letzten Schritt einer Jury vorstellen.

2021 entwickelte das Unternehmen das gesamte Erlebnis der Garage konsequent weiter, überarbeitete es inhaltlich wie kommunikativ und erweiterte es durch ein Angebot für Team- und Einzelcoachings. So soll der Ort ein neues Narrativ für strategische und innovative Prozessentwicklung etablieren und neue Modelle der Zusammenarbeit und Führung, besonders nach der Pandemie, erörtern. Die Dräger Garage besteht aus einem interdisziplinären Vier-Personen-Team, das 2023 ca. 30 intern wechselnde Teams zeitgleich betreute und den Ansatz verfolgt, die existierenden und neuen Innovationsprojekte im jeweiligen Tagesgeschäft der Mitarbeiter zu beschleunigen.

Unternehmen	Hypothekarbank Lenzburg AG // InnoFactory AG
Sitz	Bern und Lenzburg (Schweiz)
Web	*https://www.hbl.ch* bzw. *www.innofactory.ch*
Gründung	1868
CEO (2023)	Marianne Wildi
Mitarbeiter	ca. 330
Kurzprofil	1868 als Hypothekar- und Leihkasse Lenzburg gegründet, ist die Hypothekarbank Lenzburg heute als Schweizer Universalbank mit Sitz im Aargau im Retail Banking, Hypothekargeschäft, Private Banking und KMU-Geschäft sowie in der professionellen Vermögensverwaltung tätig. Seit 2010 und noch bis 2024 führt Marianne Wildi, die 1984 als Informatiklehrling in die Bank eintrat, das Finanzhaus.
	Eigene digitale Lösungen zu entwickeln, gehört zur DNA der Bank, die 1974 als Vorreiter eine bankeneigene Software einführte und über die Jahre zum Schweizer Hub für Bankensoftwarelösungen wurde. 2017 stattete das Finanzhaus das eigene Kernbankensystem Finstar mit einer offenen Schnittstelle aus, im Sommer 2023 wurde es als eigenständiges Unternehmen ausgegründet. Wegen ihrer technologischen Innovationskraft hat die HBL in den letzten Jahren verschiedene Auszeichnungen gewonnen.
	2019 gründete die »Hypi«, wie sie im Schweizer Volksmund heißt, in gemeinsamer Trägerschaft mit der Berner Kantonalbank die InnoFactory, die sich auf die Förderung von Innovationen und die Unterstützung von Start-ups spezialisiert hat. Die InnoFactory führt Mark Chardonnens, dessen Masterarbeit zu firmenübergreifendem Innovationsmanagement die Basis für das Konzept des Unternehmens darstellte. Der Verwaltungsrat der InnoFactory ist paritätisch mit jeweils zwei Vertretern der beiden Trägerbanken und dabei jeweils einem Mann und einer Frau besetzt. Verwaltungsratspräsidentin ist Marianne Wildi.

Unternehmen	Hypothekarbank Lenzburg AG // InnoFactory AG
Innovationscase	Initial entstand die Idee einer bankenübergreifenden Innovationseinrichtung durch einen Impuls von Mark Chardonnens in Form seiner Masterarbeit. Darin entwickelt er ein Konzept für die Institutionalisierung eines kundenorientierten, firmenübergreifenden Innovationsmanagements in der sich wandelnden Finanzindustrie.

Die InnoFactory oder die beteiligten Banken identifizieren für die Finanzindustrie relevante Trends, die dann auf konzeptionellen Marktplätzen abgebildet und mit Ressourcenbedarfen versehen werden, welche die InnoFactory im Anschluss ausschreibt. Dabei stehen die Factory und die besagten Marktplätze nicht nur den beiden Trägerbanken, sondern allen Banken der Schweiz offen, die personelle oder finanzielle Ressourcen investieren wollen. Ist das Thema dann entsprechend unterfüttert, beginnt die Innovationsarbeit unter Beteiligung aller Projekt-Stakeholder. Die Ergebnisse der Arbeit, welche die InnoFactory mit Manufakturprozessen vergleicht, stehen dann wiederum allen Banken zur Verfügung.

Zu den von der InnoFactory entwickelten und erfolgreich implementierten Projekten gehört etwa das Beratungstool Lusee, das die Vor-Ort-Beratung nicht nur digital und virtuell unterstützt, sondern direkt in die digitalen Beratungsprozesse der jeweiligen Bank integriert. Außerdem entwickelte die InnoFactory mit SME|X einen der ersten Marktplätze für Digital Assets in der Schweiz, der 2021 als Teil der strategischen Neuausrichtung der Berner Kantonalbank lanciert wurde.

Das Konzept der InnoFactory bot der Hypothekarbank die Gelegenheit, die bis dato häufig versandenden Inhouse-Innovationsbemühungen auszulagern und personell doch nah am Unternehmen zu halten. Die gemeinsame Trägerschaft sichert dabei eine gewisse Unabhängigkeit und Reputation und gewährt der InnoFactory Zugriff auf die jeweiligen Ressourcen der beiden Banken.

Unternehmen	Alfred Kärcher SE & Co. KG // Zoi TechCon GmbH
Sitz	Winnenden
Web	*www.kaercher.com* bzw. *www.zoi.tech*
Gründung	1935
CEO (2023)	u. a. Hartmut Jenner
Mitarbeiter	ca. 15.000
Kurzprofil	Kärcher gilt als der weltweit führende Anbieter für Reinigungstechnik. Gegründet im Jahre 1935 von Alfred Kärcher, entwickelte sich das Unternehmen im Laufe der Jahre zum globalen Marktführer – im deutschen Duden findet sich der Begriff »kärchern« als Synonym für das Reinigen mit Hochdruck wieder. Mit über 15.000 Mitarbeitern in knapp 80 Ländern bietet das Familienunternehmen eine breite Palette von Reinigungsgeräten und -systemen für verschiedene Branchen an, darunter Bau, Automobil, Industrie und Haushalt. Darüber hinaus beheimatet Kärcher als Unternehmensverbund 150 Tochtergesellschaften und neun Unternehmen, unter anderem eine Personalmanagementberatung, eine Vermittlung von Reinigungsdienstleistungen sowie eine Gesellschaft für Serviceleistungen für Finanz- und Einkaufsprozesse.

Zu diesem Verbund gehört auch die Zoi TechCon GmbH, die sich mit der Softwareentwicklung und Public-Cloud-Transformation befasst. Das Stuttgarter Start-up wurde 2017 von Kärcher aus dem bisherigen Kärcher-Partner ITM ausgegründet und unterstützt seine Kunden dabei, die Herausforderungen der global agierenden Mittelständler und Industrie mithilfe neuer Technologien zu lösen. Dabei umfasst das Spektrum von Zoi neben dem der Technologieentwicklung auch die Beratung zur Usability von Lösungen, zu agilen Organisationsformen und zu digitalen Geschäftsmodellen. Der Unternehmensname steht für Zero One Infinity, eine Grundregel der Programmierung, die unter anderem für die unendliche Skalierbarkeit erprobter Lösungen steht.

Im Zuge der Gründung von Zoi übernahm Kärcher rund 20 Mitarbeiter der ITM Beratungsgesellschaft mbH sowie deren Technologiebereich, in dem die Themen Softwareentwicklung, Cloud Integration und Internet of Things konzentriert sind. Inzwischen hat Zoi über 350 Mitarbeiter.

Unternehmen	Alfred Kärcher SE & Co. KG // Zoi TechCon GmbH
Innovationscase	Kärchers Ausgründungen und Tochterunternehmen zeigen die bewusst zunehmende und innovative Diversifizierung des Portfolios auf, um die eigene Wertschöpfungskette entlang der Bedürfnisse der Kunden auszubauen und zu stärken. Digitalisierte Produkte und innovative Handhabung, um Reinigungsgeräte zu kontrollieren, schaffen dabei den Mehrwert und sind entscheidend im Wettbewerb.

Keine Inhouse-Beratung für Digitalisierung, sondern die Weitergabe und Anreicherung der Expertise eben jenes Bereiches sollte die Vision für Zoi TechCon sein. Unabhängig und eigenständig sowie unter eigener Marke soll das Start-up auf dem Markt auftreten. Denn, so erklärt der stellvertretende Geschäftsführer von Kärcher, Christian May, um neue Themen anzugehen, brauche man eine andere Umgebung.

Besonders der Aspekt der Behäbigkeit, der eine Inhouse-Beratung eines gigantischen Konzerns oft ausgeliefert ist, und die mit Forderungen nach schnellen Markteinführungszeiten oder auf Abruf skalierbarer IT-Infrastruktur konfrontiert war, war ein Grund, Zoi auszugründen, agil und effektiv aufzustellen und auch am Drittmarkt zu positionieren. Geschäftsführer von Zoi ist der ehemalige ITM-Geschäftsführer und selbsterklärte Nerd Benjamin Hermann.

Unternehmen	Klöckner & Co SE
Sitz	Duisburg
Web	*www.kloeckner.com* bzw. *www.kloeckner-i.com*
Gründung	1906
CEO (2023)	Guido Kerkhoff
Mitarbeiter	Ca. 7700
Kurzprofil	Klöckner & Co ist ein weltweit führender Distributionskonzern von Stahl- und Marktprodukten, im Jahr 1906 von Peter Klöckner als Handelsgesellschaft gegründet, der sich heute als »Bindeglied zwischen Stahlerzeugung und -verbrauch« bezeichnet. Mit rund 7700 Mitarbeitern ist der Stahlgigant in 13 Ländern und an 160 Standorten tätig und bietet ein umfangreiches Sortiment an Stahlprodukten und -dienstleistungen für verschiedene Branchen an, darunter Bauwesen, Automobilindustrie, Maschinenbau und die Energiebranche.

Mit einem neuen Vorstandsvorsitzenden entwarf das Unternehmen im Jahr 2021 eine Strategie, die das Ziel bis 2025 festlegte, »führender digitaler One-Stop-Shop für Stahl, andere Werkstoffe, Ausrüstung und Anarbeitungsdienstleistungen in Europa und Amerika« zu sein. So wurde auch das Vorhaben, den Kunden »nahtlos integrierte, digitalisierte und automatisierte Prozesse« zu bieten, definiert. Der Kern der digitalen Ambitionen von Klöckner ist die in 2014 gegründete Einheit »kloeckner.i«, die alle gruppenweiten Digital- und IT-Kompetenzen vereint. Rund 140 Experten unterstützen mit operativem Business-Know-how als zentraler Ansprechpartner bei der Entwicklung digitaler Lösungen und der Umsetzung digitaler Geschäftsmodelle sowie digitalisierter Lieferketten.

Eine Priorität für Klöckner & Co ist, ein System für dekarbonisierten Stahl zu entwickeln, um Transparenz und Vergleichbarkeit in der Branche zu gewährleisten. Nachdem das Unternehmen 2022 den deutschen Nachhaltigkeitspreis erhalten hatte, führte es ein Jahr später den firmeneigenen Nexigen PCF-Algorithmus zur Berechnung individualisierter Product Carbon Footprints (PCFs) ein. Kurz darauf wurde dieses Produkt durch die Technologielösung Nexigen Data Services ergänzt, die eine intelligente und digitale Steuerung von CO-Produktemissionen ermöglicht. Damit setzte Klöckner & Co einen weiteren Schritt in Richtung Dekarbonisierung der Stahlindustrie.

Unternehmen	Klöckner & Co SE

In 2019 initiierte Klöckner & Co die unabhängige Handelsplattform »XOM Materials«, einen digitalen Marktplatz und eine Beschaffungsplattform, um Stahl, Metall und Kunststoff anzubieten und zu beschaffen. Registrierte Kunden können hier Preise vergleichen, Produkte bestellen und Lieferungen nachverfolgen, um ihre Beschaffungsprozesse effizienter und zentraler zu gestalten. Gleichzeitig nutzen Händler, die noch keinen E-Commerce anbieten können, die Plattform zur Ausstellung ihrer Produkte.

Die Kombination aus Klöckners Stahlproduktportfolio und Dienstleistungen sowie den digitalen Angeboten von XOM Materials ermöglicht Klöckner & Co SE eine starke Präsenz online wie offline, während XOM Materials von Klöckners globaler Präsenz und breitem Kundennetzwerk profitiert.

Innovationscase

Inspiriert von einer Silicon-Valley Reise in 2014 und überzeugt, dass Plattformen die dominierenden Geschäftsmodelle des 21. Jahrhunderts werden, nahm der Chef des Stahlkonzerns, Gisbert Rühl, die Fäden der Digitalisierung von Klöckner & Co SE selbst in die Hand. Ihm war klar, dass die digitale Transformation die langfristige Zukunftsfähigkeit seines Unternehmens sicherstellen würde. Für Klöckner begann damit eine konsequente Digitalisierung, die kulturell und entlang der internen sowie externen Prozesse stattfinden soll.

Die Weiterbildung und Sensibilisierung von Mitarbeitern für Digitalthemen ermöglicht unter anderem die »Digital Academy« mit berufsspezifischen unternehmensinternen Trainingsangeboten und Sprachkursen, die man während der Arbeitszeit nutzen kann. Die intensive Kommunikation und Werbung von kloeckner.i sowie das Angebot, über das Austauschprogramm »Digital Experience« zwei bis drei Monate an Digitalprojekten von kloeckner.i mitzuarbeiten, legten den Grundstein für Akzeptanz und Offenheit gegenüber der digitalen Transformation des Konzerns.

Mit kloeckner.i schuf das Unternehmen eine unabhängige digitale Einheit, die, wie auf der Webseite beschrieben, »ausreichend weit von Klöckner & Co entfernt ist, um kreativ zu arbeiten, aber trotzdem nah genug am Konzern, um das Know-how sowie den Zugang zu Kunden und Lieferanten zu nutzen.« Neben dem Onlineshop verbessern KI-gestützte Produkte wie der »Kloeckner Assistent« die Bearbeitung von Bestellungen und Beschaffungen, während »Kloeckner Match!« die Standardisierung von Produkten und Produktinformationen vorantreibt.

Unternehmen	**Schmitz Cargobull AG// KUBIKx GmbH**
Sitz	Altenberge
Web	*www.cargobull.com* bzw. *www.kubikx.com*
Gründung	1892
CEO (2023)	Andreas Schmitz
Mitarbeiter	ca. 6.000
Kurzprofil	Schmitz Cargobull ist ein führender Hersteller von Sattelaufliegern, Anhängern, (Kühl-)Trailern und Lkw-Aufbauten mit Hauptsitz in Altenberge, Deutschland. Das 1892 gegründete Unternehmen hat sich zu einem der wichtigsten Akteure in der Transportindustrie entwickelt. Mit über 5.700 Mitarbeitern und einem weltweiten Vertriebsnetz in über 30 Ländern ist Schmitz Cargobull nicht nur ein wichtiger Partner für Transportunternehmen und Logistikdienstleister, sondern im Segment Nutzfahrzeugbau auch europäischer Marktführer.

Auf der IAA 2004 stellte das Unternehmen seine eigene Telematikplattform vor, die den Grundstein für digitales Flottenmanagement, Trailer-Überwachung und Datenanalyse legte. Unter der Führung von Karl-Heinz Neu entwickelte die 100-prozentige Tochter Cargobull Telematics von da an digitale Branchenlösungen, die vor allem auf Effizienz und Sicherheit setzten. 2018 wechselte Neu als Gründungs-CEO in die Venturing-Einheit KUBIKx.

Wie viele andere Märkte befindet sich auch die Logistikbranche im Umbruch. Mit neuen Softwarelösungen drängen zunehmend kleine und hochspezialisierte Unternehmen auf den Markt, die sich mit spezifischen Lösungen zwischen das Angebot von Schmitz Cargobull und die Nachfrage der Kunden drängen. Vor dem Hintergrund der technologischen Entwicklungen und der Vielzahl neuer Wettbewerber sowie der zunehmenden Kommodifizierung seines Kernprodukts erkannte das Unternehmen den Bedarf einer grundlegend neuen Digitalstrategie und der Entwicklung neuer Geschäftsmodelle.

Unternehmen	Schmitz Cargobull AG// KUBIKx GmbH
Innovationscase	Mit dem Ansatz, jenseits des Trailer-Geschäfts, aber klar in der Welt der Logistik, innovative Lösungen zu entwickeln, wurde KUBIKx als Venture Builder ausgegründet, der Pioniere der Transport- und Logistikbranche identifizieren, mit ihnen neue Lösungen entwickeln und diese dann in neue Unternehmen überführen will. 2018 mit einem fünfjährigen Aufsichtsratmandat ausgestattet, konzentrierte sich KUBIKx zunächst auf Inside-Out-Modelle, also selbst entwickelte Lösungen, die nach einer gewissen Reife ausgegründet und somit in die Eigenständigkeit entlassen wurden. Nach der Verlängerung des Mandats 2023 um weitere fünf Jahre ist zu erwarten, dass sich KUBIKx zusätzlich verstärkt auf Outside-In-Modelle konzentriert, also in Start-ups und Produkte investiert, um sie zur Marktreife und zu kritischer Größe zu entwickeln.

Zu den erfolgreich umgesetzten Projekten gehört unter anderem die Plattform Heylog, welche die fragmentierte Kommunikationslandschaft der Supply-Chain-Stakeholder bündelt und übersichtlich bereitstellt. In einer zentralen Oberfläche finden die Nutzer alle laufenden Konversationen und können so Aufträge effizient verwalten und den Überblick behalten. Nutzerzentrierung hat das Team dadurch bewiesen, dass die Fahrer nach wie vor ihre bevorzugten Messaging-Dienste wie WhatsApp & Co effizient für die Kommunikation unterwegs nutzen, ohne Heylog selbst auf dem Smartphone installieren zu müssen. Umgesetzt und ausgegründet wurde Heylog in Kooperation mit dem belgischen Venture-Capital-Investor Ninepointfive.

Unternehmen	Geers Deutschland
Sitz	Dortmund
Web	*www.geers.de*
Gründung	1951
Geschäftsführer (2018-2022)	Andreas Schmidlechner
Mitarbeiter	ca. 2.000
Kurzprofil	Der deutsche Hörakustik-Anbieter Geers hatte sich seit seiner Gründung im Jahr 1951 zu einem wichtigen Akteur auf dem deutschen Hörgerätemarkt entwickelt. 2016 wurde Geers von Sonova Holding AG gekauft, einer Unternehmensgruppe mit Sitz in der Schweiz, die sich auf die Entwicklung und den Vertrieb von Hörlösungen spezialisiert hat. Mit über 600 Filialen verfügte Geers zu Beginn des gemeinsamen Projektes über eine starke Präsenz im Einzelhandel, allerdings gab es im Aufbau der eCommerce-Kompetenzen noch Potenzial.

Unternehmen	Geers Deutschland
Innovationscase	Angesichts eines vitalen Online-Marktes, auf dem Geers kaum vertreten war, wurde man sich einer gewissen Dringlichkeit bewuss. Dieser Druck verstärkte sich nicht zuletzt durch die Fortschritte, die das Berliner Start-up audibene als reiner Online-Vertrieb für Hörgeräte in nur drei Jahren erreicht hatte. Dies realisierte Andreas Schmidlechner, von 2018 bis 2022 Geschäftsführer von Geers Deutschland, und so ging er in die Offensive. Gemeinsam mit dem Team von TLGG Consulting wurde innerhalb von nur sechs Monaten eine digitale Verkaufsorganisation aufgestellt, die als Testlauf für eine globale Lösung im deutschen Markt etabliert werden sollte.

Währenddessen schuf das starke Engagement der Geers-Führung im Inneren des Unternehmens sowie des Mutterkonzerns ein allgemeines Verständnis für die Notwendigkeit der neuen Teil-Organisation. Schmidlechner funktionierte hier als Brückenbauer und Moderator. Mithilfe des Management-Frameworks Hoshin Kanri konnte man Kernfragen aufseiten der Mitarbeiter adressieren und beantworten.

Nach erfolgreichem Start der Digitaleinheit in Deutschland werden die dort bewährten Prozesse und Strukturen sowie die Erkenntnisse aus der Entwicklung mittlerweile international angewandt und ausgerollt.

Unternehmen	Zollner Elektronik AG // Sourceability
Sitz	Zandt
Web	*https://www.zollner.de/* bzw. *https://sourceability.com*
Gründung	1965
CEO (2023)	u. a. Ludwig Zollner
Mitarbeiter	ca. 13.000
Kurzprofil	Die Zollner Elektronik AG gehört zu den weltweit größten Fertigungsdienstleistern für elektronische und mechatronische Komponenten (kurz EMS). Gegründet im Jahr 1965 von Manfred Zollner und bis heute zu 100 Prozent im Familienbesitz, hat das Unternehmen seinen Hauptsitz im bayrischen Zandt. An weltweit über 24 Standorten im In- und Ausland und mit rund 13.000 Mitarbeitern bietet es Lösungen für Kunden aus verschiedenen Branchen an, darunter Automobilindustrie, Industrieelektronik, Medizintechnik, Luft- und Raumfahrt sowie Telekommunikation.

Die strategische und branchenübergreifende Zusammenarbeit mit anderen Unternehmen ist in der Zollner AG tief verankert, um eine breitere Produktpalette anzubieten, bestehende Märkte auszubauen und neue zu erschließen. So startete diese Firma im Jahr 2022 eine Kooperation mit der börsennotierten Gerresheimer AG, die Primärverpackungen aus Glas, Spezialglas und Kunststoffen für die Pharma-, Kosmetik- und Lebensmittelindustrie herstellt, um mit dem Markt und der Nachfrage nach medizintechnischen und pharmazeutischen Geräten mit Elektronikkomponenten mitzuwachsen.

Nennenswert ist auch die von der Zollner AG betriebene Investition in und ihre Partnerschaft mit Sourceability, dessen Kernprodukt »Sourceengine« Kunden erlaubt, in Echtzeit auf technische Produktinformationen zuzugreifen und Angebote von verschiedenen Lieferanten zu erhalten. Darüber hinaus optimiert und sichert Sourceability Lieferketten durch Dienstleistungen wie Lagerverwaltung, Qualitätsprüfung und Logistiklösungen. Nach sieben Jahren Zusammenarbeit endete die Partnerschaft mit der Zollner AG im Jahr 2023. In einem Management-Buy-out und unterstützt vom Private-Equity-Investor CrowdOut, übernahm das Managementteam um Sourceability-Gründer Jens Gamperl das Unternehmen.

Unternehmen	Zollner Elektronik AG // Sourceability
Innovationscase	Sourceabilitys Geschäftsmodell schaffte eine mehrfache Disruption der Branche und meisterte einige schwerwiegende Herausforderungen. Wo die Komponentenbeschaffung bis dato kaum mit umfassenden digitalen Lösungen arbeitete, bietet Sourceability ein eigenes digitales Plattformgeschäftsmodell für Hersteller und Distributoren.

Wo man sich lange mit zeitaufwendigen Excel-Tabellen und manueller Dateneingabe bei der Beschaffung plagte, kann die von Sourceability entwickelte »Sourcengine« technische Produktinformationen für über 550 Millionen Artikelnummern in Echtzeit bereitstellen.

Dabei lässt sich die Technologie von Sourceability flexibel in die Systemlandschaften der Kunden einbinden. Der Hauptdienst ist dabei das »Bill of Material Management«, mit dem Kunden globale Preise und alternative Produkte beschaffen. Somit ist das Unternehmen erfolgreich in das Geschäft mit Software-as-a-Service (SaaS) eingestiegen.

Zeit und Aufwand zu senken, also eine verringerte Komplexität, kundenspezifische Softwarelösungen sowie eine verstärkte Transparenz und Vielfalt gegenüber Lieferanten, machen Sourceability zu einem Pionier in den digitalen Wertschöpfungsfeldern. Von Vorteil ist insbesondere, dass der technologische Ansatz, insbesondere die Verwendung von APIs und die Digitalisierung von Beschaffungsprozessen, in anderen Branchen und Märkten repliziert werden können, um ähnliche Effizienzgewinne zu ermöglichen.

Tatsächlich hat das gut skalierbare Geschäftsmodell Sourceability erlaubt, immer wieder die Umsatzerwartungen zu übertreffen. Das im Jahr 2015 gegründete Unternehmen wurde bereits 2022 in die Inc. 5000-Liste der am schnellsten wachsenden Privatunternehmen in den USA aufgenommen und ist somit auch für die »Gründer« bei Zollner ein enormer Erfolg, der mit einem Exit aus Sicht von Zollner gekrönt wurde.

Unternehmen	TUI AG // Musement S.p.A.
Sitz	Hannover und Berlin
Web	*www.tui.com* bzw. *www.musement.com*
Gründung	1997
CEO (2023)	Sebastian Ebel
Mitarbeiter	ca. 60.000
Kurzprofil	Die Geschichte des 1968 durch den Zusammenschluss verschiedener Touristik-anbieter entstandenen Unternehmens ist von Fusionen, Verflechtungen, Akquisitionen und Verkäufen geprägt und damit dem Gründungsmotiv treu geblieben. Als Touristik Union International GmbH & Co. KG gegründet, wurde das Unternehmen über viele Schritte hinweg im Jahr 2001 Teil des Mischkonzerns Preussag, der wiederum schon ein Jahr später in TUI AG umbenannt und zu einem reinen Touristik- und Logistikkonzern umstrukturiert wurde. Auch dadurch blieb die Unternehmensgeschichte ereignisreich.

Tatsächlich würde die Auflistung der Beteiligungen und Konzernbewegungen den Rahmen dieses Steckbriefes bei Weitem sprengen. Dies ändert jedoch nichts daran, dass die TUI AG durch ihre bewegte Historie zu einem globalen Touristik-konzern mit einem breiten Portfolio an Reisemarken und -erlebnissen gewachsen ist. Sie gilt als größtes Touristikunternehmen der Welt.

Ab 2015 begann der Konzern das Segment »Touren und Aktivitäten« zu ent-wickeln. Elemente dieses Segments, das Urlaubern zusätzliche Vor-Ort-Erlebnisse anbot und überwiegend von entsprechenden Vor-Ort-Anbietern verantwortet wurde, waren bis dato über die anderen Konzernbereiche verteilt. Die »Six-to-one«-Initiative, also die Zusammenfassung von sechs vormals getrennten Teil-bereichen in einen Unternehmensbereich verantwortete der Managing Director Destination Services David Schelp, der damit die Grundlagen für einen zukünftig profitablen Geschäftsbereich schuf.

Unternehmen	TUI AG // Musement S.p.A.

Innovationscase

Im Jahr 2018 galt der Touren- und Aktivitätenmarkt – neben dem Flug- und Hotelgeschäft das drittgrößte Segment im Tourismus – auf Anbieterseite noch als fragmentiert. Es gab vergleichsweise wenig reine Online-Anbieter und begrenzte Möglichkeiten für Kunden, online zu buchen. Mehr als 90 Prozent der Kleinanbieter mit jährlichen Umsätzen unter einer Million Euro brachten ihre Erträge fast ausschließlich über Laufkundschaft ein. Nicht ahnend, welche Herausforderungen die Coronapandemie mit sich bringen würde, bot dieser Zustand der Branche viel ungenutztes Potenzial, das die TUI AG frühzeitig erkannte und nutzte.

Einer der Anbieter auf diesem fragmentierten Markt war das italienische Technologie-Start-up Musement. Musement wurde im Jahr 2013 gegründet und zählt heute zu den führenden Online-Plattformen für Aktivitäten außerhalb von Hotels und Kreuzfahrten. Ohne weitere Unterstützung hätte Musement gegen die Plattformkonkurrenz etwa durch GetYourGuide, das bis 2019 über 600 Millionen Euro Wagniskapital von verschiedenen Investoren, unter anderem Softbank, einsammeln konnte, keine wirkliche Chance am Markt gehabt. Musement war auf eine Partnerschaft und Kundenzugang angewiesen.

Durch die Integration des Musement-Produkts und der skalierbaren Technologie der Plattform, die über rund 168.000 Produkte und In-Destination Services verfügte, konnte die TUI AG ihren Kunden nahtlose und vernetze Reiseerlebnisse anbieten. Gleichzeitig profitierte Musement von strategischen Vorteilen durch Partnerschaften aus verschiedenen Bereichen der Reiseindustrie, von einem erweiterten Kundenstamm sowie der Markenbekanntheit der TUI AG. Auch Drittanbieter und besonders die wenig digitalisierten Kleinanbieter erfuhren einen deutlichen Mehrwert, weil sie ihre Produkte den 20 Millionen Kunden der TUI Group präsentieren konnten. Auch Partnerschaften mit Konkurrenzunternehmen wie etwa easyjet oder booking.com wurden durch Musement möglich und sichern der TUI AG so einen enormen strategischen Wert auch abseits des reinen Vertriebs von Aktivitäten.

Als nächsten Schritt plant das Unternehmen zum Beispiel, personalisierte Angebote unter Verwendung von KI-Elementen zu entwickeln. Insgesamt hat die Entwicklung von TUI Musement etwa vier Jahre gedauert, gilt aber nach wie vor als nicht abgeschlossen. David Schelp verließ TUI Musement im Frühjahr 2022 und gründete das City-Pass-Unternehmen Turbopass.

1.

Jedem Zauber wohnt ein Anfang inne

Die Bedeutung von Offenheit, Fragen und Impulsen als Voraussetzung jeder Innovationsfähigkeit

Im Jahr 2014 feierte das Berliner betahaus seinen fünften Geburtstag. Die Bürofläche der Coworking-Pioniere war seit 2009 auf das Zehnfache der Ursprungsgröße gewachsen, und das betahaus war zu einer festen Größe der jungen Start-up-Szene Berlins avanciert. Am Kreuzberger Standort wurde das Konzept »Coworking« weit über das Teilen von Büroräumen hinaus angewandt: Gemeinsame Workshops und Events ermöglichten unkomplizierten Austausch über Firmen- und Projektgrenzen hinweg, und Networking war hier nicht Selbstzweck, sondern Grundlage neuer Ideen und Kooperationen. Wenn etablierte Firmen und traditionell geschulte Führungskräfte auf Start-up-Safari durch Berlin gingen, dann war der Best Case betahaus ein Pflichtstopp. Dennoch war es nicht unbedingt der Ort, an dem man einen Duisburger Stahlbaron erwartet.

Dieser Stahlbaron war Gisbert Rühl, seit 2005 Teil des Vorstands von Klöckner & Co SE, einem produzentenunabhängigen Stahlhändler, der seit seiner Gründung 1906 zu einem global wirkenden Stahlkonzern aufgestiegen war. Rühl schaute zu diesem Zeitpunkt auf eine lange Laufbahn als Berater, Führungskraft und Vorstandsmitglied in verschiedenen Unternehmen zurück und hatte in der Rolle des CFOs den Börsengang des Unternehmens vorbereitet, nach dessen Erfolg er den Vorstandsvorsitz übernahm. Klöckner setzte in diesen Jahren vor allem auf akquisitionsgetriebene Expansion, doch der Konzern schaffte es in der traditionell geprägten Stahlbranche nicht im angestrebten Maße, seine Größe in Skaleneffekte und Kostenvorteile auf dem Markt umzusetzen.

Im Grunde, so erzählte uns Rühl, hatte sich die Branche in mehr als 100 Jahren Klöckner kaum bewegt. Mit Blick auf eine Welt im Wandel stellte er sich deshalb die Frage, welche Art der Disruption seine Branche grundsätzlich verändern könnte. Es war die Neugier auf neue Ideen, Methoden und Denkweisen, die ihn aus Duisburg unter anderem nach Berlin und schließlich auch ins betahaus führte. Dort, von einem Augenblick auf den anderen, begann die Geschichte der Innovationseinheit kloeckner.i.

Was man im Nachhinein extern betrachtet zum schicksalhaften Erweckungsmoment der Innovatorenreise verklären könnte, beschreibt Rühl eher nüchtern: Die Führung durchs betahaus, ein freier Tisch zwischen all den besetzten Plätzen, die spontane Frage nach den Mietkonditionen, ein ebenso spontaner Entschluss. Rühl rief zwei junge Kollegen an und erklärte ihnen, dass sie ab der kommenden Woche einen neuen Arbeitsplatz hätten und ihre Krawatten daheimlassen könnten. Fortan sollten sie in Berlin zwei Funktionen übernehmen: Sie sollten herausfinden, wie in dieser Szene gearbeitet wird, und Klöckner dort positionieren und bekannt machen.

Aus dem Schreibtisch wurde ein Büro, aus dem Büro eine Firma, aus der Firma ein Musterbeispiel dafür, wie digitale Disruption und neue Geschäftsmodelle auch streng hardwareorientierte Märkte und Branchen aufrollen können. Gut möglich, dass all dies sich später und irgendwie anders auch ähnlich hätte entwickeln können, doch dieser eine Moment in Berlin gab die entscheidende Initialzündung.

> *»Fürs Valley fand ich uns eigentlich zu klein, und deswegen*
> *bin ich nach Berlin gegangen.«*
> – Gisbert Rühl, CEO 2009-2021, Klöckner & Co SE

Grundlegende Veränderungen, völlig neue Lösungsansätze und echte Innovationen resultieren häufig aus spontanen Impulsen, zufälligen Erkenntnissen und im Moment ihres Geschehens fast unwichtig wirkenden Ereignissen. Wenn Gisbert Rühl seinen Aha-Moment eher beiläufig schildert, ist es keine Koketterie. Es ist schließlich nicht der freie Tisch allein, auf dessen Furnier kloeckner.i errichtet wurde. Wer weiß schon, wie viele Manager, Vorstände und andere Safariteilnehmer vor ihm an diesem Tisch vorbeigelaufen waren, ohne sich zur Gründung von Innovationseinheiten inspiriert zu fühlen. Nicht jede Start-up-Tour bringt ein neues Geschäftsmodell hervor. Manchmal gibt es nur einen guten Kaffee.

In Erwartung des Unerwartbaren

Doch auch Start-up-Touren ohne Aha-Momente fördern die Innovationsfähigkeit. Wie noch häufiger in diesem Buch, geht es hier gar nicht um ein konkretes Format, sondern um die grundsätzliche Bereitschaft, möglichst unvoreingenommen über den eigenen Tellerrand zu schauen. Wir meinen hier das Vermögen, in allen Stufen der eigenen Karriere den Blick dafür zu behalten, wo man selbst steht, welchen Routinen und Gesetzmäßigkeiten der eigene Alltag unterworfen ist, wie sich dieser Alltag von anderen Modellen, Ansätzen, Branchen unterscheidet, und was sich jenseits des eigenen Erfahrungshorizontes entdecken und lernen lässt. Echte Neugier, mit Betonung auf der ersten Silbe, ist ein wesentlicher Bestandteil jeder Innovationsfähigkeit: Das Neue kennenlernen und verstehen wollen, sich für Impulse zu öffnen, die eben nicht aus dem Altbekannten entspringen.

Eines der bekannteren Bilder für diese Impulsoffenheit ist das des früheren *Bild*-Chefs Kai Diekmann auf seiner Erkenntnisreise ins Silicon Valley. 2012 tauschte Diekmann das Outfit des wohlgegelten Chefredakteurs im Anzug gegen das des vollbärtigen Nerds im Kapuzenpullover. Er zog sich für ein Jahr aus dem Tagesgeschäft der Redaktion zurück, um im Silicon Valley neue Perspektiven, Arbeitsmethoden und Geschäftsmodelle zu suchen. Die Optik wurde oft belächelt, aber auch das kosmetische Heraustreten aus der Rolle stand dafür, alles einmal grundsätzlich anders anzupacken.

Mit seinem Wechsel ins Silicon Valley war Diekmann alles andere als allein, auch wenn nicht jeder den intensiven Vollkontakt wagte: Die Silicon-Valley-Safari war beliebt, Wirtschaftsminister Rösler ließ sich joggend in San Francisco fotografieren, und auch Gisbert Rühl suchte den Anschluss an die Vordenker der digitalen Transformation.

Die Frage, wie in Zeiten neuer Geschäftsmodelle und Branchendisruptionen auch der Stahlhandel betroffen sein könnte, beschäftigte Rühl grundlegend. Deshalb traf er sich etwa mit Investor Marc Andreessen, dessen 2011 formuliertes Axiom »Software is eating the world« ein zentrales Merkmal der digitalen Disruption beschrieb und bis heute gilt. In Harvard traf Rühl Clayton Christensen, der 1997 mit *The Innovator's Dilemma* ein Standardwerk der Disruptionstheorie verfasst hatte. Darin berichtet Christensen unter anderem vom Beispiel der Mini Mills, die trotz ihrer unleugbaren Vorteile kein etablierter Stahlkonzern anwendete. Dieses Thema stand dem Stahlmann Rühl natürlich sehr nah, und zwischen ihm und Christensen entwickelte sich ein langjähriger Austausch.

Exkurs: Mini Mills

Lassen Sie uns diesen Case genauer ansehen: Was war da los? Mitte der Sechzigerjahre wurde das besagte Mini-Mill-Verfahren entwickelt, um Bewehrungsstahl etwa 20 Prozent günstiger herzustellen als mit herkömmlichen Hochofenverfahren. Wie hätten Sie sich als Stahlhersteller verhalten, der das herkömmliche Verfahren verwendete?

Hätten Sie das neue Verfahren übernommen, hätten Sie dagegen angekämpft oder wären Sie eher in einen sicheren Markt geflüchtet, indem Sie sich auf die qualitativ nächstbessere Stahlsorte (zum Beispiel Winkeleisen, Stangen, Stäbe) konzentriert hätten? Der Vorteil des neuen Verfahrens besagt, dass die Margen in diesem Segment im Vergleich zu den sieben Prozent des Bewehrungsstahls bei zwölf Prozent liegen. Indem Sie also das Segment mit niedrigeren Margen dem Marktteilnehmer mit dem neuen Verfahren überlassen und sich auf das Segment mit den höheren Margen konzentrieren, steigern Sie sogar noch Ihr Ergebnis. Alles richtig gemacht? Geht so.

Wenn neuartige, wirtschaftlich erfolgreichere Verfahren auf den Markt kommen, (also Innovationen), dauert es nicht lange, bis weitere Anbieter auftauchen (wie im Fall der E-Scooter). Jene neuen Angebote sorgen dann dafür, dass sich der Anbieter mit den herkömmlichen Methoden – so wie Sie gerade eben – aus dem Markt zurückzieht und das Preisniveau schnell stagniert.

Um wieder profitabel vorzugehen, mussten sich die Anbieter des Mini-Mill-Verfahrens etwas einfallen lassen. Sie verbesserten es, sodass sie nun in der Lage waren, auch Stahl aus dem qualitativ nächstbesten Segment (Winkeleisen und Co.) anzubieten – wieder deutlich günstiger als die etablierten Stahlhersteller auf herkömmliche Weise.

Was folgte daraus? Die Altunternehmen flüchteten erneut in das qualitativ nächstbessere Segment, Baustahl, das sogar eine Marge von 18 Prozent bot, was wiederum das Gesamtergebnis steigerte. Andere Anbieter zogen nach und optimierten auch ihre Verfahren, sodass die Preise erneut auch in diesem Segment stagnierten.

Das Ganze wiederholte sich noch ein weiteres Mal, nunmehr im besten Stahlsegment (Stahlblech), in dem die Marge sogar 25 bis 30 Prozent beträgt. Die Mini Mills zogen nach und – Überraschung! – inzwischen wird die Mehrheit des Stahls in Nordamerika im Mini-Mill-Verfahren hergestellt.

Was lässt sich daraus lernen oder konkret in die Praxis umsetzen? Tatsächlich kann man den Managern der alten Stahlhersteller auf der Mikroebene keine Fehlentscheidungen vorwerfen, denn kurzfristig verbesserten sich die Ergebnisse sogar. Langfristig war dieses Verhalten jedoch fatal, da hier eine Disruption stattfand.

Wie hätten es die Unternehmen besser machen können? Rückblickend lässt es sich leicht sagen, aber tatsächlich wäre es hier der richtige Schritt gewesen, das eine zu tun, ohne das andere zu lassen: Die etablierten Stahlunternehmen hätten mittels einer Ausgründung selbst das Mini-Mill-Verfahren verwenden und somit langfristig sicherstellen sollen, dass sie zu den am neuen Markt teilnehmenden Playern gehören, nachdem sich das Verfahren flächendeckend etabliert hatte.

Gisbert Rühl stand den Impulsen einer sich verändernden Welt offen gegenüber, versuchte ihre Mechaniken zu durchdringen und daraus Lehren für seine eigene Branche zu ziehen. Dies war schon vor Klöckner ein Teil seines Lebens gewesen: Digitalisierung und der damit verbundene Kulturwandel hatten ihn schon in vorherigen Positionen begleitet. Er war den damit verbundenen Schwierigkeiten und Herausforderungen begegnet und war sicher, dass die Zukunft des Stahlhandels und der Stahlindustrie nicht in der reinen Fortschreibung und linearen Verbesserung der Tradition läge. Wie auch immer die Disruption der Branche aussähe und von wem auch immer sie käme: Sie wurde bereits erwartet.

Dies ist vielleicht ein guter Zeitpunkt, um aufkommenden Zweifeln zu begegnen: Dieses Buch ist keine Gisbert-Rühl-Biografie und kein Klöckner-Porträt, auch wenn beides sicher interessant wäre. Doch wenn es um Grundvoraussetzungen der Innovationsfähigkeit geht, um Initialzündungen und Erkenntnismomente, dann ist kloeckner.i schlicht ein Lehrbuchbeispiel. Auf der einen Seite haben wir Rühls grundlegendes Interesse für die möglichen Auswirkungen eines potenziell revolutionären Fortschritts auf sein eigenes Unternehmen. Auf der anderen Seite fallen die Start-up-Tourplanung und die Auslastung des betahauses zusammen und schaffen den idealen Moment – die Aktivierungsenergie für Rühls explosive Mischung aus Erfahrungen, Erwägungen, Wissen und Neugier.

Probier's mit Serendipity

Jeder hat diesen Moment schon einmal erlebt: Ein hartnäckiges Problem lässt sich einfach nicht lösen, egal, wie lange man an ihm herumrechnet, herumtüftelt, es in seine Bestandteile zerlegt. Je mehr man sich anstrengt, desto mehr scheint sich die Lösung dem Zugriff zu entziehen. Am Ende bleibt einem nur, zu kapitulieren, sich auf morgen zu vertagen.

Doch sobald der Druck, unbedingt eine Lösung finden zu müssen, abfällt, beginnt das Gehirn anders zu arbeiten. Auf dem Weg nach Hause, unter der Dusche, im Bett kurz vorm Einschlafen und inspiriert von einem völlig anderen Gedanken, einer Beobachtung, einem letzten Zucken des abschaltenden Geistes fällt das fehlende Puzzleteil plötzlich an seinen Platz. Alles wird klar, die Lösung liegt auf der Hand. Archimedes soll das nach ihm benannte Prinzip bei einem entspannenden Bad entdeckt haben. »Heureka!« rufen: optional.

In den Bereichen Forschung, Problemlösung, Innovationsgeschichte begegnen uns solche Momente immer wieder. Sie ergänzt ein weiteres Motiv, das der völlig ungeplanten Idee als Resultat eines glücklichen Unfalls. Der vergebliche Versuch, einen extrastarken Superkleber zu entwickeln, war die Basis für den schwachen und wiederverwendbaren Kleber, der bis heute Post-its am Whiteboard des Innovationsworkshops hält. Das nicht sorgfältig aufgeräumte Labor Alexander Flemings schuf die Bedingungen, unter denen sich die Schimmelpilze entwickeln konnten, deren antibiotische Wirkung als Penicillin die Medizin revolutionierte. Der Weg vom Kleber zum Post-it und vom Schimmel zum Medikament war dann jeweils noch lang. Doch am Anfang stand der Zufall.

Das Phänomen und die Fähigkeit, Dinge und Ideen von Wert oder Nutzen zu finden, nach denen man nicht sucht, nennt die englische Sprache »Serendipity«. Ein klangvolles Wort, dem im Deutschen am ehesten noch der »Zufallsfund« entspricht und für das mittlerweile der Neologismus »Serendipität« Einzug in unsere Sprache hält. Beides wenden wir hier nicht an – zu wenig glamourös ist der Zufallsfund, zu schwerfällig wirkt die Serendipität.

Bleiben wir also bei Serendipity als Schlüsselfaktor der Innovationsfähigkeit. Wer völlig neue Probleme lösen und brandneue Fragen beantworten will, dem helfen bewährte Systeme, Methoden und Werkzeuge nur bedingt. Die Strukturen und Prozesse der heute etablierten Unternehmen entwickelten diese recht spezifisch entlang etablierter Fragestellungen, und sie sind deshalb nur selten in der Lage etwas anderes als die bereits etablierten Antworten zu formulieren.

In fast allen Gesprächen, die wir rund um dieses Buch führten, wurde deutlich: Wer Innovation über die stetige Verbesserung des Aktuellen hinaus ermöglichen will, muss Serendipity zulassen – auch und gerade dann, wenn es schon hervorragend läuft. Als Jens Gamperl, eine echte Koryphäe seiner Zunft, Geschäftsmann durch und durch, mit Sourceability einen Neuanfang wagte, war der Erfolg absehbar: Gamperl kannte die Netzwerke, die Schwachstellen, die offenliegenden Opportunitäten seiner Branche und trieb den Handel mit Elektronikkomponenten schon dadurch voran, dass er sich von Anfang an global aufstellte, Vertriebe und Broker bündelte und Bestell- und Lieferprozesse vereinfachte und beschleunigte. Auf der anderen Seite des sich anbahnenden Deals hatten sich die Mittelständler von Zollner wiederum gerade dazu entschlossen, sich nicht mehr selbst um die Komponentenbeschaffung zu kümmern, sondern ihre Prozesse zu verschlanken. Der logische Schritt: Sie stiegen als Investoren bei Sourceability ein. Sie machten den Händler zu einem Teil ihres Unternehmens, boten diese effiziente Schnittstelle aber auch anderen Marktteilnehmern an.

Hier könnte die Erfolgsgeschichte schon erzählt sein. Doch da sich die unternehmensführenden Gebrüder Zollner mit neuer Wertschöpfung und Plattformökonomie beschäftigten und durch den persönlichen Kontakt Gamperls zu Max Orgeldinger, dem Geschäftsführer von Christoph Bornscheins Unternehmensberatung TLGG Consulting, eröffnete sich eine neue Möglichkeit: eine Plattform für Marktteilnehmer, welche die Beschaffung von und den Handel mit elektronischen Komponenten stark vereinfachte und die mühseligen Prozesse der kaum automatisierten Anfragen, Offerten und seitenlangen Stückpreistabellen gewaltig beschleunigte.

Mit dieser Vision gingen Gamperl und die Zollners allerdings nicht zu den IT-Spezialisten ihrer Branche. In Christophs Team hatte man vom Komponenten-

handel herzlich wenig Ahnung, aber dafür Einblick in die Fragen der Plattformökonomie und neuer Technologien. Zudem unterhielt man ein Netzwerk von
Experten, die bei der technischen Umsetzung helfen konnten. Gamperl ließ sich
schnell überzeugen. Prototypisierung, neue Technologien, neue Kooperationen –
solange die Ansätze und Experimente klar im Dienst seiner Idee standen, nahm
er sie nicht nur an, sondern trieb sie auch gegen Widerstände voran. All dies wäre
anders gekommen, wenn hier nicht zufällig und wachen Blickes die richtigen
Leute und Ideen sowie ein grundlegendes Interesse am Neuen und anderen zu-
sammengekommen wären.

> *»Du musst raus aus diesem Corporate Elfenbeinturm und diesen echten*
> *Resonanzraum der Gesellschaft mit hineinholen.«*
> – Nils Müller, Gründer und CEO , TRENDONE GmbH

Für den Winnender Reinigungsspezialisten Kärcher wiederum war es die Beschäftigung mit der Cloud, die das Unternehmen auf neue Ideen brachte. Das
ist zwar ein besonders schmaler Serendipity-Raum, denn »die Cloud« in Form
eines Amazon-Web-Services-Angebots bedeutet recht viel Antwort auf eher wenig
Fragestellung. Der Umgang mit den AWS-Leistungen war zunächst wenig ex-
plorativ und mehr eine Anprobe anderswo bereits bewährter Lösungen. Doch
was mit dem Hosting von Bedienungsanleitungen und Unternehmenswebsites
begann, eröffnete schnell neue Optionen. Indem Kärcher seine Cloud-Expertise
in ein neues, eigenes Unternehmen goss und Zoi als Anbieter von Cloud-Lö-
sungen verfügbar machte, schuf das Unternehmen wiederum eine Plattform, die
Serendipitous Encounters ermöglichte.

Ergebnisoffen durch die Welt gehen und andere Perspektiven kennenlernen,
bereit für neue Erfahrungen und Denkweisen sein, Inspiration jenseits des zu
inspirierenden Alltags suchen – es klingt so banal und ist doch schwer zu realisieren. Insbesondere in Führungspositionen ist es nicht einfach, die limitierten
Möglichkeiten des eigenen Erfahrungs- und Kompetenzhorizontes konstruktiv
anzuerkennen und sich eher in »der Welt da draußen« als in den bekannten unternehmerischen Zusammenhängen zu verorten. Tatsächlich widerspricht dies sogar
deutlich dem in deutschen Unternehmen häufig zu beobachtenden Prinzip, als
Führungskraft das zu exekutieren, was erwartet wird, und sich nicht von sach-
fremden Kinkerlitzchen aus der Ruhe bringen zu lassen.

Den grenzenlosen Möglichkeiten Grenzen setzen

Vor einigen Jahren erklärte Christoph seinen Blick auf das Thema Serendipity im Vorstand eines großen DAX-Unternehmens. Er erläuterte seinen Ansatz lang und breit, aber offenbar nicht gut genug für einige der Anwesenden. Dies wurde deutlich, als der Büroleiter des Vorstandsvorsitzenden das Gehörte fragend zusammenfasste: »Ah, dann ist deine Idee wohl, dass wir die Schlampe an der Lampe sind.« Damit meinte dieser: offen für alles, frei von Ansprüchen und damit letztlich ohne jedes Profil.

Gehen wir an dieser Stelle einmal nicht darauf ein, inwiefern das gewählte Bild problematisch sein oder unangenehme Einblicke in eine Unternehmenskultur gewähren könnte. Bleiben wir bei den Fragen, die sich dahinter verbergen: Meint Serendipity den völligen Abbau von Skepsis gegenüber Einflüssen von außen? Meint Offenheit als Innovationsvoraussetzung, sich von Grundsätzen stringenter strategischer Unternehmensführung abzuwenden? Geht es darum, überall dabei zu sein, alles mitzumachen und jedem Hype-Hallodri sein neues Tech-Tool abzukaufen? Drei Fragen, drei knappe Antworten: nein, nein, nochmals nein.

Sich für neue Impulse und den Blick nach außen zu öffnen, bedeutet natürlich nicht, das eigene Profil und die eigene Erfahrung zu vergessen und vom mittelständischen Fels in der Brandung zum Blatt im Wind zu werden. Im Gegenteil entsteht Innovation eben oft genug dort, wo zwei klar unterschiedliche Welten nützliche Schnittmengen entdecken und etwas Neues schaffen. Dafür ist es notwendig, die eigene Erfahrung einzubringen und die neuen Impulse auf das eigene Fachgebiet zu projizieren.

An jedem anderen Ort der Welt hätte man eine Petrischale voll Schimmel einfach entsorgt – es brauchte die Erfahrung und den Hintergrund Alexander Flemings, um aus der Entdeckung eine Erfindung zu machen. Auch die beschriebenen und bekannten Erkenntnismomente, in denen sich Problemlösungen unerwartet offenbaren, sind nur dort möglich und wertvoll, wo man sich schon eindringlich mit der Materie beschäftigt. Ein Zufall ist zunächst nur ein Zufall und ein freier Tisch nur ein freier Tisch.

Wer von Serendipity redet, sollte auch über den Return on Serendipity sprechen, also über eine Ertragserwartung im Austausch für die Offenheit. Dieser Return on Serendipity ist allerdings zunächst unspezifisch: Wer den Blick öffnet, wer auf Entdeckungsreisen geht, wer den Zufall zulässt, sollte keine harten Zahlen erwarten und nicht zu voreingenommen an konkrete Ziele denken.

Aber es sollte doch mit so professionellem Blick geschehen, dass man mehr meint, als »einfach mal irgendwo anders rumhängen«. Es gilt, Serendipity zu systematisieren, etwa indem das innovative Unternehmen für seine Mitarbeiter und Führungskräfte Räume schafft, in denen Serendipity möglich ist, und sie ausdrücklich ermuntert, sich darin auszuprobieren. Erweckungsmomente entstehen nur selten aus der täglichen Routine heraus.

Der Return on Serendipity behandelt im nächsten Schritt die Frage der Bewertung der aufgenommenen Impulse: Wie stellen wir fest, ob das aufgefundene Strandgut Gold ist? Ein zentraler Maßstab dafür ist der Blick auf die Fragen, die sich ein Unternehmen in dieser Zeit stellt, und auf die Stärken und Schwächen, mit denen es sich in einer Welt der Veränderung positioniert. Wer wissen will, ob der Zufallsfund ein unternehmerisches Problem löst, eine Gelegenheit bietet, oder doch nur ein sachfremdes Kinkerlitzchen bleibt, muss die eigene strategische Position reflektieren. Dazu gehört es auch, Stärken und Schwächen zu hinterfragen und gegebenenfalls neu zu definieren.

Wir werden noch näher auf diesen Punkt eingehen, deshalb hier nur ein kurzer Abriss: Wenn alles im Umbruch ist, werden alte Stärken schnell zu Schwächen, und bisher eher beiläufig hingenommene Bestandteile des eigenen Geschäfts können zu entscheidenden und wertschöpfenden Assets entwickelt werden. Wer sich dessen bewusst ist und die eigene Organisation und ihre Fragestellungen kennt, der wechselt nicht als, Entschuldigung, »Schlampe an der Lampe« in eine Serendipity-Welt. Sondern der vollzieht diesen Schritt als beginnender Intrapreneur mit dem richtigen konzeptionellen Zubehör. Weniger catchy, aber deutlich zukunftsweisender.

Wenn das Glück nicht von selbst kommt...

Wir bestehen auf diesen Seiten recht energisch darauf, dass Zufälle, unerwartete Ideen und Eingebungen für echte Innovationen im Sinne einer disruptiven Veränderung wichtig sind. Doch dieses Hohelied des Erweckungsmoments soll nicht verleugnen, dass Innovation und innovatives Handeln durchaus auch aus profanen unternehmerischen Erwägungen entstehen können.

So begann für Geers der Weg vom erfolgreichen Brick-and-Mortar-Business hin zur erfolgreichen Onlineshop-Lösung mit der plötzlichen Erkenntnis, nicht ins Hintertreffen geraten zu wollen: Die Hörakustikspezialisten sahen sich einem neuen, digitalen Markt gegenüber, welcher von neuen Konkurrenten immer rascher erschlossen wurde. Sie erkannten daher den Bedarf, ihr Geschäftsmodell entsprechend auszuweiten. So weit, so klassisch unternehmerisch. Doch auch hier macht die Offenheit, einen Konkurrenten auf einem neuen Markt zu erkennen, einen neuen Herausforderer aus einer völlig neuen Richtung nicht als flüchtiges Problem, sondern als zu adressierende Herausforderung zu begreifen, den Unterschied. »Da müssen wir was tun!« ist nicht überall der unternehmerische Standardreflex, wie wir in Interviews und in der täglichen Arbeit festgestellt haben.

Doch auch ein »Da müssen wir was tun!« macht aus Teams nicht sofort Innovationseinheiten, aus Führungskräften nicht sofort Pioniere und selbst aus CEOs nicht sofort gut vernetzte Serendipity-Magneten, die sich sektorübergreifend mit Vordenkern und Praktikern über neue Entwicklungen austauschen. Wo aus neuen Herausforderungen neue Aufgaben erwachsen, entstehen nicht automatisch auch Ressourcen und Expertisen.

Selbstverständlich lassen sich in der arbeitsteiligen Gesellschaft und im Zeitalter des konsequenten Outsourcings auch Zufälle, neue Perspektiven und Erweckungsmomente outsourcen. Im groben Abriss der Sourceability-Genese oben sprachen wir bereits kurz von Unternehmensberatungen. Wir gehen auf den externen Blick, den Beratungen im besten Fall anbieten, hier noch einmal kurz ein, ohne allerdings allzu spezifisch Funktionen, Möglichkeiten und Qualitätsunterschiede zu behandeln – dafür ist Christoph als TLGG-Mitgründer bei allem Bemühen doch zu voreingenommen.

Im Gespräch mit Michael Halfen und Philipp Kitterer von der DEUTZ AG verwiesen die beiden an TRENDONE aus Hamburg, das als trendbasierte Strategie- und Innovationsberatung Unternehmen wie DEUTZ dabei unterstützt, ihren Blick für neue Entwicklungen, Zusammenhänge und Opportunitäten zu öffnen und zu schärfen. Gründer Nils Müller führte uns durch ein Framework fürs Strategic Forecasting, das im Grunde die applizierte und strukturierte Offenheit für Veränderungen und Impulse darstellt. Nur dass diese eben von einem externen Team in Unternehmen hineingetragen und dort diskutiert und in unternehmerisches Handeln übersetzt wird.

Müllers Team identifiziert und bewertet Trends und leitet im Zusammenspiel komplex verwobener Faktoren konkrete Zukunftsszenarien ab, die wiederum die Basis für Unternehmens- und vor allem Innovationsstrategien sind. Klassisch ausgebildete Mikro- und Makroökonomen mögen an dieser Stelle mit den Augen rollen und äußerst ironisch beeindruckt tun: »Wow. Szenarien erstellen und daraus Strategien ableiten! Diese Beratungsfirmen machen die verrücktesten Dinge.«

Doch was TRENDONE und vergleichbare Beratungen auszeichnet, sind der Wille und die Fähigkeit, über die sowieso in der Unternehmensstrategie verankerten Handlungsfelder und Entwicklungshorizonte hinauszudenken und Potenziale dort zu entdecken, wo sie sich aus dem lange gepflegten Kerngeschäft eines Unternehmens nicht sofort erschließen. Dies ist in Zeiten rasanter technologischer und daran anschließender wirtschaftlicher Veränderung eine wichtige und massiv untertrainierte Fähigkeit. Zum anderen sieht Nils Müller die Rolle seines Unternehmens nicht nur darin, wirkungsvolle PowerPoint-Decks zu erstellen, sondern eindeutig auch in der Unterstützung der Umsetzung: Wie baut man Teams auf, wie identifiziert und löst man unternehmensinterne Konflikte im Umgang mit Trendbewertungen und Umsetzung, wie bringt man die relevanten Unternehmensbereiche zusammen? Perspektiven öffnen, Schnittstellen schaffen, neue Verbindungen herstellen – hier wird Serendipity-Bereitschaft als quantifizierbare externe Dienstleistung angeboten. Das Prinzip jedoch gilt weiterhin.

Wie finden wir den Weg in die Zukunft?

Um eine möglichst hohe Flughöhe und möglichst breite Perspektiven im Hinblick auf Innovationen, Innovationseinheiten, Intrapreneure und Unternehmen zu gewinnen, haben wir für dieses Buch vor allem mit Menschen in leitenden Positionen gesprochen. Wir sind – darauf werden wir noch im Detail eingehen – überzeugt, dass die Offenheit für neue Impulse in den oberen Managementebenen eine entscheidende Voraussetzung für Innovationserfolge ist. Doch die bisher beschriebenen Faktoren auf der Suche nach Inspiration und Zufall gelten auf allen Ebenen des Unternehmens. Ideen können überall und jederzeit entstehen, und der Blick über den eigenen Fach- und Wirkungsbereich hinaus ist für jeden Menschen wertvoll. Dessen sind sich auch viele Unternehmen bewusst, weshalb sie versuchen, Anlaufstellen für Menschen und Ideen zu etablieren und den Zugang zu ihren Innovationseinheiten möglichst nicht zu verwehren.

Der Medizin- und Sicherheitstechnikspezialist Dräger hat dafür seine Garage geschaffen, eine Austausch- und Innovationsplattform, die den Mitarbeitern eine inspirierende Umgebung bieten soll. Hier können sie an ihren Ideen arbeiten, dem Unternehmen Impulse mitgeben, eigene Initiativen vorstellen. Das Kernteam der Garage setzt sich mit diesen Impulsen auseinander und unterstützt die Teams dabei, ihre Ideen zur Reife zu bringen.

Janina Kugel hat in ihrem Vorwort bereits den Innovationsfonds vorgestellt, der die existierenden Innovationspotenziale innerhalb von Siemens sichtbar und nutzbar machen sollte. Auch die Arbeit der Innovationseinheit der DEUTZ AG begann mit einem Briefkasten für Ideen, der allen offenstand. Ausgewählte Ideen wurden in Pitch-Formate getragen, auf erfolgreiche Pitches folgten dann die Weiterentwicklung und Integration ins Innovationsportfolio. Offenheit für das Neue beginnt innerhalb der eigenen Unternehmensgrenzen.

Der Briefkasten der DEUTZ-Innovation erfüllte dabei zwei Funktionen: Die eine war der Zugang zum Ideenschatz der Teams und des bestehenden Kollegiums. Die andere, ebenfalls wichtige Funktion, bestand darin, dem Innovationsteam überhaupt Richtungsimpulse zu geben. Denn außer dem Auftrag, die Dinge neu anzupacken, gab es für das Team kein klares, aus der Unternehmensstrategie abgeleitetes Briefing. So schildern Halfen und Kitterer im Gespräch, wie sie teilweise die sozialen Medien der Vorstände verfolgten und durchforschten, um aus deren Beiträgen, Kommentaren und Reaktionen Schlüsse auf die gewünschte, mögliche und absehbar mit Wohlwollen aufgenommene strategische Richtung der Ideenentwicklung zu ziehen. Ihnen fehlte es an klaren strategischen Vorgaben.

Auch Marianne Wildi, CEO der Hypothekarbank Lenzburg in der Schweiz, kennt diese anfänglichen Probleme und ihre zunächst nur provisorischen Lösungen. Eine für alle offene Innovationseinheit, so beschreibt sie es, wird zunächst gern angenommen: Alle niemals adressierten Ideen erhalten plötzlich einen Kanal und eine neue Aufmerksamkeit, es ist Euphorie im Spiel, und der Reichtum an Ideen ist fast erschlagend. Doch nach der ersten Welle und nach den ersten nicht weiterverfolgten, weil dann doch nicht passenden Ideen ist die Luft schnell raus, verfliegt die Begeisterung. Auch bei DEUTZ fiel auf, dass die Arbeit des Innovationsteams nach der Ideenphase oft ins Stocken geriet, wenn es an die Umsetzung ging. Dies lag meistens daran, dass es keine erkennbare Verbindung zur Unternehmensstrategie gab.

> *»Nach der anfänglichen Begeisterung haben wir gemerkt, dass Innovation nicht nur spontan ist, sondern auch eine gewisse Struktur braucht.«*
> – Marianne Wildi, CEO 2010-2024, Hypothekarbank Lenzburg AG

Diese Strategie ist jedoch essenziell: Innovation braucht Struktur. Impulse und Serendipity benötigen strukturierte Systeme, in denen sie unter definierten Bedingungen bewertet, getestet und ausprobiert werden können. Unternehmen wie TRENDONE unterstützen dabei, Ideen und Inspirationen strategisch einzuordnen und die für den Return on Serendipity nötigen Referenzsysteme zu schaffen. Dies jedoch entlässt keine Führungskraft und kein Teammitglied aus seiner Verantwortung für die eigene Offenheit und die eigene Bereitschaft für den glücklichen Zufall. Corporate Heroship ist ein Teamsport.

Testen und getestet werden

Was wir uns bei der Organisation unserer Interviews sicher vorwerfen lassen müssen, ist der Fokus auf grundsätzlich eher erfolgreiche Innovationseinheiten. Der Blick auf Best Cases birgt immer die Gefahr, bestimmte Herangehensweisen, Maßnahmen und Aspekte erfolgreicher Unternehmen idealisiert zu verallgemeinern und zur goldenen Regel zu erklären. Dies wollen wir in unserer Arbeit vermeiden – und dennoch versuchen, Gemeinsamkeiten und Muster in der Innovationsarbeit unserer Cases zu erkennen und zumindest tendenziell Empfehlungen abzuleiten, die Innovation begünstigen und voranbringen.

Wenn wir uns anschauen, wie unsere Interviewpartner und -partnerinnen mit Ideen und Impulsen umgehen, dann wird deutlich, dass die Offenheit für und das Hinterfragen von Ideen und Impulsen nicht dort endet, wo eine rohe Idee in ein sie weiterentwickelndes System gekippt wird. Im Gegenteil: Annahmen schnell und kontrolliert zu testen sowie Prototypen und Minimum Viable Products (MVPs) zu entwickeln, bietet einen wichtigen Schlüssel für die Reifung einer Idee zur Innovation und ihre Ausrichtung an der Unternehmensstrategie.

Dies gilt auch für Fälle wie den oben vielleicht etwas zu bescheiden als »klassisch unternehmerisch« bezeichneten Schritt Geers' in die Welt des E-Commerce und des digitalen Vertriebs. Denn der Aufbau dieses Vertriebs folgt nicht der klassisch unternehmerischen und klassisch deutschen Herangehensweise, die vor dem ersten praktischen Schritt schon alle folgenden Maßnahmen geplant, bewertet und nach Schema Lastenheft eingepreist hat.

Stattdessen baute das Team um Andreas Schmidlechner eine kleine Digitaleinheit auf, die in kleinen schnellen Schritten die digitale Customer Journey entwickelte, neue Teammitglieder rekrutierte und zunächst eine Lösung für den deutschen Markt schuf. Der Erfolg jeder einzelnen Maßnahme gab dem Gesamtprojekt recht, und mittlerweile skaliert Geers' Online-Vertrieb international in weitere Märkte des Mutterkonzerns Sonova.

Es ist ganz und gar nicht sicher, dass jeder dieser kleinen, schnellen Schritte ein Erfolgserlebnis schafft. Aber auch falsifizierte Hypothesen helfen bei der Innovationsentwicklung, geben neue Impulse und bringen die Idee voran. Schnelle Prototypisierung war auch den Innovationsverantwortlichen Halfen und Kitterer wichtig, als sie die elektrische Ladestation entwickelten, welche, als eines der neuen Produkte, die DEUTZ AG über das fossile Zeitalter hinaus relevant halten sollte. Sie schnallten den Prototypen auf einen Transporter, fuhren damit auf Baustellen und ermunterten ihre zukünftigen Endnutzer dazu, damit zu interagieren. Neben einigen Bestätigungen gab es hilfreiche Skepsis: Das Mockup-iPad schien den Nutzern viel zu empfindlich, die Stromversorgung der Ladestation würde neue Pufferspeicherlösungen erfordern. Dies sind Erkenntnisse, die ohne diesen schnellen und frühen Test wohl gar nicht oder erst spät in die Entwicklung geflossen wären. Um noch einmal den Kehrreim dieses Kapitels zu singen: In allen Phasen der Innovationsentwicklung ist es essenziell, sich für Einflüsse und Perspektiven zu öffnen.

Auch Rühl war klar, dass sich neue Ideen, neue Lösungen oder neue Software nicht dem ganzen Unternehmen überstülpen lassen und auch nicht so zu planen sind. Der Lead-Market-Ansatz von kloeckner.i bedeutete, in reiferen Märkten wie den USA Hypothesen und Methoden zu testen. Doch auch im Kleinen verfolgte Rühl diesen Ansatz, etwa indem neue Software nur in einzelnen Lägern eingesetzt wurde. Wenn da etwas schiefginge, so Rühl im Gespräch, dann würde er im Zweifel höchstpersönlich die Kunden anrufen und das schon wieder hinkriegen. Zugleich trieb er in der gesamten Firma ein Weiterbildungs- und Befähigungsprogramm voran, das die Grundsätze der Digitalisierung vermittelte und verständlich machte. Wie wichtig dieses Vertrauen und diese Einsatzbereitschaft des CEOs angesichts nötiger Veränderungen und neuer Chancen und Risiken ist, beleuchten wir im folgenden Kapitel.

Ein neuer Blick auf Stärken und Erfolgsfaktoren

Um einzuschätzen, welche Innovation, welcher Prototyp die Zukunft des Unternehmens voranbringen wird, ist es natürlich hilfreich, die bestehenden Stärken, Schwächen und Möglichkeiten der eigenen Firma zu kennen. Die Herausforderung: In vielen Unternehmen sind die Antworten auf die Fragen nach Fähigkeiten und Schlüsselstärken nicht leicht zu beantworten. Denn die Antwort liegt für viele nahe: Wir bauen die besten Produkte und bieten den besten Service. Die Erfahrung und das Können deutscher Ingenieurskunst manifestierten sich lange im Kult um das Spaltmaß deutscher Automobile. Der Glaube, darin läge die entscheidende Stärke, hat grundsätzliche Herausforderungen lange zweitrangig wirken lassen und tiefgehende Veränderungen ausgebremst.

Vor rund 130 Jahren begann Franz Heinrich Schmitz, seine über Jahre gereifte Schmiedeexpertise dem Bau von Anhängern und Aufbauten zu widmen. Heute ist Schmitz Cargobull ein führender Hersteller von Sattelaufliegern, Aufbauten und Anhängern. Die Herstellung und den Verkauf von Anhängern könnte man leicht als die entscheidende Expertise des Unternehmens sehen. Doch in Zeiten der Digitalisierung, in der in der Logistikbranche immer neue Konkurrenzen entstehen, sich neue Plattformen zwischen Hersteller, Logistiker und Händler schieben und sich die Regeln der Wertschöpfung grundsätzlich verändern, stimmt diese Annahme nicht mehr.

Die entscheidende Expertise, die Schmitz Cargobull heute einen Vorteil verschafft, besteht darin, Menschen, die Dinge an einen 40-Tonner hängen wollen, und ihre Bedürfnisse und Probleme genau zu kennen und sich mit dieser Kenntnis als erste Wahl zu positionieren. Der Company Builder KUBIKx verkörpert die Übersetzung dieser Erkenntnis: Das Unternehmen nutzt den wertvollen Zugang zu Speditionen und zu deren Kunden weltweit, um diesen Speditionen digitale Lösungen zu bieten und sie mit ihnen gemeinsam zu entwickeln. Der von KUBIKx etablierte Messaging-Dienst Heylog, der die verschiedenen Nachrichtenkanäle aller Logistik-Stakeholder bündelt, ist nicht aus einer Trailer-Expertise heraus entstanden. Kundenexpertise, das Wissen um konkrete Kundenbedürfnisse und Kundenzugang waren hier entscheidend für den Erfolg.

Viele Unternehmen verkennen, dass ihr wichtigstes Asset heute der uneingeschränkte Premium-Zugang zu einem Einkäufer ist. Zu wissen, was Abnehmer und Nutzer wollen, ist kein Marktforschungsdatenpunkt mehr, den die Entwicklung neuer Produktlinien eher kosmetisch beeinflusst. Wissen und Zugang sind es, die völlig neue Geschäftsmodelle und Wertschöpfungsströme ermöglichen. Auch dies zieht sich durch die von uns besprochenen Cases, von den Baustellentests der DEUTZ AG über die Interface-Innovationen für Bankberater der Hypothekarbank Lenzburg bis zu industrieweit genutzten Plattformen wie Sourceabilitys Sourcengine oder zur von kloeckner.i entwickelten Industrieplattform XOM Materials.

In den Zehnerjahren dieses Jahrhunderts begleitete Christophs Team die Lufthansa lange in der Social-Media-Kommunikation und bei der Entwicklung einer Digitalstrategie. Wie sehr das Unternehmen da noch glaubte, seine Flotte von Flugzeugen sei ausschlaggebend am Markt, war noch lange in den vom Marketing freigegebenen Social-Media-Posts zu sehen. Die detaillierte Selbstanalyse, die der Lufthansa die eigenen Stärken und Schwächen und die absehbaren neuen Konkurrenzen offenbarte, steckte damals noch in den Kinderschuhen.

Wir meinen, dass vieles von dem, was wir in diesem Buch über die Unternehmensebene schreiben, sich auch auf andere Ebenen skalieren lässt. Viele der Ansätze, die wir Firmen empfehlen, lassen sich auch in größeren Organisationen oder gar auf die Gesellschaft anwenden. Umgekehrt gilt vieles auch für Abteilungs-, Team- und persönliche Ebenen. Eigene Stärken und Schwächen zu kennen, offen für das Neue zu sein, bereit zum Austausch mit dem »Fremden« zu sein und die eigene Rolle zu hinterfragen, zeichnen den Corporate Hero als Individuum aus.

Vielleicht ist manch einem gar nicht bewusst, dass es nicht die sauberen und gepflegten Excel-Tabellen, das umfangreiche Adressbuch oder der Grad der Produktivität sind, die ihn oder sie unverzichtbar machen – sondern der Zugang zu denen, die die Excel-Reports lesen und interpretieren, die Fähigkeit, die vielen Kontakte untereinander sinnvoll zu verknüpfen, und das Talent, die eigenen Arbeitsergebnisse anderen vorzustellen und zu verkaufen.

Strategisch sinnvolle Zufallsbefehle von ganz oben

Corporate Heroship ist jedoch vor allem kein Sport, der isoliert und nur zur eigenen Unterhaltung funktioniert. Die serendipity-befeuerte Innovationsfähigkeit, für die Corporate Heroes stehen, braucht eine Richtung und einen Antrieb. Die Richtung findet sich in der Einbettung der Innovationsbemühungen in die Unternehmensstrategie. Sie ist die Voraussetzung dafür, dass Innovationen nicht nur echt gute Ideen sind, sondern den Unternehmenserfolg tatsächlich beflügeln und zukünftig sichern. Der Antrieb entsteht aus dem Engagement, der Selbstverpflichtung und der Unterstützung der Unternehmensspitze. Die Lern- und Fehlerkultur, die von der initialen Offenheit bis in die Testphase konkreter Lösungen essenziell ist, kann nur mit einem Vertrauensvorschuss von ganz oben funktionieren. Wenn man die Falsifizierung einer Hypothese gleich als grundsätzliches Scheitern interpretiert, muss alles beim Alten bleiben.

Dass der CEO persönlich den Tisch im betahaus anmietete und zwei Mitarbeiter nach Berlin holte, verlieh dem Projekt kloeckner.i von Anfang an Tempo und Gravitas. Intrapreneur- und Corporate Heroship entstehen jedoch dort, wo es nicht der CEO höchstpersönlich sein muss, der Erweckungserlebnisse in konkretes Handeln übersetzt. Vorstandsvertrauen, Vorstandsmandate sowie eine zukunftsfeste Unternehmens- und Innovationsstrategie schaffen den Rahmen für Intrapreneurship auf allen Ebenen.

Exkurs: Der Medici-Effekt

Zum Ende dieses Kapitels schauen wir uns ein Konzept an, das hervorragend wirkt, wenn neue Dinge entstehen sollen. Wenn sich verschiedene Kulturen und Disziplinen treffen, birgt dies ein großes Potenzial für neue Ideen und wird als Medici-Effekt bezeichnet. Benannt ist dieser Effekt nach der Dynastie der Medici, die im 15. Jahrhundert in Florenz das moderne Bankwesen einführte. Mit ihrem Vermögen förderte die Familie Kreative aus verschiedenen Bereichen – Bildhauer, Philosophen, Wissenschaftler, Schriftsteller und Architekten.

Im Kern geht es also darum, verschiedene Disziplinen, Kulturen und Stile miteinander zu kombinieren, um dadurch neue Kreationen zu erschaffen. Frans Johansson zeigt an mehreren Beispielen, wie wirksam dieser Ansatz ist. Zwei davon beleuchten wir hier kurz, um das Konzept zu verstehen.

Der Termitenbau

Der Architekt Mick Pearce stand in den Neunzigerjahren vor einer anspruchsvollen Herausforderung: Er sollte einen stromsparenden Bürokomplex gestalten, der ohne Klimaanlage auskäme. Als Standort sprechen wir hier von Harare, der Hauptstadt von Simbabwe, wo die Temperaturen gern mal auf über 40 Grad klettern können, wenn der Wind über die Wüste kommt. Wie würden Sie da herangehen?

Pearce ließ sich bei seiner Lösung von Termiten inspirieren. Denn diese Insekten sind permanent damit beschäftigt, Tunnel zu graben und wieder zu stopfen, um kühle Luft aus den Tiefen in die heißen Höhen ihres Baus strömen zu lassen. So wird das Mikroklima im Termitenbau reguliert. In Kooperation mit Ökologen und Ingenieuren gelang es Pearce, diese Funktionsweise auf die Architektur zu übertragen. Er stellte also ein crossfunktionales Team zusammen.

Pearce' Bürokomplex wurde inzwischen mehrfach preisgekrönt und inspiriert Architekten weltweit, die Prozesse der Natur nachzuahmen. Das Spannende hier dürfte sein, dass Pearce zwar in London studierte, jedoch in Simbabwe aufgewachsen war. Wer mehrere Kulturen erfahren hat oder verschiedene Interessen verfolgt, dem liegt es entsprechend näher, neue Perspektiven auszuprobieren. Stellen Sie crossfunktionale Teams zusammen und denken Sie wild.

Aus drei mach hundert – Shakiras musikalischer Geniestreich

Sicherlich ist Ihnen die lateinamerikanische Musikerin Shakira bekannt, spätestens seit ihrem WM-Song »Waka Waka (This Time for Africa)« von 2010 kennt sie in Deutschland jedes Kind. Das Besondere an ihrer Musik ist der überraschende Mix aus kolumbianischen Beats, arabischen Klängen und englischem Pop. Die meisten Musiker gehen linear vor, das heißt sie bleiben im Wesentlichen musikalisch ihrem Stil bzw. ihrem Genre treu.

Nicht so Shakira. Sie entschied sich, eine Verbindung mit der arabischen und der US-amerikanischen Popmusik einzugehen. Damit veränderte sie das übliche Vorgehen komplett und eröffnete einen Pool von extrem vielen Kombinationsmöglichkeiten. Denn so addierte sie nicht einfach neue Konzepte zu den alten (linear), sondern multiplizierte die Möglichkeiten des ersten Gebiets mit denen der drei weiteren. Dies ergibt so viele Optionen, dass niemand vorhersagen kann, wo die Reise hingeht.

Den Medici-Effekt begünstigen des Weiteren unter anderem Phänomene wie die Konvergenz der Wissenschaft, wenn etwa Forschende aus mehreren Disziplinen zusammenarbeiten. Dann entstehen zum Beispiel Studiengänge wie Wirtschaftspsychologie, Astrobiologie oder Mensch-Computer-Interaktion. Die Digitalisierung wiederum sorgt etwa für Symbiosen aus Robotern und Menschen. Denken Sie nur an Dark-Factories, in denen kein Mensch mehr arbeitet und es daher auch keines Lichts mehr bedarf. Was als letzter Treiber für den Medici-Effekt noch fehlt ist die Globalisierung. Man kann Mitarbeiter und Kunden in fast allen Teilen der Welt finden, was Kombinationsmöglichkeiten schafft, die vor 100 Jahren undenkbar waren.

Wie können Sie den Medici-Effekt nun konkret in Ihre Innovationsprojekte integrieren? Sie können zum Beispiel eine Mitarbeiterin aus dem Gesundheitswesen damit beauftragen, eine Marketingstrategie zu entwickeln. Durch ungewöhnliche Teamzusammenstellungen und Aufgaben fördern Sie die Neugierde und die Bereitschaft bei Ihren Intrapreneuren, sich mit Dingen auseinanderzusetzen, die nicht direkt mit dem eigenen Aufgabenbereich zu tun haben. Wenn Sie standardisiert wilde Kombinationen von Personen, Kulturen, Stilen, Materialien, Zutaten oder Sprachen wählen, wird es nur eine Frage der Zeit sein, bis auch bei Ihnen der Medici-Effekt seine innovierende Wirkung versprüht.

2.

Zukunftsdienst nach Vorschrift

Unternehmensführung als Treiber und Unterstützer jeder Intrapreneurship

Wenn wir über die Rolle der Unternehmensführung für die disruptive, zukunftsfähige Innovationskraft einer Firma sprechen, müssen wir einmal kurz ausholen. Denn Unternehmertum im eigentlichen Sinne und die Unternehmensführung nach den Maßstäben der letzten 20, 30 Jahre haben sich doch deutlich auseinanderentwickelt. Unternehmertum ist im Ursprung Wagemut, Freude am Experiment, Durchsetzung gegen Widerstände. Mit dem Erfolg jedoch werden und wurden andere Faktoren wie Sicherheit und Kontinuität wichtig.

An die Stelle der initialen Innovation als Basis des unternehmerischen Handelns tritt eine nurmehr inkrementelle Innovation, die das Bestehende Stück für Stück verbessert, meist effizienzgetrieben und nur selten an den Kern des Unternehmens rührend. Neu eingezogene unternehmerische Strukturen, Abteilungen und Managementebenen sind entsprechend sicherheitsorientiert, die Bonus- und Belohnungssysteme der Führungskräfte sind ebenfalls auf Sicherung und Ausbau des bestehenden Geschäfts ausgerichtet.

Der Erfolg gab dieser Art der Unternehmensführung – Management im Wortsinn des Verwaltens – lange Zeit recht. Gerade die globale Position deutscher Industriekonzerne ergibt sich aus der routinierten Replikation und Verknüpfung bewährter Systeme. So unterscheidet sich eine Produktionsstätte in China höchstens marginal von einer in Mexiko, in Südafrika oder in Niedersachsen; die materiellen und personellen Anforderungsprofile sind weltweit ähnlich. Das System ist auf Sicherheit optimiert. Dies gilt entsprechend für seine Lenkungs- und Entscheidungsgremien.

In Zeiten, die den Erfolg dieses Modells in vielerlei Hinsicht infrage stellen, wird das Unternehmertum im ursprünglichen Sinn wieder wichtiger: hinterfragen, ausprobieren, mit Mut vorangehen, agil und flexibel auf neue Herausforderungen reagieren. Dies ist den meisten Firmen heute bewusst, doch es ist nicht einfach, ein über Jahre auf Sicherheit optimiertes System in Schwingungen zu versetzen, seine Risikoscheu abzubauen oder das Mindset des Managements umzukrempeln – zumal das Bestandsgeschäft weiterläuft und liefert. Die oft gewählte Lösung für diesen Konflikt ist der extern aufgebaute, ausgegründete, unabhängige Innovationshub, der sich der Entwicklung neuer Lösungen, Produkte, Geschäftsmodelle widmet, ohne einen umfassenden Einstellungs-, Kultur- und Strukturwandel einzufordern.

Tatsächlich wurden viele der von uns betrachteten und interviewten Innovationseinheiten – um hier nur kloeckner.i, Zoi, kubikx oder Leaps by Bayer zu nennen – sehr bewusst außerhalb der bestehenden Strukturen gegründet, um Freiheit zu ermöglichen und das bestehende Geschäft vom Veränderungsdruck zu entlasten. Der entscheidende Faktor in den genannten Fällen: der Rückhalt oder sogar die direkte Beteiligung einer Unternehmensführung, die sich der grundlegend anderen Rahmenbedingungen, Erfolgskriterien und Anforderungsprofile auf disruptive Innovation ausgelegter Unternehmenseinheiten bewusst ist.

> *»Ab einer gewissen Unternehmensgröße und Umsatzhöhe*
> *kannst du dich nicht auf Bottom-up verlassen.«*
> – Andreas Schmidlechner, Geschäftsführer 2018-2022, Geers Deutschland

Um kurz zu veranschaulichen, was wir meinen: Im Jahr 2020 befragte der französische Start-up-Campus Station F rund 1000 Start-ups in ganz Europa zu ihrem Umgang mit der beginnenden Coronakrise. Das Ergebnis der Studie: Während neun von zehn Start-ups angaben, auf die eine oder andere Weise von der Pandemie betroffen zu sein, konnten sich die meisten schnell an die veränderten Bedingungen anpassen. Ein weitverbreitetes Element der Anpassungsstrategien war dabei der klassische Pivot, also essenzielle, konstituierende Eigenschaften des jeweiligen Geschäftsmodells radikal zu ändern. Rund 80 Prozent der befragten Start-ups gaben an, angesichts kaum zu bewältigender Umstände grundlegende Änderungen vorgenommen zu haben: neue Go-to-

Market-Strategien, neue Produkte, grundsätzliche Änderung des Geschäftsmodells.

Wir sprechen vom »klassischen« Pivot, weil Wendemanöver in Start-up-Kreisen kein reines Pandemiethema sind. Start-ups pivotieren ständig, ändern den Fokus, positionieren sich neu. Dies gehört zu ihrem unternehmerischen Reifeprozess. Das heute weltweit genutzte Kommunikationstool Slack war ursprünglich Teil eines Gaming-Angebots, das Instagram-Kernprodukt nur eine Dreingabe eines Location-Checkin-Tools, die kürzlich beendete Erfolgsgeschichte von Twitter begann als Nebenprodukt eines Podcast-Start-ups.

Auch ein Blick in die Historie traditioneller Unternehmen zeigt, wie »klassisch« das Motiv des Pivots ist: Nokia war im Gummistiefelgeschäft tätig, Nintendo befasste sich mit Spielkarten und zwischenzeitlich Reis und Taxis, die Wurzeln von Samsung liegen in einem Lebensmittelgeschäft, und Pixar stellte ursprünglich das Equipment für die Art kreativer Leistung her, für die das Unternehmen heute selbst berühmt ist. Der Pivot war und ist für viele Unternehmen ein zentraler Moment, in dem sie viel lernen, vieles neu entdecken, viel ausprobieren. Wie gesagt: Unternehmertum im ursprünglichen Sinne, wie man es auch Innovationseinheiten ermöglichen sollte.

Lasst uns wieder schneller scheitern

Was ein Pivot nicht ist: eine Niederlage. Doch aus der Perspektive des oben beschriebenen sicherheitsorientierten Unternehmens liegt es nahe, dass eine solche Firma die Investition umfangreicher unternehmerischer Ressourcen in ein letztlich erfolgloses Unterfangen kaum anders interpretieren kann. Und noch mehr: Das traditionell aufgestellte, erfolgreiche Unternehmen ist samt seiner Führungsriege in den meisten Fällen darauf konditioniert, solche Niederlagen von vornherein zu vermeiden.

Dies ist ein zentrales Problem vieler Innovationseinheiten: Im Moment einer gewissen Erkenntnis gegründet, fehlt ihnen die langfristige Unterstützung eines Vorstands. Dies schlägt sich darin nieder, dass Innovationseinheiten oft zu früh nach traditionellen Unternehmenskriterien bemessen werden oder generell mit der Skepsis und dem Widerstand einzelner Vorstandsmitglieder oder wichtiger Vertreter des mittleren Managements kämpfen müssen. Der Moment des »Scheiterns«, in dem einem Start-up im Grunde nichts anderes als der Neuanfang und die Reorientierung bleibt, bestätigt in Traditionsunternehmen oft alle Skepsis. Mit einem »Haben wir's doch gewusst« beschneidet man dann die Einheit in ihrer Handlungsfähigkeit oder stampft sie direkt ein.

Karl-Heinz Neu, Gründungs-CEO der KUBIKx GmbH, kennt diese momentane Niederlage und auch die Sorge vor dem Ende. Während der Coronapandemie kam es zu dem Moment, in dem man sich bei Schmitz Cargobull recht sicher war: KUBIKx hat und schafft keinen Wert, die schaffen das nicht, wir schließen das Ganze. Im dritten Jahr nach der Gründung, in einer Zeit der ersten Misserfolge und, so Neu, »Bauchlandungen«, stand die Innovationsausgründung monatelang in der Kritik. Doch auch wenn der Rückhalt des SCB-Vorstands an dieser Stelle bröckeln mochte, so hatte man sich bei der Gründung von KUBIKx doch klar verpflichtet: Für fünf Jahre war das Unternehmen aufgestellt und finanziert worden, und das klare Aufsichtsratmandat der Gründung sowie der persönliche Rückhalt des CEO Andreas Schmitz sollten auch in schwächeren Zeiten garantieren, dass KUBIKx handlungsfähig bleibt und über Zukunftsaussichten verfügt, statt sich von Bestätigungsmoment zu Bestätigungsmoment hangeln zu müssen.

Leaps by Bayer, die Impact-Investment-Einheit der Bayer AG, hat in unserer Case-Sammlung einen gewissen Außenseiterstatus, weil der Fokus des Unternehmens anders liegt als in vielen Innovationseinheiten des Mittelstands. Mit einem klaren Blick nach außen sucht, findet und investiert Leaps in Start-ups und junge Biotechunternehmen, die ihre Produkte mit Unterstützung der Bayer-Assets und -Strukturen zu schnellerer Reife und Verbreitung führen können.

Doch auch bei Leaps ist man auf den Rückhalt und das Engagement des Vorstandes angewiesen. André Guillaume, Head of Brand & Community Engagement des Unternehmens, ist sicher, dass kurze Abstimmungswege und die direkte Einbindung von CEO, CFO und jeweils relevanten Führungskräften in Investitionsentscheidungen wesentliche Erfolgsfaktoren für Leaps sind. Hinzu kommt, dass die auch unternehmensintern kommunizierte Unterstützung des CEO das Mutterunternehmen optimistisch stimmt und manchen möglichen Kulturkonflikt entschärft. Schließlich konkurriert Leaps in gewisser Weise mit den bestehenden Einheiten für Forschung und Entwicklung bei Bayer.

Die DEUTZ AG befindet sich im Zusammenspiel mit ihrer Innovationseinheit noch mitten in einem Lernprozess. Gerade in Fragen der Unternehmenskultur und des gegenseitigen Respekts sah sich das Team oft scharfer Kritik ausgesetzt.

Sie würden wichtige Ressourcen stehlen, hieß es aus manchen Abteilungen, und die Firma mit ihren Ideen belasten.

Diese Perspektive ist, unserer obigen Einführung folgend, durchaus verständlich: DEUTZ ist ein Unternehmen mit mehr als 150 Jahren Verbrennungsmotorexpertise. Eine Innovationseinheit, die sich unter anderem auch der Elektromobilität und der dafür nötigen Peripherie widmet, stellt für viele Mitarbeiter eine Kernkompetenz des Unternehmens infrage. Entsprechend wichtig ist es dann, dass der Vorstand sich eindeutig positioniert und nicht nur den Intrapreneuren und Innovatoren im Haus eine Lizenz zur Innovation gewährt, sondern an den Rest des Unternehmens das eindeutige Signal sendet: Die Arbeit dieses Teams trägt einen wichtigen Teil dazu bei, dass wir auch weitere 150 Jahre gute Produkte für unsere Kunden liefern.

Das Unternehmen denkt vom Kopfe her

Dass disruptive Innovation häufig auch als Kritik betrachtet wird, ist kein exklusives Problem der DEUTZ AG. Das Bemühen darum, entweder etwas anderes oder die Dinge anders zu machen, steht oft in klarer Konkurrenz zu den Errungenschaften, die a) das Unternehmen groß und erfolgreich gemacht haben und mit denen b) zahlreiche Mitarbeiter, Führungskräfte, Verantwortliche ihr Geld verdienen und denen sie Lebenszeit und Energie widmen. Wie in dieser Situation die Suche nach neuen Lösungen und disruptiven Innovationen verstanden, aufgefasst und kulturell verankert wird, hängt in enormem Maß davon ab, wie sich die Unternehmensführung zu dieser Frage verhält.

»Die Unternehmensführung« meint hier tatsächlich die gesamte Führungsriege, die zu einer gemeinsamen Haltung und zu einer gemeinsamen Innovationsverpflichtung gelangen muss. Dies bedeutet nicht, dass weder Kritik noch Diskussion aufkommen darf, doch sie sollten transparent und fair ausfallen und die Arbeit des Innovationsteams nicht sabotieren. Nichts schadet mehr als ein Vorstand, der sich vordergründig zwar auf Innovation festlegt, dessen einzelne Mitglieder dann aber in ihren jeweiligen Zuständigkeiten gegen Innovation und Veränderung arbeiten.

Eines unserer Interviews erwies sich in diesem Punkt als so kritisch, dass wir uns entschieden, weder das Unternehmen noch die Beteiligten namentlich zu nennen und auf Details, die eine Identifikation ermöglichen würden, zu verzichten. Die Vertreterin dieses Mittelstandsunternehmens – nennen wir es die Gutent AG – schilderte jedoch genau den oben beschriebenen Fall: Ihr CEO hat sich seit Jahren dem Bemühen um eine neue Vision, neue Geschäftsfelder und neue Partnerschaften verschrieben. Er setzt sich für neue Arbeitsweisen, neue Ideen, neue Produkte ein, schafft neue Rollen im Unternehmen und im Vorstand – doch das Unternehmen bleibt schwerfällig, die Widerstände sind nach wie vor groß.

Das größte Problem ist tatsächlich, dass die für einzelne Unternehmensbereiche zuständigen Vorstände sich zwar mit allem einverstanden erklären, sich selbst aber nicht in der Umsetzungsverantwortung sehen. Im Gegenteil wird der Skepsis der ihnen jeweils untergeordneten Führungskräfte Vorschub geleistet. Die eigens engagierten Verantwortlichen für Veränderung werden erst ausgebremst, dann für fehlende Fortschritte kritisiert. Für ein Unternehmen, das sich in naher Zukunft neu erfinden muss, ist diese Entwicklung fatal.

Dass der CEO zwar vieles entscheiden und auf eigene Faust vorantreiben kann, aber am Ende auch nur ein Element des Vorstands ist, erkannte auch Gisbert Rühl in seinem Bemühen um einen zukunftsfähigen Stahlhandel. Nicht alle Kollegen im Vorstand waren immer von allem überzeugt, was er ihnen darlegte. Doch anders als im oben geschilderten Fall war bei Klöckner offenbar eine transparente und offene Diskussion möglich, in der Rühl seine Position fundiert vortragen und sein Umfeld überzeugen konnte. Das Gleiche gilt für den Aufsichtsrat und die Aktionäre, die ebenfalls mitgenommen werden wollten. In der grundlegenden Einigkeit der Entscheidungsgremien des Unternehmens liegt immer eine große Stärke, doch für die Innovationsfähigkeit ist sie unverzichtbar.

Damit bringt man jedoch nicht automatisch das ganze Unternehmen auf Innovationslinie. Gisbert Rühl schlüsselt die Mitarbeiterschaft nach seinen Erfahrungen in drei Drittel auf. Demzufolge wird man ein gutes Drittel des Unternehmens nie richtig bewegen können. Die machen so weiter, wie sie es immer getan haben, und hören gegebenenfalls irgendwann auf. Ein weiteres Drittel ist grundsätzlich offen für Veränderungen oder trägt sie doch zumindest mit, wenn sie eintreten. Im letzten Drittel lassen sich dann die Leute finden, die Veränderung und Innovation selbst mit voranbringen, die als Multiplikatoren und Unterstützer tätig werden.

Von Unternehmen zu Unternehmen wird sich die Gewichtung sicher verschieben, und auch die Präsenz der jeweiligen Drittel auf den verschiedenen

Unternehmensebenen wird variieren. Ein Management, das Innovation ermöglichen will, sollte seine Drittel jedoch kennen und wissen, wie es sie anspricht, aktiviert oder durch den Veränderungsprozess begleitet.

Exkurs: Unternehmenskultur im Wandel

In diesem Exkurs geht es um die Frage, was eine innovationsfreundliche Kultur ausmacht und wie Veränderung gelingt. Kultur ist das, was geschieht, wenn der Chef den Raum verlässt: Rollen alle mit den Augen, tritt ängstliches Schweigen ein, oder geht es genauso produktiv weiter, als wäre die Chefin noch im Raum? Ist es wirklich okay, scheitern zu dürfen, oder steht das nur als Claim auf einer abgewetzten Kaffeetasse, die noch vom letzten Strategieworkshop übrig ist?

Beim Thema Kultur ist oft von Werten die Rede. Doch Werte sind nur heiße Luft, solange niemand weiß, wie er sich verhalten soll. Besser ist es, Werte in leicht verständlich kommunizierbare und anwendbare Häppchen zu übersetzen. Sinnvoll ist es zudem, die Werte an der eigenen Strategie auszurichten, mit Erwartungshaltungen zu hinterlegen und konkrete Verhaltensweisen zu definieren. Anstatt bei einer unverständlich wirkenden Idee sofort kritisch loszupoltern, fragen Sie doch einmal: Wie meinst du das genau? Dann hören Sie zu und halten Sie es mit dem griechischen Stoiker Epiktet: Der Mensch hat zwei Ohren und eine Zunge, damit er doppelt so viel hören kann, wie er spricht.

Gewohnheiten zu ändern, ist schwierig. Wie schwer das ist, können Sie direkt mit folgendem Selbstversuch herausfinden: Führen Sie einmal Ihre beiden Hände zusammen, sodass die Finger wie bei einem Reißverschluss ineinandergreifen. Fertig? Gut. Welcher Daumen liegt oben? Okay. Dann führen Sie die Hände jetzt einmal bewusst so zusammen, dass der andere Daumen oben liegt. Fühlt sich komisch an, oder? Wenn Sie die kommenden 30 Tage die Hände immer mal wieder bewusst so zusammenführen, dass der Daumen oben liegt, bei dem es sich gerade noch komisch angefühlt hat, wird sich dieses Unwohlsein auflösen. Selbst anhand einer so geringen Veränderung können Sie erkennen:

1. Veränderungen fühlen sich zu Beginn komisch an, das ist normal.
2. Veränderungen brauchen Zeit.
3. Veränderungen sind möglich.

Die Gebrüder Dan und Chip Heath bemühen in ihrem Buch *Switch: Veränderungen wagen und dadurch gewinnen!* den Vergleich mit einem Elefanten und seinem Reiter, die gemeinsam ihres Wegs gehen: Der Elefant mit seinem starken, starrköpfigen Wesen steht dabei für die emotionale Seite des Menschen, die schnell befriedigt werden will. Der Reiter hingegen verkörpert die rationale Seite, die an den langfristigen Nutzen denkt und die Zügel des Elefanten einsetzt, um ihn ein wenig kontrollieren zu können. Der Weg steht für die Situation, in der die Veränderung eintreten soll.

Womit sich der Reiter jedoch schwertut, sind Entscheidungen. Insbesondere dann, wenn es viele Optionen für die anstehende Veränderung gibt. Hier helfen klare Ansagen. Die Heath-Brüder verweisen auf ein Beispiel, in dem Gesundheitsforscher beschlossen, die Bevölkerung von West Virginia zu einer gesünderen Ernährungsweise zu bewegen. Statt vage Ratschläge wie »Ernährt euch gesünder!« zu geben, wurden klare Anweisungen kommuniziert wie: »Wenn ihr das nächste Mal Milch kauft, dann kauft fettarme.« Jener Ratschlag war dermaßen leicht umzusetzen, dass sich der Marktanteil für fettarme Milch verdoppelte und zu einem signifikanten Rückgang des Konsums fetthaltiger Produkte führte.

Eine weitere Herausforderung bei Veränderungsprozessen ist die abnehmende Motivation. Wie wir festgestellt haben, dauert der Wandel eine gewisse Zeit. Da kann die Motivation schon mal nachlassen. Nicht umsonst trägt das Buch der Gebrüder Heath im englischen Original den weit treffenderen Titel *How to Change Things When Change Is Hard*.

Um eine Veränderung erfolgreich umzusetzen, auch wenn sie schwerfällt, müssen sowohl Reiter als auch Elefant motiviert werden. Analytische Logik und rationale Argumente, die den Reiter überzeugen, versagen jedoch beim Elefanten. Damit dieser sich in die richtige Richtung bewegt, hilft es, ihn mit einem Wunsch zu locken.

Als Jon Stegner die Geschäftsleitung seines Unternehmens überzeugen wollte, dass der Einkauf von Arbeitsutensilien ineffizient ablief, wusste er,

Diagramme, Berechnungen und Analysen würden nicht genügen, um die erforderliche Aufmerksamkeit auf das Problem zu lenken. Also passte er seine Präsentation dem inneren Elefanten der Geschäftsführung an. Von jedem Paar Arbeitshandschuhe, die in den Fabriken des Unternehmens verwendet wurden, beschaffte er jeweils ein Exemplar. Insgesamt häufte er so 424 unterschiedliche Paar Handschuhe an. Er stapelte sie auf dem Konferenztisch auf und provozierte dadurch prompt einen Sturm der Entrüstung: »Warum kaufen wir denn so viele unterschiedliche Paar Handschuhe ein? Das ergibt doch gar keinen Sinn!« Umgehend beauftragte die Geschäftsleitung Stegner damit, den Einkaufsprozess zu optimieren.

Das Gefühl, das man dem Elefanten vermitteln muss, damit er sich bewegt, kann positiv oder negativ sein, wie etwa ein Wunsch oder Angst. Im Allgemeinen geht eine negative Emotion mit einem Gefühl von Dringlichkeit einher, das eine sofortige Lösung des Problems notwendig erscheinen lässt – wie die Entrüstung der Geschäftsleitung in Stegners Fall. Wenn Probleme weniger offensichtlich sind und die Lösung weniger eindeutig, können positive Gefühle produktiver sein, da sie den Blick weiten und dadurch neue Lösungsmöglichkeiten offenbaren.

Ein weitverbreiteter Fehler in Veränderungsprojekten ist, dass Mitarbeiter oder externe Berater versuchen, andere zu schnell und zu radikal zu verändern. Veränderungen verursachen aber oft Ängste. Der Wandel gelingt dann, wenn die Personen, die ein Verhalten ändern sollen, selbst erkennen, dass das neue Vorgehen Sinn ergibt, anstatt nur eine Anweisung auszuführen. Um dies zu verstehen, werfen wir einmal einen Blick auf die vier Kompetenzzustände. Wir unterscheiden hier wie folgt:

- Die bewusste Kompetenz
- Die unbewusste Kompetenz
- Die bewusste Inkompetenz
- Die unbewusste Inkompetenz

Häufig geschieht der Fehler, dass man versucht, jemanden von der unbewussten Inkompetenz direkt in die bewusste Kompetenz zu führen. Dies gelingt unter anderem deshalb selten, da den Menschen nicht bewusst ist, dass sie zu etwas nicht in der Lage sind. Es wäre also hilfreicher, sie zunächst von der unbewussten in die bewusste Inkompetenz zu führen, um ihnen dann dabei zu helfen, die bewusste Kompetenz zu erreichen. Dies gelingt häufig, indem man Mitarbeiter erst mal machen lässt. Geben Sie ihnen Zeit zu erkennen, dass sie in bestimmten Bereichen Defizite haben und zeigen Sie dann Konzepte auf, wie sich diese Dinge besser umsetzen lassen.

Ein Beispiel? Gern. Bevor Sie jemanden dazu verdonnern, ein Seminar für Suchmaschinenmarketing (SEA) zu belegen, zeigen Sie ihm ein Beispiel, welche positiven Effekte eine SEA-Kampagne dem Unternehmen einbringen kann. Anschließend bitten Sie ihn, es einmal mit einer ersten eigenen Kampagne zu probieren. Dieser Versuch könnte zeigen, dass eine unbewusste Inkompetenz vorlag und der Mitarbeiter nun erkennt: Ich kann das nicht. Jetzt ist er offen für ein Weiterbildungsangebot.

Veränderungsprozesse gelingen insbesondere dann, wenn man zunächst Kleinigkeiten verändert, die niemanden verunsichern oder überfordern. Bevor Sie also beginnen, das komplette Geschäftsmodell Ihres Unternehmens mit agilen Methoden zu innovieren, überarbeiten Sie doch zunächst einmal nur den Speiseplan der Kantine. Ein solches Vorhaben ist weniger radikal und meistens genauso notwendig.

Tu Innovatives und rede darüber

Wenn im Wald eine Innovation umfällt und niemand da ist, der sie hört oder sieht, wirkt sie sich dann irgendwie aus? Wenn sich ein Unternehmen eine Innovationsabteilung leistet, die kommunikativ aber weder intern noch extern stattfindet, verfügt es dann überhaupt über einen solchen Bereich? Schon in ruhigen, kontinuitätsgetriebenen Zeiten übernimmt die interne wie externe Unternehmenskommunikation eine wichtige Funktion. Sie transportiert die Werte und die Philosophie des Unternehmens, gestaltet die Geschichten und Narrative, die Identifikation ermöglichen, die motivieren und die Menschen mitnehmen. Indem sie die Kultur und die Positionen des Unternehmens weitgehend beeinflusst, schafft Unternehmenskommunikation Unternehmensrealitäten.

Auch für Unternehmen gilt Paul Watzlawicks zwar schon tausendfach zitierter, aber noch immer richtiger Satz: Man kann nicht nicht kommunizieren. Eine zwar diffus gewünschte, aber weder explizit kommunizierte noch implizit gelebte Innovations- und Veränderungskultur kann sich gegen Traditionen nicht durchsetzen. Die oben angerissenen Konflikte zwischen disruptiv agierenden Innovationseinheiten und auf Kontinuität bedachten klassischen Bereichen verschärfen sich, sofern sie nicht kommunikativ begleitet und aufgelöst werden. So entwickeln sie ein gefährliches Eigenleben, das letztlich dem ganzen Unternehmen schadet.

Im Interview erzählte die Vertreterin der Gutent AG, dass auf die größeren kommunikativen »Jetzt-wird-alles-anders«-Aufschläge oft monate- bis jahrelang kaum etwas folge, das diese Veränderungen begleite und moderiere. Das Resultat ist eine Firma, in deren Teams sich Unsicherheit und Trotz breitmachen und in der man Veränderungsbemühungen oft schon im Ansatz skeptisch betrachtet.

Die meisten unserer restlichen Interviewpartner waren sich all dessen bewusst. Entsprechend wichtig war ihnen und ihren Teams die Kommunikation mit dem und ins Unternehmen sowie darüber hinaus.

> *»Key Learning Nummer eins war: Kommuniziere extrem in dein Corporate, dass das, was wir tun, ein Langstreckenlauf ist.«*
> – Karl-Heinz Neu, CEO 2018-2023, KUBIKx GmbH

Als Head of Brand und Community Engagement betrachtet es André Guillaume als einen großen und schönen Teil seines Jobs, auf unternehmensinternen Town Halls die Arbeit, die Positionierung, die Investitionen von Leaps by Bayer vorzustellen. Diese Meetings, so empfindet er es, lassen ihre Teilnehmer nicht nur eingeweiht, sondern inspiriert und begeistert zurück. Im Zusammenspiel zwischen einem aktiv kommunizierenden Mitglied der Impact-Investment-Einheit und einer Unternehmensleitung, die diese Meetings ermöglicht und die Ressourcen dafür bereitstellt, erfüllt die stetige Kommunikation auch eine Employer-Branding-Funktion. Dies geschieht, indem die Kommunikation die Mitarbeiterschaft nicht nur auf dem Laufenden hält, sondern sie zu Mitwissern und Teilhabern eines großen Zukunftsprojekts macht. Dass Leaps by Bayer die eigene Arbeit außerdem schon wiederholt durch spektakuläre Kampagnen nach außen positionierte, festigt auch seine Position nach innen.

Ein Disclaimer an dieser Stelle: Christophs Firma TLGG war bislang an all diesen Kampagnen beteiligt, was sie allerdings nicht weniger spektakulär macht.

Als es für David Schelp bei TUI darum ging, das Segment »Tours and Activities« über den Zukauf von Musement und die Integration ins TUI-Angebot digital aufzurollen, war Kommunikation ebenfalls essenzieller Bestandteil des Bemühens um den Rückhalt und das Involvement der bestehenden Teams. Zunächst wurden vor allem die Zielgruppen Senior-Leadership-Team und erweiterter Führungskreis einmal jährlich in einem physischen Meeting und darüber hinaus in virtuellen Terminen zu den Fortschritten und Hintergründen abgeholt.

Während der Coronakrise wuchs der Bedarf an Transparenz und Nähe, sodass teilweise wöchentliche All-Hands-Meetings mit bis zu 2.000 Teilnehmern stattfanden. Parallel identifizierte man Champions und Botschafter, welche die Innovationsbemühungen in ihre Teams trugen, zudem für diese warben und Fragen dazu beantworteten. Erneut ist es hier der Innovationsverantwortliche, der die Rolle des Kommunikators einnimmt, und erneut ist es die Unternehmensführung als Ganzes, welche die Ressourcen dafür liefert.

Gisbert Rühl war Innovationsverantwortlicher und Unternehmensführer in Personalunion und übernahm so unmittelbar die Rolle des Chefkommunikators – nach innen, aber auch stark nach außen. Er äußerte sich auf Konferenzen, in Artikeln und Interviews über die digitale Disruption seiner Branche und der Industrie an sich. Er brachte seine Expertise in den generellen Dialog zu Innovation und Digitalisierung ein. Seine Reputation, dessen ist er sich sicher, strahlte auch auf das Unternehmen an sich ab, und seine nach außen vertretene Expertise wirkte auch innen. In welchem Maß externe Kommunikation auch interne Kommunikation ist, wird oft unterschätzt. Dies musste auch Christoph lernen, der als Agenturgründer gern in Interviews darüber sprach, dass die Agentur an sich ein Auslaufmodell sei.

Für die interne Kommunikation entschied Rühl, Hierarchiebarrieren abzubauen und teilweise direkt in Gespräche zu gehen. Die Einführung des Microsoft-Tools Yammer brachte Social-Media-Mechaniken und direkten Austausch in die unternehmensinterne Kommunikationslandschaft. Rühl agierte hier weniger als CEO denn als Diskussionspartner, der nicht nur Updates verschickte, sondern sich auch in Diskussionen einklinkte, Fragen stellte und um Perspektiven bat. Er ist sich sicher, dass es die flexible und flache Kommunikationsarchitektur Yammers war, die im Gegensatz zu den zuvor vorherrschenden, eher statischen Ansätzen einen großen Anteil an der Akzeptanz für sein Innovations- und Disruptionsstreben hatte. Er musste allerdings auch lernen, dass es nicht völlig problemlos ist, wenn der CEO jederzeit und mit jedem Mitarbeiter ins Gespräch über Strategiethemen und konkrete Projekte geht. Dazu mehr am Ende dieses Kapitels.

Vorstandsunterstützung braucht Strukturen, Kompetenzen und Klarheit

Natürlich ist Kommunikation nicht alles. Innovationsfähigkeit misst man eben auch daran, welche Ideen sie hervorbringt, wie sich diese umsetzen lassen und welche Ergebnisse sie dabei erzielen. Die Unterstützung des Vorstandes ist aber auch für die praktische Arbeit essenziell – zumindest sollte er der Arbeit der Innovateure und Intrapreneure nicht im Weg stehen und ihnen Ressourcen und Schnittstellen nicht vorenthalten. Lachen Sie nicht: Es kommt gar nicht so selten vor, dass Vorstände ihre Innovationseinheiten beschneiden oder einstampfen, weil sie keine unternehmensergebnisrelevanten Innovationen liefern. Wobei sie zuvor aber bewusst oder unbewusst alles dafür getan haben, genau diese relevanten Innovationen zu verhindern.

Da wären zum Beispiel: der CIO (Chief Information Officer), der den Zugriff auf die Unternehmens-IT verwehrt oder erschwert, die CFO (Chief Financial Officer), die die Kostenstruktur neuer Arbeitsweisen und Teamstrukturen nicht versteht, der CHRO (Chief Human Resources Officer), der dem Recruiting im Weg steht, der CDO (Chief Digital Officer), der zwar über einen Auftrag, aber nicht über echte Kompetenzen verfügt, die CEO (Chief Executive Officer), die ihre nie klar formulierten Erwartungen enttäuscht sieht. Jeder für sich und alle zusammen können auch die bestkommunizierten und höchstmotivierten Innovationskräfte ausbremsen.

Schon die Vorstandsstruktur und die Aufhängung der Innovationsverantwortung können Innovation behindern. In einer Studie zum Stand der Innovationseinheiten während und nach der Pandemie befragten die Agenturen exxeta, GlassDollar und TLGG Consulting gemeinsam mit der Wirtschaftshochschule ESCP mehrere Innovationsverantwortliche des deutschen Mittelstands. In ihrer Studie »Business Innovation in Times of Consolidation« schreiben sie: »CEO-Verantwortung und operative Teilhabe sind in den Anfangstagen von Innovations- und Digitalisierungsinitiativen wichtig und hilfreich. Mittelfristig jedoch kann kaum ein CEO dem Innovationsthema die Zeit und Priorität einräumen, die es eigentlich bräuchte. Operative Probleme, Entscheidungsstau und konzeptionelle Sackgassen sind die Folge.«

Und weiter: »In den vergangenen Jahren ist dafür in vielen Firmen der Posten des Chief Digital Officers geschaffen worden, der Digitalisierungs-, Innovations-, und Transformationsaufgaben verantwortet und zumeist an den CEO berichtet. Das entlastet den CEO und fasst die Verantwortung an einer Stelle zusammen – die aber ohne die entsprechende Rückendeckung schnell marginalisiert wird. Ein CDO, bei dem die Funktionen des Digitalbereichs zusammengefasst werden, benötigt nicht nur ein klares Mandat, sondern für die Umsetzung größerer Innovationsvorhaben den direkten Zugriff auf Fachbereiche und zentrale IT.« Anders formuliert: Rückhalt und Unterstützung des Vorstands manifestieren sich schon in dessen Aufstellung. Unsere Interviewpartnerin, die CDO der pseudonymisierten Gutent AG, würde all dies zweifellos unterschreiben.

Um noch einmal zu den Erwartungen des CEO an seine Innovationseinheit zurückzukommen, wollen wir kurz über Dreamguard sprechen, einen Case aus der Innovationseinheit von Dräger. Das Produkt Dreamguard war ein Babyfon mit Bewegungssensor, das man bei Dräger entwickelt und bis zur Marktreife gebracht hatte. Mehr als das: Der verantwortliche Innovator engagierte sich massiv und schaffte es, eine Produktion in China aufzubauen. Es gab eine App fürs Smartphone, das Gerät wurde ab 2018 bei Amazon und bei den wichtigsten Anbietern von Babybedarf platziert, der Dreamguard fand wiederholt als Best Case für ein Innovationseinheitsprodukt in den Medien statt.

Im Sommer 2021 kam es dann zu Problemen wegen fehlerhafter Ladekabel, kurz darauf wurde das Produkt insgesamt vom Markt genommen, der Support für die App lief Ende 2021 aus. Für Thomas Glöckner, Head of Innovation Management bei Dräger, war dies eine nachvollziehbare strategische Entscheidung: Für Dreamguard hätte es im Unternehmen kein Framework gegeben, um das Geschäft weiterzuentwickeln, ein Family-Care-Portfolio aufzubauen, vielleicht eine eigene Business-Einheit aufzustellen. Das Unternehmen hätte sich dann dagegen entschieden, Dreamguard als isoliertes Produkt zu führen, und dieses Experiment trotz seines Erfolges beendet. Für Glöckner ist es trotzdem ein Erfolg, weil das Unternehmen und sein Team viel daraus lernten.

Wir wollen nicht verhehlen, dass wir als Autoren diesen Case unterschiedlich bewerten. Für Sebastian ist die Argumentation Drägers tendenziell nachvollziehbar: Wenn die strukturellen und operativen Bedingungen sich nicht eignen und ihr möglicher Aufbau nicht zur Unternehmensstrategie passt, dann ist es sinnlos, das Produkt als isoliertes Anhängsel im Katalog weiterzubetreiben. Außerdem soll Innovation doch auch Experimentkultur sein und Experimente sollten scheitern dürfen. Es wäre hier nur wichtig gewesen, den strategischen Fit von Dreamguard von vornherein zu prüfen und kritischer zu bewerten.

Für Christoph fängt die Kritik da erst an. Seiner Auffassung nach ist der Umgang mit einem durchaus erfolgreichen Produkt hier völlig falsch gelaufen, die grundsätzlichen Erwartungen an die Leistung einer Innovationseinheit sind offenbar fehlkommuniziert worden – ein Vorwurf, der direkt an den Dräger-CEO Stefan Dräger geht. So hätte es nicht nur in drei Jahren Marktpräsenz genug Gelegenheit zu Einwänden und Korrekturen gegeben. Die Verbindung der Arbeit der Garage mit der strategischen Ausrichtung Drägers sei offenbar zweitrangig gewesen, der abrupte Stopp Dreamguards eine zu späte Konsequenz, die nicht das Dreamguard-Team, sondern jeden Intrapreneur nachhaltig verunsichern und frustrieren dürfte. Angesichts des schnellen Erfolgs wären eine Ausgründung oder der Verkauf der Marke Alternativen gewesen, die das Dräger-Portfolio nicht belastet, die Arbeit des Teams bestätigt und eine klare Botschaft an die Corporate Heroes bei Dräger und darüber hinaus gesandt hätten: Bei uns lohnt es sich, sich für Innovationen einzusetzen.

Move fast and break things, aber bitte in Maßen

Tatsächlich war das Experiment Dreamguard schon etwas zu weit fortgeschritten, um anhand eines zuvor offenbar kaum thematisierten Kriteriums von einem Scheitern zu sprechen. Grundsätzlich unterschreibt aber auch Christoph: Experimente müssen misslingen dürfen, und was von vornherein eine sichere Wette ist, ist nicht Experiment genug für unsichere Zeiten. Ohne die Freiheit, scheitern zu dürfen, kann es kein Unternehmertum, keine Corporate Entrepreneurship und also keine Corporate Heroes geben.

Nun bewertet man aber – Achtung, es folgt eine wenig originale Feststellung – »scheitern« an sich in der deutschen Gesellschaft und im dazugehörigen Verständnis von Karriere völlig anders und deutlich negativer als etwa in den USA. Hierzulande hat sich noch niemand die Karriereleiter hoch gescheitert, und was den Start-ups von heute der Pivot ist, ist mancher Führungskraft die fristlose

Kündigung. Wer Innovation will, sollte diesen Zustand ändern – zu klar kommunizierten und immer wieder ausdefinierten Bedingungen.

Ist der Fehler also der Prototyp der Innovation? Gisbert Rühl würde da ein wenig differenzieren. Denn im Stahlträgerlager möchte man eher keine umfassende Fehlerkultur und kein Move-fast-and-break-things-Wandtattoo vorfinden. Das im Umgang mit einem Lagerkran aus Fehlern gewonnene Wissen wurde in den letzten Jahrzehnten – wie wir hoffen – vervollständigt. Doch ein klassisches Unternehmen, das bestätigt auch Rühl, ist ganz und gar so aufgebaut, möglichst keine Fehler zu begehen. Auch die vorherrschenden Anreize und Bonuszahlungen sind darauf ausgelegt, Fehler zu vermeiden und das bereits Geprüfte und Bewährte zu wiederholen.

Wo Fehler passieren dürfen, was es heißt, tolerabel zu scheitern, das lässt sich wiederum natürlich nicht so leicht festlegen, wenn man in das noch unbekannte Terrain der disruptiven Innovationen vordringen will. Vorstandsengagement bedeutet hier auch, zu beobachten und zuzulassen. Durch aktive Teilhabe und sanfte Steuerung lassen sich Kriterien entwickeln, die dann transparent gemacht werden können: Warum passt Dreamguard absehbar nicht zu Dräger?

Letztlich ist die Entwicklung von MVPs und Prototypen ein wichtiger Teil der Fehlerkultur: An die Stelle der traditionellen lastenheft- und wasserfallorientierten Entwicklung tritt die schnelle Entwicklung von Minimalversionen, anhand derer sich Hypothesen und einzelne Aspekte jeder Idee testen und eventuell falsifizieren lassen. Den Ausflug des DEUTZ-Teams auf die Baustellen ihrer zukünftigen Abnehmer erwähnten wir schon, und auch für Geers waren Entwicklung und Aufbau des Digitalvertriebs nicht nur von schnellen Experimenten geprägt, sondern insgesamt ein Experiment: Wenn das funktioniert, dann gehen wir damit in andere Märkte.

> *»Vertrauen ist ein Erfolgsfaktor, weil er dir die Geschwindigkeit ermöglicht,*
> *die du brauchst.«*
> – Jens Gamperl, Gründer und CEO, Sourceability

In einer frühen Phase der Entwicklung der Messaging-Plattform Heylog machten Karl-Heinz Neu und KUBIKx wiederum eine andere Art Fehler: Sie gingen zu traditionell und vorsichtig vor. Die Idee, das fragmentierte Kommunikationsnetzwerk der Logistik zu bündeln, das aus zahlreichen Plattformen, Messengern,

Applikationen bestand und in dem trotz häufig doppelt und dreifach gesendeter Informationen immer wieder viel verloren ging, war zweifellos gut.

Der entscheidende Fehler lautete jedoch, diese gute Idee in Zusammenarbeit mit einer engen Zielgruppe von drei bis vier Mittelständlern ins kleinste Detail auszuentwickeln, jede eventuell nötige ERP-Schnittstelle zu berücksichtigen und alle beteiligten Transport-Management-Systeme zu integrieren. Dadurch wurden Produkt und Sales-Prozesse noch vor dem ersten Einsatz so komplex und kompliziert, dass dem KUBIKx-Team der Product-Market-Fit schlicht nicht gelang. Erst die Beteiligung des externen Investors Nine Point Five bewahrte das noch unter dem Namen Dispatchy laufende Projekt vor der Abwicklung. Die nach diesem Weckruf vorgenommene Restrukturierung des kompletten Projekts schuf dann die eigentliche Grundlage für das heutige Produkt und half sich auf eine einfache Value Proposition zu fokussieren. Dass man diesen Weg aber überhaupt beschreiten konnte, war sicherlich eine Folge des Fünf-Jahres-Mandats, mit dem der Aufsichtsrat von Schmitz Cargobull sein Vertrauen und seine Unterstützung in einen festen Rahmen gegossen hatte.

Exkurs: Vertrauen ist besser

Lassen Sie uns einmal tiefergehend über Vertrauen sprechen. Was ist eine vertrauensvolle Geschäftsbeziehung? Besteht Vertrauen auch zwischen Firmen und Dienstleistern überhaupt, und warum kann das bei Innovationsprojekten sinnvoll sein? Darüber hinaus – was sollten Unternehmen tun, um ihren Mitarbeitern so viel Vertrauen entgegenzubringen, dass diese sich wirklich trauen, Missstände und Ideen ohne Vorbehalte anzusprechen?

Autoren wie Manfred Tropper und Lena Lührmann sagen völlig zu Recht: Wandel muss man wirklich wollen, sonst wird das nichts. Jener Wille kann sich etwa darin zeigen, Mitarbeitern entsprechend zu vertrauen, oder Partnerschaften mit Wettbewerbern einzugehen. Derlei Partnerschaften bieten zum Beispiel den Vorteil, dass man bei den gemeinsamen Vorhaben einen Konkurrenten weniger hat und sich zusammen besser gegen andere Player durchsetzen kann. Ein Beispiel sind die Joint Ventures Free Now und Share Now von Daimler und BMW. Als weitere Kooperation ließe sich nennen, dass

Bosch gemeinsam mit Siemens die Corporate Innovation Fusion 2023 ausrichtete. Tropper spricht hier von einer Schnittmengenpartnerschaft.

Die Herausforderung lautet dabei jedoch, dass die Partner in ihrem Kerngeschäft weiterhin als direkte Wettbewerber agieren, was eine entsprechende Vertrauensbasis erschweren dürfte.

Besser kann dies vermutlich solchen Unternehmen gelingen, die unterschiedliche Märkte bedienen, vielleicht sogar aus unterschiedlichen Branchen stammen, der deutsche Automobilhersteller Audi und der US-Entertainment-Gigant Disney zum Beispiel. Beide haben sich vor ein paar Jahren zusammengetan, um Virtual-Reality-Technik ins Auto zu bringen. Mit einem derartigen Partner lassen sich völlig neue Märkte erschließen. Außerdem braucht man sich weniger Sorgen zu machen, dass Ideen gestohlen werden oder der Partner das Projekt allein durchführt. Kurz gesagt: Man kann ihm leichter vertrauen.

Viele Intrapreneure fragen sich in diversen Entwicklungsstadien ihrer Ideen, mit wem sie wann sprechen, wen sie wann ins Boot holen sollten. Tropper nennt drei Typen, bei denen es schwerfallen könnte, Vertrauen aufzubauen:

Der Egozentriker: Alles läuft super, und im Grunde kann er auch alles selbst. Nur leider fehlen ihm momentan die Kapazitäten für das aktuelle Vorhaben, deshalb ja auch die Idee mit der »Partnerschaft«. So jemand sucht vermutlich eher nach einem Dienstleister als nach einem Partner – bitte meiden.

Der Abgesandte: Er formuliert nahezu jeden Satz in der Wir-Form und ist außerstande, irgendwelche Zusagen zu treffen. Vermutlich interessiert ihn eine Partnerschaft gar nicht, und er verfügt auch nicht über Einfluss. Vielmehr wurde er vermutlich nur vorgeschickt, um beschäftigt auszusehen. Aktionismus at its best.

Der Verhinderer: Im Meeting wirkte er noch begeistert und engagiert: »Auf jeden Fall, lass uns das angehen!« Doch in den nächsten Wochen findet er ständig irgendwelche Ausreden, weshalb es gerade doch noch nicht losgehen kann. Man muss sich schließlich gründlich vorbereiten. Veränderungen kann man jedoch nicht mit Worten umsetzen.

Wenn in Meetings oder Calls Aussagen fallen, wie »Da lässt sich nichts machen. Wir haben da unsere Vorgaben«, sollten Sie ebenfalls aufhorchen, auch hier geht der Wille zum Wandel gegen null. Vertrauen braucht Transparenz, Klarheit und eine gelebte Fehlerkultur. Alle sollten wissen, wohin die Reise gehen soll, dann entsteht auch eine entsprechende Verlässlichkeit.

Auch für Jens Gamperl ist Vertrauen ein wichtiger Erfolgsfaktor für Sourceability. So sehr er auch oft als klassischer Unternehmertyp auftritt, so wichtig ist es ihm auch, dass die Menschen in seinem Umfeld Entscheidungen treffen und Verantwortung übernehmen. Denn ihm ist klar, dass in den aktuell entstehenden Märkten nicht die Größe eines Unternehmens den Unterschied macht, sondern seine Geschwindigkeit. Und wenn der CEO als Flaschenhals jede Entscheidung absegnen und freigeben muss, dann geht das zulasten der Geschwindigkeit.

Gamperl wiederum ist sich bewusst, dass das hundertprozentige Vertrauen seiner langjährigen Investoren, der Zollner AG, ein wichtiger Faktor beim schnellen Aufbau und Erfolg von Sourceability war. Doch gerade in der Zollner AG sieht er auch den Zwiespalt, den eine klassische Unternehmensstruktur mit sich bringt: Die kaum hinterfragte Autorität der Zollner-Brüder im Vorstand hielt ihm zwar den Rücken frei, ist für Zollner selbst aber auch ein Hindernis. Denn Entscheidungsalternativen und neue Impulse können sich in einem solchen Umfeld nur schwer durchsetzen.

Wann ist ein Wert ein Wert?

Seit Januar 2023 ist Jens Gamperl noch mehr sein eigener Chef als in den Jahren zuvor. Denn nach sieben gemeinsamen Jahren verkaufte die Zollner AG Sourceability an Gamperl und das Management-Team, unterstützt vom nun ebenfalls beteiligten, langfristig orientierten Private-Equity-Fonds CrowdOut. Der Verkauf des hoch erfolgreichen Unternehmens rührt an einen weiteren Unterschied der Perspektiven zwischen zum einen traditionellen und vor allem Familienunternehmen und zum anderen Start-ups: Woran bemisst sich der Wert eines Unternehmens? Aus der Zollner-Perspektive hat Sourceability zwar rund eine Milliarde Dollar Umsatz im Jahr gemacht, entzog dem täglichen Geschäft aber durch

Zukäufe und Investitionen immer wieder und in großem Maße Liquidität. Für die Bewertungsmaßstäbe des Traditionsunternehmens war Sourceability schlicht zu stark gewachsen.

Für Dr. Florian Heinemann, den Mitgründer des Risikokapitalunternehmens Project A, liegt in dem unterschiedlichen Wertverständnis übrigens ein entscheidendes Hindernis für die Zusammenarbeit von Mittelständlern und Start-ups und damit auch für den Wert einer eigenen Innovationseinheit oder einer aus ihr entwickelten Ausgründung. Gemeinsam mit dem Experten und Consultant für Familienunternehmen Peter May schrieb er 2021: »Die Definition von unternehmerischem Erfolg hat sich verändert. Wo Größe zählt, Daten einen Wert haben und der Gewinner deutlich überproportional profitiert, wird der aktuelle Wert eines Unternehmens nicht mehr als ein Mehrfaches der mit den getätigten Investitionen erzielbaren Gewinne oder des freien Cashflows begriffen.« Vielmehr würden sie durch unternehmerische Fantasie, Wachstumsraten und die daraus folgenden Verbesserungen der zugrunde liegenden Margenindikatoren ergänzt oder sogar ersetzt. Dies, so May und Heinemann, sei eine Revolution der Regeln der Unternehmensbewertung, wie sie im Industriezeitalter üblich waren. Für Familienunternehmen, die traditionell weniger wachstums- als stabilitätsorientiert funktionieren, ergäbe sich daraus eine völlig neue Herausforderung: »Wie lässt sich die neue Wachstumslogik mit dem für Familienunternehmen so wichtigen Vorsichtsprinzip und den legitimen Ausschüttungsinteressen der Familieneigentümer verbinden?«

In den Innovationseinheiten entstehen also im besten Fall Werte, die in der klassischen Wertehierarchie eher gleichgültig sind: Ein Familienunternehmen verkaufst du sowieso nicht, deshalb ist der Unternehmenswert egal. Der Ertrag ist der Wert, der zählt und der sich an die Cousinen auszahlen lässt.

Wie sehr Heinemann und May mit ihrer Revolution recht haben, ließ sich im familiengeprägten deutschen Mittelstand im Frühjahr 2023 beobachten. Dass das Familienunternehmen Viessmann bei gut laufenden Geschäften den tatsächlichen Wert seiner Wärmesparte mobilisierte und verkaufte, war maximal ungewöhnlich. Ein Kulturbruch.

In ihrem gemeinsamen Artikel plädieren May und Heinemann übrigens für Digitalbeiräte und Digitalportfolios als mögliche Wertverständnislösungen für Mittelständler. Dazu gehen wir nicht ins Detail, sondern möchten vor allem ein Problembewusstsein schaffen: Vorstände, die Innovation und Corporate Heroes ermöglichen und unterstützen wollen, brauchen Expertise – ob selbst hinzugefügt oder eingekauft – und/oder Vertrauen.

Auch das Familienunternehmen Schmitz Cargobull führte diese Diskussion im Übergang vom ersten zum zweiten Mandat besonders intensiv: Was ist ein Start-up wie Heylog tatsächlich wert? Die Ausgründung wird mit sechs bis sieben Millionen bewertet, SCB hält rund 30 Prozent daran. Also kann es für sich einen Wert von rund zweieinhalb Millionen bei einem Investment von rund anderthalb Millionen beanspruchen – aber eben nicht verbuchen. Hier liegt der Wertkonflikt, denn das Investment ist ein real abgeflossener Betrag, der Unternehmenswert von Heylog aber nur, wie Neu eine Seite des Konflikts paraphrasiert, Papiergeld.

Das spannende Ergebnis dieser Diskussion lautet: Das neue Mandat wurde erteilt, der Fokus von KUBIKx soll sich allerdings leicht verschieben. Von der Inside-out-Entwicklung eigener Digitallösungen soll es mehr in die Richtung von Outside-in-Investments und -Beteiligungen gehen, also ein stärkeres Engagement auf dem nun einmal nach anderen Regeln bewertenden Digitalmarkt. »Wir müssen noch mehr lernen und noch besser wissen, wie die neue Wirtschaft funktioniert« scheint das begrüßenswerte Resultat dieses Wertkonflikts zu sein.

Was also tun, wenn die Führung bremst?

David Schelp sah sich bei seinem Bemühen um den Aufbau eines digitalen »Tours & Activities«-Segments als Wettbewerber des bereits stark positionierten GetYourGuide einem ähnlich entschlossenen TUI-Vorstand gegenüber – allerdings entschlossen in die andere Richtung. Der grundsätzlichen Idee des digitalen Produkts standen die meisten zwar positiv gegenüber. Anders als Schelp jedoch war für die meisten klar, dass TUI ein solches Produkt selbst entwickeln würde. »Wir sind TUI, wir können das« war für Schelp jedoch keine Option, denn er sah Zeit als den entscheidenden Faktor.

Sich in traditionellen Prozessen und Herangehensweisen zu verstricken, wie wir es bei Heylog und Dispatchy gesehen haben, war für ihn völlig ausgeschlossen. Damit jedoch stieß er auf eindeutige Widerstände und holte sich nach eigenen Angaben so manche blutige Nase. Schelps Vorteil war neben seiner Überzeugung und seiner geradezu halsstarrigen Entschlossenheit, dass er sich gerade zuvor einen gewaltigen Reputationskredit innerhalb des Unternehmens aufgebaut hatte. Denn er hatte »Tours & Activities« aus einem über sechs Unternehmenseinheiten verteilten, diffusen Unternehmensbereich in eine eigene Einheit überführt und integriert. Schließlich ging ihm der Vorstand mehr oder weniger aus dem Weg: Dann mach halt.

Auf Betreiben Schelps und seines Teams kaufte TUI also das kleine, für den Reifestatus des Marktes fast zu spät dort platzierte italienische Start-up Musement und integrierte es in einem aufwendigen Prozess in das TUI-Angebot. Indem er die digitale Reiseerlebniskompetenz von Musement mit dem gewaltigen Know-how, dem Kundenstamm und dem Produktportfolio von TUI verknüpfte, schuf er nicht nur ein erfolgreiches neues Produkt. In der Coronakrise mit ihren Reiseeinschränkungen war dieses neue Segment mit seiner enormen Wachstums- und Erfolgsrate ein wichtiger Faktor für den Konzernerfolg. Dies überzeugte die Skeptiker nicht nur, sondern sorgte dafür, dass nun alle schon immer große Befürworter dieser Idee gewesen waren und der Kauf von Musement nun als nur logische Konsequenz der erfolgreichen Corporate Strategy des Unternehmens galt. Letzteres ist übrigens tatsächlich richtig, nur leider sah das anfangs kaum jemand so.

Was also tun, wenn der Vorstand blockiert? Auch ohne den Reputationskredit und die Durchsetzungskraft eines David Schelp gilt für den Corporate Hero vor allem: nicht verzweifeln. Als Innovationseinheit, die in einem Verbrennerunternehmen auf Elektroantriebe setzte, kennen Michael Halfen und Philipp Kitterer sich mit dem Kampf gegen Widerstände aus. Denn die DEUTZ AG tat sich lange schwer damit, ihre Expertise in der Motorenentwicklung, auch jenseits des Verbrenners, zu erkennen und einzusetzen. Bei der Arbeit an der Ladestation PowerTree stieß das Projektteam entsprechend häufig auf Zurückhaltung und mangelnde Unterstützung. Was es in dieser Situation nicht verzweifeln ließ, war die Überzeugung des kompletten Teams, das an das Produkt und seine Marktchancen glaubte und das zumindest in Teilen entschlossen war, PowerTree im Zweifel auch außerhalb von DEUTZ weiterzuentwickeln. Für Kitterer war klar, dass man dieses Pflänzchen mit Geduld und eigener Resilienz weiter pflegen musste und seine Zeit sicher käme. Im August 2022 schloss DEUTZ den ersten Serienauftrag für den DEUTZ PowerTree ab.

In einem Buch, das nicht nur den Unternehmen, sondern auch den Corporate Heroes selbst Ratschläge, Wissen und Erfahrungen vermitteln will, möchten wir an dieser Stelle ganz offen sagen: Wer wirklich etwas verändern will, von den eigenen Ansätzen überzeugt ist, reelle Markt- und Umsetzungschancen sieht und dennoch immer wieder nur auf Widerstände, Zweifel und Zurückhaltung stößt, für den sind Geduld, Resilienz, Hartnäckigkeit und »nicht verzweifeln« sicher nicht die letzten Tipps. Wer wirklich etwas verändern will, fährt mitunter auch gut damit, sich selbst zu verändern und sein Heldentum in anderen Zusammenhängen auszuleben. »Love it, change it, or leave it«, lautet ein alter Ratschlag, und wenn Liebe nicht erwidert und Wandel nicht ermöglicht wird, dann ist der Ausweg eben: der Weg nach draußen.

Was tun, wenn die Führung ganz und gar nicht bremst?

Wir hatten angekündigt, noch einmal auf Gisbert Rühls hierarchielose Unternehmenskommunikation bei Klöckner zurückzukommen. Yammer einzuführen, bedeutete natürlich nicht, dass von einem Tag auf den anderen das ganze Unternehmen einen hoch konstruktiven Innovationsdialog oder überhaupt einen Dialog führte. Jedes Tool braucht seine Zeit, und gerade im Gespräch mit dem CEO eines eher traditionell aufgestellten Unternehmens benötigen die Menschen auch ein wenig Zeit, ehe sie der Situation vertrauen.

Ein hierarchieloses Kommunikationstool lässt reale Unternehmenshierarchien ja nicht vergessen, und was aus CEO-Sicht wie das konstruktive Interesse an Ideen, Perspektiven und Einschätzungen aus dem Team aussieht, wirkt auf das Team schnell wie eine unheilvolle Mischung aus Überwachung, Mikromanagement und Inkompetenz: Sollte der CEO dies und jenes nicht wissen? Warum fragt er mich? Diese Zweifel, wenn es sie denn gab, lösten sich bei Klöckner allerdings schnell auf.

Für Irritation sorgte Rühls direkte Kommunikation allerdings in dem Arbeitsbereich, der normalerweise dafür sorgt, die Vorstandskommunikation in die Teams weiterzuleiten. Das mittlere Management wusste nicht recht, wie es damit umgehen sollte, dass Rühl sie nun nicht einbezog. Die direkte Kommunikation des Vorstands mit seinen jeweiligen Mitarbeitern stellte sie zunächst vor inhaltliche Herausforderungen. Worüber sprachen sie? Wie unterschieden sich Rühls Botschaften von den eigenen Botschaften der Führungskräfte? Welche Widersprüche und Konflikte würden entstehen, wenn Mitarbeiter und CEO die Disruption des Unternehmens plötzlich im Eins-zu-eins-Gespräch diskutierten?

Der zweite Teil der Herausforderung war strukturell: Wenn Rühl jetzt plötzlich, bewusst oder unbewusst, durch seine Direktkommunikation auch Führungsaufgaben beanspruchte, was war dann ihre Funktion? Darauf angesprochen, gab Rühl sich optimistisch: Er wisse auch nicht, wie damit umzugehen sei. Man sollte und er würde das einmal laufen lassen, beobachten und Vertrauen haben. Dann würde man schon sehen, wie man damit umginge.

Im nächsten Kapitel befassen wir uns näher mit den Funktionen und Herausforderungen des mittleren Managements und den Strukturen, für die diese Führungsebene essenziell ist. Denn wenn Corporate Heroship ein Teamsport ist, der von Impulsen lebt, die im Zusammenspiel verschiedener und füreinander neuer Erfahrungsbereiche entstehen, dann ist ein säuberlich nach Aufgaben strukturiertes Unternehmen ein Problem. Wir wollen diese Hürde gemeinsam betrachten und schauen, wie sie sich überwinden lässt.

Exkurs: Die AEIOU-Methode

Zum Ende dieses Kapitels behandeln wir einen konkreten und methodischen Ansatz. Die AEIOU-Methode ist ein effektives Werkzeug, das man bei der Analyse und Erfassung von Informationen, insbesondere im Produktdesign, einsetzt. Sie ermöglicht, umfassende Einblicke zur Umgebung und zu den Nutzern eines bestimmten Designs zu gewinnen. Der Name »AEIOU« steht für Activities (Aktivitäten), Environment (Umgebung), Interactions (Interaktionen), Objects (Objekte) und Users (Nutzer).

Beginnen wir mit dem ersten Aspekt, den Aktivitäten. Hierbei geht es darum, die verschiedenen Arten von Handlungen oder Tätigkeiten zu identifizieren, die in einem bestimmten Kontext stattfinden. Dies kann beispielsweise die Ausführung von Aufgaben, die Kommunikation mit anderen oder den Konsum von Informationen umfassen. Indem wir diese Aktivitäten identifizieren, können wir besser verstehen, wie Nutzende mit einem Design interagieren und welche Bedürfnisse sie haben.

Der zweite Aspekt, die Umgebung, bezieht sich auf den physischen Raum oder den Kontext, in dem die Aktivitäten stattfinden. Hier analysieren wir beispielsweise den Ort, die Größe des Raums, das Licht, die Geräusche und die Temperatur. Dies ermöglicht uns, die Auswirkungen der Umgebung auf die Nutzererfahrung zu verstehen und mögliche Verbesserungen vorzunehmen.

Der dritte Aspekt, die Interaktionen, bezieht sich auf die Art und Weise, wie Nutzende mit Objekten oder anderen Menschen interagieren. Hier betrachten wir beispielsweise die Art der Bedienelemente, die Benutzeroberfläche oder die Kommunikationsmittel. Indem wir diese Interaktionen untersuchen, können wir erkennen, welche Aspekte gut funktionieren und wo Verbesserungsbedarf besteht.

Der vierte Aspekt, die Objekte, bezieht sich auf die physischen oder virtuellen Gegenstände, die man in einem bestimmten Kontext verwendet. Dies können beispielsweise Werkzeuge, Geräte oder digitale Anwendungen sein. Indem wir die Objekte analysieren, können wir feststellen, ob sie den Bedürfnissen der Nutzenden entsprechen und effektiv zu verwenden sind.

Schließlich folgt der fünfte Aspekt, die Nutzenden. Hier geht es darum, die Bedürfnisse, Wünsche und Verhaltensweisen der Menschen zu verstehen, die das Design anwenden. Dies beinhaltet, ihre Motivationen, Fähigkeiten und Einschränkungen zu betrachten. Indem wir diese Informationen erfassen, stellen wir sicher, dass das Design den Bedürfnissen der Nutzenden gerecht wird und ihnen eine positive Erfahrung bietet.

Schauen wir uns einige Beispiele an, in denen Unternehmen diese Methode angewendet haben: Eines stammt aus dem Unternehmen Apple, das bei der Entwicklung neuer Produkte wie dem iPhone oder dem iPad die AEIOU-Methode einsetzt. Indem man bei Apple die Aktivitäten, die Umgebung, die Interaktionen, die Objekte und die Nutzenden analysierte, konnte man innovative Designs entwickeln, die den Bedürfnissen der Menschen gerecht werden und ein nahtloses Nutzungserlebnis bieten.

Auch das Gesundheitswesen verwendet die AEIOU-Methode, um etwa die Patientenerfahrung zu verbessern. Ein Krankenhaus oder eine Klinik kann die Methode nutzen, um die Aktivitäten der Patienten während ihres Aufenthalts zu analysieren, die Umgebung komfortabler zu gestalten, die Interaktionen mit dem medizinischen Personal zu verbessern, die geeigneten Objekte bereitzustellen und die Bedürfnisse der Patienten besser zu verstehen.

Der Ansatz hat sich zudem in der Automobilindustrie als nützlich erwiesen. Automobilhersteller können die Methode anwenden, um die Bedürfnisse und das Verhalten der Fahrer zu verstehen und darauf basierend innovative Designs für Fahrzeuge zu entwickeln. Auf diese Weise kann man Fahrzeuge sicherer, benutzerfreundlicher und komfortabler konstruieren.

Die konkrete Anwendung, die dazu dient, in einem Footballstadion Essen zu bestellen, können Sie hier aufrufen: *https://rb.gy/diwyu*

3.

Innovation ist keine Insel

Schnittstellenkompetenz als Schlüssel zum Erfolg

In den meisten Gesprächen und Interviews, auf deren Erkenntnissen unser Buch basiert, versuchten wir beizeiten, aus Case-Storys und Hintergrundinformationen eine persönliche Dimension abzuleiten: Wie sieht der Corporate Hero aus? Welche Fähigkeiten muss er oder sie mitbringen? Ein wenig hofften wir auch, am Ende eine einfache Checkliste präsentieren zu können: Hintergrund, Persönlichkeit, Ausbildung, Erfahrung, Liste der Kompetenzen – je mehr von diesen Merkmalen auf Sie zutrifft, desto eher sind Sie ein Corporate Hero! Und wenn Sie es noch nicht sind: Hier ist Ihr Laufzettel.

Wir wurden hier aus mehreren Gründen enttäuscht. So sind die konkreten Herausforderungen der Transformation zu komplex, als dass der Corporate Hero als personifiziertes Multitool Lösungen bieten könnte. Die unterschiedlichen digitalen Reifegrade einzelner Branchen, Unternehmen, Teams und Projekte spielen eine weitere Rolle: Der Corporate Hero, der Innovationsprojekte auf die Beine stellt, ist nicht zwangsläufig der Corporate Hero, der ein Produkt auf den Markt bringt. Auch Karl-Heinz Neu zufolge lernte man bei KUBIKx eindeutig, dass die Ideengeber und Entwickler eines Ventures nicht zwangsläufig die besten Kandidaten in Sachen Ausgründung sind.

Schließlich sind selbst die in den Gesprächen erwähnten konkreten Eigenschaften im weitesten Sinne Softskills und ergeben sich häufig aus einer längeren fachlichen und persönlichen Entwicklung, die man sich nicht ohne Weiteres in einer Online-Masterclass im Paket beschaffen kann: Resilienz und langer Atem, Leidenschaft, Aufmerksamkeit und Offenheit, Forscherdrang und Neugier sowie Verkaufstalent.

Philipp Kitterer und Michael Halfen von DEUTZ fiel bei der Auflistung ihrer Anforderungen auf, dass sie noch nie mit jemandem gearbeitet haben, der oder die all diese Punkte in sich vereint. Bei ihnen sind es Teams, die diese Eigenschaften zusammenbringen. Marianne Wildi von der Hypothekarbank Lenzburg und Thomas Glöckner von der Dräger Garage gehen noch einen Schritt weiter: Für sie gibt es den einen Corporate Hero gar nicht – Corporate Heroship entsteht im Zusammenspiel von Individuen, Teams, Netzwerken und unternehmerischen Rahmenbedingungen.

Dass Corporate Innovation ein Teamsport ist, mag eine Binsenweisheit sein: So gut wie jede Form von Projektarbeit ist ein Teamsport, Unternehmertum selbst ist ein Teamsport, die arbeitsteilige Gesellschaft an sich ist ein Teamsport. Wo dies im klassischen Unternehmertum aber bedeutet, Arbeitsteilung und Spezialisierung auf ein klares und erprobtes Ziel hin zu optimieren, funktioniert disruptive Innovation anders. Sie ist darauf angewiesen, verschiedene Perspektiven und Ziele zusammenzubringen, zu moderieren, Impulse zu kanalisieren.

> *»Wir lernen voneinander, wir wollen wissen,*
> *wie der andere tickt, was er braucht.«*
> – Michael Albiez, Product Owner und Lead, Zoi TechCon GmbH

Wir haben im ersten Kapitel von Erweckungsmomenten und von der Offenheit für die Impulse gesprochen, die dort entstehen, wo die Grenzen zwischen Arbeits-, Zuständigkeits- und Erfahrungsbereichen überwunden werden und Schnittstellen entstehen können. Innovation, die wirksam und erfolgreich sein will, ist darauf angewiesen, dass diese Grenzen offenbleiben und weitere geöffnet werden. Über einige der dabei entstehenden Spannungen, Komplikationen und Herausforderungen sprechen wir in den folgenden Abschnitten.

Wichtig ist an dieser Stelle: Corporate Heroes müssen diese Spannungen nicht nur aushalten, sondern sie konstruktiv und produktiv lenken, sie moderieren, ohne sie zu beschneiden. Darüber herrschte in all unseren Interviews, von der Bank bis zur Trendberatung, von der Pharmaindustrie bis in die Logistik, vom Stahlhandel bis zum Urlaubserlebnis, große Einigkeit. Auf unserer Checkliste stehen also eindeutig: Schnittstellenkompetenz und Moderationsfähigkeit.

Ein Kompetenzklassiker für die innovative Zukunft

Wir hoffen, Sie jetzt nicht allzu sehr zu enttäuschen: »Schnittstellenkompetenz ist eine Schlüsselfähigkeit für den Innovationserfolg« ist kein besonders revolutionärer oder innovativ klingender Satz. Schließlich ist Schnittstellenkompetenz ein alter Hut und für die Koordination komplexer Prozesse ebenso unabdingbar wie für die unternehmerische und persönliche Entwicklung. Sie ist eine selbstverständlich hingenommene Fähigkeit, wenn es darum geht, die Grenzen der eigenen Kompetenzen und Erfahrungen auszudehnen. Dass sie auch für Innovation wichtig ist: eine echt irre Entdeckung! Bleiben Sie dran, wenn wir uns in den nächsten Kapiteln den Powerthemen »Teamfähigkeit«, »Zuverlässigkeit« und »gute MS-Office-Kenntnisse« widmen.

Tatsächlich zeigt der Blick in die Vergangenheit den Wert der Schnittstellenkompetenz für die Zukunft. In den frühen Phasen der meisten Unternehmen ist die Fähigkeit, über das aktuelle eigene Wirken hinaus zu denken und neue Anwendungen für die entwickelten Kompetenzen, Prozesse, Produkte zu finden, ein wichtiger Wachstumstreiber. Man investiert die eigene Expertise hier nicht in eine Leistung oder ein Produkt, die dann immer weiter optimiert und verbessert werden, sondern wendet diese Expertise in verschiedenen Bereichen an, die sich teilweise ergänzen, mitunter ablösen oder sogar über die Kernleistung hinaus nichts miteinander zu tun haben.

Nokia ist das klassische internationale Beispiel für eine Firmengeschichte, die sich an wechselnden Fähigkeiten und Anforderungen entlang entwickelte, doch auch die einstige Kunstschmiede Diehl wuchs entlang ihrer Metall- und Ingenieursexpertise zu einer Konzerngruppe, zu der Luft-Luft-Raketen, zivile Luftfahrt und Smart Metering gehören. Feinmechanik und Elektrotechnik waren 1886 die Kernkompetenzen von Bosch und sind es im Grunde – vielseitig weiterentwickelt, aufgemöbelt, tiefergelegt – noch immer. Nur nutzt man sie heute eben in zahlreichen und sich weiterhin vermehrenden Geschäftsfeldern. Auch die DEUTZ AG, deren Geschichte vor rund 160 Jahren mit dem Verbrennungsmotor begann, und die sich nach wie vor weitgehend um diesen dreht, probierte ihre Kernkompetenz in verschiedenen Anwendungsbereichen und Industrien aus, ehe sie sich 2001 wieder auf die Motorenherstellung konzentrierte.

Neue Werte entstanden also schon immer dort, wo vormals sauber getrennte Bereiche ineinander übergingen, wo Schnittstellen entstanden, wo man Potenziale erkannte und realisierte. Als Führungsprinzip und -verständnis war Schnittstellenkompetenz also von jeher ein Faktor des unternehmerischen Erfolgs.

So weit, so selbstverständlich. Aber warum kommen wir dann in den Gesprächen mit Innovationsverantwortlichen und Intrapreneuren immer wieder an diesen Punkt? Warum stellt man so oft heraus, dass der Corporate Hero über den eigenen Produktionsstättenrand hinausschauen muss? Und wenn diese Fähigkeit so essenziell wie selbstverständlich ist: Warum hadern so viele Unternehmen damit, disruptive Innovationen zu entwickeln, neue Geschäftsfelder zu erschließen, sich grundsätzlich neu zu erfinden? Wann und warum ist ihnen eine der konstituierenden Fähigkeiten für den frühen unternehmerischen Erfolg abhandengekommen?

Exkurs: The Innovator's Dilemma

In *The Innovator's Dilemma* beschreibt der Wirtschaftswissenschaftler Clayton Christensen, wie insbesondere erfolgreiche Unternehmen, die auf etablierte Geschäftsmodelle und Technologien setzen, in eine Falle geraten. Diese in etablierten Märkten erfolgreichen Firmen haben häufig ihre Geschäftsmodelle und Ressourcen auf diese Märkte ausgerichtet. Sie haben sich an die Bedürfnisse und Präferenzen ihrer Kunden angepasst, um ihre Position auf- und auszubauen. Dadurch fällt es ihnen relativ schwer, sich anzupassen, wenn eine disruptive Technologie den Markt verändert.

Wenn wir analysieren, wie sich technologische Neuerungen auf einen Markt auswirken, sollten wir zwischen zwei Arten von Unternehmen unterscheiden: Etablierte Unternehmen, die den Markt bereits vor der Neuerung bedient haben, und Start-ups, die mit einer Neuerung starten. Sie unterscheiden sich oft in der Größe, Zielsetzung und strategischen Planung.

Während etablierte Unternehmen ihre Marktführerposition immer weiter ausbauen können, sind Neueinsteiger nur selten in der Lage, deren Dominanz zu durchbrechen und am Markt mit einer erhaltenden Technologie Erfolge zu erzielen. Wenn es also darum geht, den Kunden eine Innovation zu liefern, die auf bereits Bestehendem aufbaut und es verbessert, sind die bereits bestehenden Marktführer klar im Vorteil.

Jedoch unterschätzen etablierte Firmen oft disruptive Innovationen, die nicht nur existierende Märkte ausbauen, sondern auch neue schaffen. Diese Innovationen können etablierte Geschäftsmodelle vollständig verändern und die Karten völlig neu mischen.

Um bei Karten zu bleiben: Der traditionelle Grußkartenmarkt etwa wurde komplett auf den Kopf gestellt, als es möglich wurde, die ersten kostenlosen Online-Grußkarten zu verschicken. Jene disruptive Idee war zwar nicht so revolutionär, dass nicht auch etablierte Unternehmen die Chance hatten, auf den Zug aufzuspringen. Aber wie so oft nutzten die Erfahrenen diese Gelegenheit nicht.

Der Klassiker Kodak, der als Fotografiemarktführer die Möglichkeiten digitaler Fotografie vollständig ignorierte, ist ein ebenso bezeichnendes Beispiel wie die Musikindustrie. In den 1990er-Jahren dominierten große Labels den Markt und kontrollierten den Zugang zur Musik über starke Beziehungen zu Einzelhändlern und Radiosendern. Sie steuerten den Vertrieb und die Promotion der Musik vollständig. Mit der Verbreitung des Internets und neuer Audio-Kompressionsverfahren begann jedoch ein radikaler Wandel: Startups wie Napster ermöglichten es, Musik kostenlos herunterzuladen und zu teilen. Die etablierten Labels reagierten panisch und abwehrend auf diese disruptive Technologie und verpassten so die Chance, sich als Vorreiter der digitalen Musikindustrie zu etablieren.

Dieses Muster wiederholt sich fortlaufend: Etablierte Firmen ignorieren die Kraft disruptiver Technologien und übergeben so unfreiwillig die Marktführerschaft an Einsteigerunternehmen, obwohl sie selbst die Kapazitäten und Fähigkeiten hätten, mit diesen Technologien den Markt zu dominieren.

Eine Strategie für etablierte Unternehmen, selbst erfolgreich disruptive Technologien auf den Markt zu bringen, ist Kreativität und die Fähigkeit zum Pivot (sich an das Geschäftsmodell anzupassen). Auch wenn sie nicht nur Verbesserungen für etwas bereits Existierendes bieten, stellen disruptive Innovationen oft eine Alternative zu etwas Bekanntem dar und erreichen so neue Kundengruppen. Jene Kundengruppe, also diesen Markt, gilt es sodann zu finden.

Dies kann auch zufällig geschehen, wie etwa im Fall von Honda. Das Unternehmen hatte sich die USA als Motorradmarkt vorgenommen, es fiel ihm aber schwer, mit seinem leichten Super-Cub-Modell gegen die etablierten Chopper von Harley-Davidson anzukommen. Als es seine Motorräder allerdings als Offroad-Bikes für Abenteurer vermarktete, statt sie auf der Route 66 zu präsentieren, schuf das Unternehmen einen komplett neuen Markt. Es zeigte den Kunden einfach eine andere Art, ein Motorrad zu benutzen, und war damit erfolgreich.

Der Schlüssel liegt also in der Kreativität, mit der neue Märkte ge- oder vielmehr erfunden werden. Im Umgang mit disruptiven Technologien stellen die Rahmenbedingungen oft kein Problem dar, wenn eine Firma kreativ ist und die richtigen Kunden findet, an die sie ihr Produkt vermarkten kann. Wichtig ist also nicht, über was eine Firma verfügt, sondern was sie daraus macht.

Das Innovator's Dilemma verdeutlicht, dass früherer Erfolg noch lange keine Garantie für zukünftigen ist. Um dem Innovator's Dilemma zu entkommen, sollten Unternehmen offen für Veränderungen und in der Lage sein, bestehende Geschäftsmodelle und Technologien zu hinterfragen. Es gilt, frühzeitig die Entwicklung disruptiver Technologien zu erkennen und flexibel genug zu sein, um sich schnell anzupassen. Die skizzierten Beispiele zeigen deutlich, dass Firmen, die sich nicht rechtzeitig auf neue Technologien einstellen, ihre Marktführerschaft riskieren.

Um dem Innovator's Dilemma zu begegnen, müssen Unternehmen zunächst erkennen, dass sie evolutionäre und disruptive Technologien oder Märkte fast unmöglich mit denselben Prozessen und Werten bedienen können. Eine vom Kern eines Unternehmens getrennte Einheit aufzubauen, die sich speziell mit disruptiven Technologien auseinandersetzt, kann das Problem erfolgreich umgehen. Hier begegnet uns abermals das Thema der Ambidextrie, also die Herausforderung, in zwei Modi gleichzeitig erfolgreich zu sein. Wie genau dies gelingt, beleuchten wir im Kapitel 9 mit der goldenen Formel.

Der Fluch des erfolgreichen Unternehmens

Es leuchtet ein, dass Innovation in der Frühphase der meisten Unternehmen nicht nur wichtig, sondern ein zentraler Daseinsgrund ist. Schließlich gründet man eine Firma nicht zuletzt, um etwas besser, günstiger, überhaupt zum ersten Mal zu machen. Die Fähigkeit, Überlegungen zu neuen Anwendungsfällen, neuen Geschäftsfeldern und ganz grundsätzlich »fachfremden« Konzepten zum Teil der unternehmerischen Entscheidungsfindung zu machen, ist Startvoraussetzung.

Vom eigenen konkreten Handeln und später vom eigenen konkreten Geschäft zu abstrahieren und so neue Ideen, Prozesse, Produkte zu entwickeln, auszuprobieren, reifen zu lassen, ist etwas mehr als nur eine Fähigkeit. Es ist eine Unternehmenskultur, ein Führungsprinzip. Selbst – oder gerade – dort, wo das eigene Unternehmen mit einer spitzen Lösung für ein begrenzt definiertes Problem beginnt, erreicht man schnell den Punkt, an dem die Nische kein weiteres Wachstum ermöglicht. Dann sind andere Wege gefragt, um Kompetenzen wertschöpfend einzusetzen. Es existieren nicht viele Kunstschmiedekonzerne.

Mit dem Erfolg jedoch wächst ein Unternehmen, und damit verändern sich Strukturen und Prozesse. Man definiert neue Rollen und Positionen, priorisiert das erfolgreichste Geschäftsmodell, vermeidet Risiken. An die Stelle einer Kultur des Forschens und Probierens tritt eine Kultur des Bewahrens, an die Stelle der Innovation tritt die der Serialisierung. Dies schlägt sich auch auf die Bonus- und Anreizsysteme für Führungskräfte und die allgemeine Mitarbeiterschaft nieder. Die Übergänge zwischen den Reifegraden sind fließend: Wo ein neues Modell bei VW eben noch als innovative, neu gedachte Antwort auf die Mobilitätsbedürfnisse bestimmter Kunden vom Band gerollt ist, stellt es zwei, drei Zyklen später halt nur eine weitere Variation des Konzepts »Auto« dar.

In dieser Phase ist Innovation nur noch inkrementell, also als schrittweise Verbesserung möglich und erwünscht. Dies war lange kein Problem: Dass Deutschlands Hidden Champions Meister des Durchoptimierens sind, sagen wir anerkennend und ohne jede Ironie. Doch ebenso ernsthaft stellen wir fest, dass dieses Unternehmenskonzept ans Ende seiner Erfolgswirksamkeit kommt und es Zeit wird, Innovation wieder neu zu erlernen und zu ermöglichen.

Dies ist, wie Christensen beschreibt, nicht einfach. Es ist schwer, innovationsfähige Strukturen zu schaffen, wenn alles im Unternehmen darauf ausgerichtet war, Disruptionen zu vermeiden. Aus gutem Grund entstehen viele Innovationseinheiten auch räumlich und strukturell außerhalb der Kernorganisation: Sie sollen nicht nur eine unternehmerische Freiheit genießen, die neues Denken in neuen Zusammenhängen ermöglicht, sondern bei ihren Aktivitäten die Stabilität der Kernorganisation weitestgehend unbehelligt lassen. Dass dies derart binär selten funktioniert und wiederum mit eigenen Herausforderungen einhergeht, werden wir später noch betrachten. Schauen wir nun einmal darauf, wie Zukunft doch noch möglich wird.

Die Zukunft ist ein Portfolio

Im strategischen Innovationsmanagement stellt man das Weiterentwicklungspotenzial von Technologien und das Verhältnis von Innovationsaufwänden und Innovationserträgen – also die Produktivität der Innovationstätigkeit – in der sogenannten S-Kurve dar. Sie beginnt und endet flach – sowohl zu Beginn als auch am Ende des Technologielebenszyklus erreicht man Ertragssteigerungen nur mit vergleichsweise hohen Aufwänden. In der Mitte jedoch – in Wachstums- und Reifephase – steigern sich die Erträge bei geringen Aufwänden. Hier liefert inkrementelle Innovation tatsächlich Erfolgswerte. Seit einigen Jahren gehen nun neue Technologien in neue S-Kurven und machen sich daran, bewährte Konzepte und Geschäftsmodelle abzulösen.

Ist das zu theoretisch? Als Dieter Zetsche nach 13 Jahren den Vorstandsvorsitz bei Daimler abgab, warf ihm der Aktionärsvertreter Janne Werning vor, »kein wohlbestelltes Haus, sondern eine Großbaustelle« zu hinterlassen. Zetsche bemühte sich während seiner Amtszeit auf verschiedenen Wegen, Daimler jenseits des Kerngeschäfts der Automobilherstellung zu positionieren und den Konzern als vernetzten Mobilitätsanbieter zu profilieren – Carsharing, Kundenplattform, Connected Cars, neue Modelle, umgebaute Strukturen. Was Werning als »Großbaustelle« abkanzelte, war erkennbar der Versuch, neue erfolgversprechende S-Kurven, Technologien und Geschäftsmodelle zu identifizieren, indem man möglichst viel ausprobierte – ein »Portfolio of Bets« als Reaktion auf unsichere Zeiten, das die bewährten Stärken des Konzerns in neue Zusammenhänge bringt.

> *»Es macht Sinn, nah am Geschäft zu surfen – aber eben dort,*
> *wo es ungewiss und neu ist.«*
> – Thomas Glöckner, Head of Global Innovation Management,
> Drägerwerk AG & Co. KGaA

Wir werden über die Verbindung von Innovation und Unternehmensstrategie noch eingehender sprechen. Es leuchtet jedoch bereits hier ein, dass es sich in unsicheren Zeiten empfiehlt, auf mehrere Optionen zu setzen. Innovation und hausgemachte Disruption spielen dabei eine wichtige Rolle – selbstgemachte Revolutionen sind die besten Revolutionen. Ein Unternehmen wie Bosch, dessen Forschungsgeist stets aktiv geblieben ist, positioniert sich nicht zufällig auch in der digitalen Welt erfolgreich und erweitert sein Portfolio dabei stetig. Unternehmerische Schnittstellenkompetenz ist ein Muskel, der sich trainieren lässt. Am besten ist es, nie damit aufgehört zu haben. Am zweitbesten ist es, jetzt endlich wieder damit anzufangen.

Wer über sein erfolgreiches Kerngeschäft hinausschaut, erkennt unternehmerische Potenziale. Für TUI war das Segment »Tours and Activities« ein Beigeschäft, ein Upselling-Bonus, vor der Integration in ein eigenes Geschäftsfeld an verschiedensten Stellen im Unternehmen angesiedelt und verantwortet und jahrzehntelang kaum entwickelt. Man verkaufte den Menschen einen rundum perfekten Urlaub, und wenn sie bei Jürgen im Hotel auf Korfu dann noch eine Eselstour buchten, dann war das halt so. Es brauchte viel Überzeugungsarbeit und manch ehrgeizigen Vorstoß seitens David Schelps, um zu verdeutlichen, dass an der Schnittstelle zwischen zentralem Urlaubsanbieter und lokalen Anbietern ein eigener Revenue Stream darauf wartet, angezapft und ins eigene Angebot integriert zu werden.

Anhand von Klöckner haben wir schon im ersten Kapitel über die Offenheit für Impulse von außen gesprochen, doch die Schnittstellenkompetenz des Unternehmens und seines Vorstandsvorsitzenden endete nicht damit, dass kloeckner.i eine eigene Handelsplattform etablierte. Denn wenn man schon eine Handelsplattform für wirklich schweren Bedarf aufgebaut hat, warum diese nicht auch als neue Schnittstelle ausgestalten und für andere Unternehmen der Branche, also durchaus auch Mitbewerber öffnen? Wir werden später in diesem Kapitel sehen, dass klassische Unternehmen auf »Warum nicht?« so manche Antwort finden, doch mit XOM Materials erschuf kloeckner.i genau das und öffnete damit den Weg von der relativ linearen Wertschöpfungskette hin zum Business-Portfolio. Der Kontext der eigenen Wertschöpfung wird Teil der Wertschöpfung.

Für die InnoFactory der Hypothekarbank Lenzburg und der Berner Kantonalbank gilt diese Portfoliologik in mehrfacher Hinsicht. Die InnoFactory, unter der Führung von CEO und Gründer Mark Chardonnens, ist Trendscout und Innovationseinheit in einem und dabei besonders offen gestaltet. Sie identifiziert nicht nur Trends und entwickelt Leistungen, die grundsätzlich allen Banken bereitstehen, sie kooperiert auch freimütig mit eben diesen Finanzhäusern, steht ihnen als Partnerin zur Seite. So vorzugehen, ist für Marianne Wildi, zum Zeitpunkt unseres Gesprächs langjährige Vorsitzende der Geschäftsleitung der HBL, in mehrfacher Hinsicht ein Gewinn: Neben technologischem Vorsprung und der direkten Beteiligung ihrer Bank an der Weiterentwicklung ihrer Branche entstehen so auch Kooperationen, die das Team der vergleichsweise kleinen Regionalbank HBL in größeren Zusammenhängen und Projekten arbeiten lässt. Die InnoFactory folgt damit in mehrfacher Hinsicht einer Portfoliologik: ein Portfolio of Bets, vorangebracht von einem Portfolio of Betters, unterhalten von einem Portfolio of Teams. Wir erinnern uns, dass es Marianne Wildi zufolge den Corporate Hero als Einzelperson gar nicht gibt.

Und es gibt ihn doch: Der Corporate Hero zwischen Schnittstellen und Reibungsflächen

Aber hier stehen, sitzen oder liegen Sie nun einmal, dieses Buch in der Hand und/oder auf dem Bildschirm, ein Mensch mit dem Potenzial, Corporate Hero zu werden oder einen Corporate Hero zu befähigen. Selbst wenn es Corporate Heroes nur als Team gibt, bestehen Teams nach unserer Kenntnis aus Individuen. Michael Halfen von DEUTZ und Benjamin Hermann von Zoi führten vor oder nach unseren Interviewterminen Bewerbungsgespräche – soweit uns bekannt, beteiligten sich an diesen weder Bewerbergruppen noch Corporate-Hero-Schwarmintelligenzen. Wen also suchten die beiden Herren? Neben konkreten fachlichen Kenntnissen der jeweils ausgeschriebenen Stelle waren die oben schon angeführten Eigenschaften wichtig, wobei beide den langen Atem beziehungsweise den Durchhaltewillen hervorhoben. Halfen betonte, dass in ihrer Arbeit auch Rückschläge vorkommen, und Hermann sah in der Arbeit mit Kunden viel Potenzial für lange Diskussionen und Zweikämpfe, die sich nur mit Geduld und Durchhaltevermögen führen ließen.

Diskussionsbedarf, Geduld, Rückschläge – als Teil eines Innovationsteams, als Intrapreneur oder Corporate Hero sieht man sich häufig in der Position, die eigene Idee zu verteidigen, zu verkaufen und im Austausch und im Konflikt mit anderen zu verändern und zu verbessern. Wenn Halfens Kollege Philipp Kitterer ergänzt, dass ein Corporate Hero in der Lage sein sollte, seine Idee zu verkaufen, und Hermanns Kollege Michael Albiez berichtet, wie die Entwicklungsteams von Zoi und Kärcher einen gemeinsamen, hybriden Arbeitsmodus zwischen Agilität und Wasserfalllogik finden mussten: Bestätigt dies nur unsere eigene Erwartungshaltung oder merken Sie dies auch? Hier geht es doch ganz übergreifend um Schnittstellenkompetenz, oder? Hier ist doch wohl die Fähigkeit gefragt, Spannungen auszuhalten und zu moderieren, nicht wahr? Hier wird offenbar eine Überzeugungskraft gesucht, die einer aus anderen Erfahrungshorizonten, Arbeitsweisen, Kompetenzen erwachsenen Skepsis konstruktiv zu begegnen weiß, richtig? Wir sagen: ja, ja und ja.

Ob unsere Interviewpartner und Interviewpartnerinnen es nun Überzeugungsfähigkeit, Sozialkompetenz, Kommunikationsfähigkeit, Verkaufstalent, Durchhaltewillen, Geduld, Start-up-Denken, Offenheit für Inspiration oder Neugier nennen: All dies gehört zur individuellen Kompetenz, mehrere unterschiedliche Perspektiven zusammenzubringen, sie zu verstehen, von ihnen zu lernen, sie zu überzeugen und zu harmonisieren – das ist für uns Schnittstellenkompetenz.

Für einen Corporate Hero ist all dies aber nicht nur im Umgang mit der Außenwelt, mit anderen Abteilungen, mit Legacy-Systemen oder einem skeptischen Vorstand wichtig, sondern auch im eigenen Team. Wenn Nils Müller von TRENDONE betont, wie bedeutsam Diversität ist, wenn David Schelp herausstellt, wie essenziell Mitstreiter mit einem breiten Wissensspektrum sind, wenn Gisbert Rühl Fehlerkultur als Voraussetzung für Corporate Heroship nennt, dann geht es um die Innovationseinheit, die Intrapreneure, das Hero-Team.

Diejenigen, die alles anders, neu und besser machen wollen, haben nur selten homogene Vorstellungen davon, was »anders«, »neu« und »besser« konkret bedeutet. Das ist gut so, aber es bedeutet auch, die Schnittstellen innerhalb des Teams zu beachten, zu pflegen und die Spannungen dort auszuhalten.

Schnittstellenkompetenz bedeutet nun einmal auch, Konflikte auszuhalten und auszutragen – im eigenen Team, im Umgang mit Kunden und Partnern und der Außenwelt allgemein, erst recht im Austausch mit Vorständen und anderen Teams im Unternehmen. Ein Innovationsteam ist immer auch auf Unterstützung und Feedback aus anderen Abteilungen angewiesen. Das Know-how, die Kontakte, die Ressourcen des Kernunternehmens sind auch für Corporate Heroes wichtig. So berichtet Karl-Heinz Neu davon, dass KUBIKx für eines ihrer Ventures Kundenadressen aus einem bestimmten Markt brauchte – und bei den zuständigen Vertriebsleitern auf Skepsis und Widerstand stieß.

Dass es David Schelp schwerfiel, seine Idee durchzusetzen, haben wir hier schon mehrfach angesprochen, wie auch die Herausforderungen, innerhalb von DEUTZ mit Ideen jenseits des Verbrennungsmotors zu begeistern. Bei der im echten Leben nicht so benannten Gutent AG versandet die Innovationsbegeisterung des CEOs in der Lethargie der Führungskräfte. Selbst grundlegende Fragen wie Design- oder IT-Ressourcen können schwierig zu lösen sein, wenn sich die Ansicht, die Innovationseinheit sei Konkurrent des Kernunternehmens, hartnäckig hält – Schnittstellen sind auch Reibungsflächen.

Einem Corporate Hero, der als Einzelperson erst am Anfang seiner Intrapreneurslaufbahn steht, fällt es vergleichsweise schwer, sich durch all die oben beschriebenen, bewahrungsoptimierten Abläufe, Kulturen, Anreizstrukturen, durch Konkurrenz- und Silodenken zu kämpfen. Für ihn bedeutet Schnittstellenfähigkeit auch, Gleichgesinnte in allen Firmenbereichen zu finden. Dafür aber muss der Zugang zu anderen Unternehmensbereichen erst einmal gegeben sein.

Die offene InnoFactory der HBL oder die Garage bei Dräger schaffen bewusst Austauschplattformen. Doch nicht immer etabliert die Institutionalisierung eines internen Vorschlagswesens mehr als ein neues Silo, das ohne weiteren Anschluss an den Rest des Unternehmens nur vor sich hin innoviert. Häufig fällt es dem Corporate Hero schwer, aus seiner Abteilung heraus-, ohne anderen auf die Füße zu treten.

Macht und Ohnmacht des mittleren Managements

Wenn die CDO der Gutent AG klagt, wie unbeweglich die Führungskräfte sind, wenn Gisbert Rühl in seiner direkten Kommunikation mit Mitarbeitern auf Widerstände stößt, wenn wir von innovationsfeindlichen Strukturen sprechen, die mit dem Wachstum eines erfolgreichen Unternehmens einhergehen, dann reden wir alle um den heißen Brei herum. Springen wir einmal hinein und sagen forsch: Das mittlere Management ist oft eine Innovationsbremse und damit ein Problem für Corporate Heroes. Das meinen wir gar nicht persönlich. Wir mögen das mittlere Management. Einige unserer besten Freunde arbeiten im mittleren Management.

Das wesentliche Problem ist strukturell und mit der Aufgabe und dem konstituierenden Zweck des mittleren Managements verbunden. Seine bloße Existenz resultiert aus der oben skizzierten Entwicklung des Unternehmens zur erfolgreichen und effizienzgetriebenen Organisation. Seine Rolle ist durch Optimierungs- und Effizienzdenken definiert, ebenso die klassischen Karrierewege, über die seine Positionen besetzt werden. »Middle Managers« geben Anweisungen und Informationen weiter, kontrollieren Umsetzungen und übernehmen Führungsaufgaben, die in ihrem Umfang und in ihrer Detailtiefe kein Vorstand wahrnehmen könnte. Die Informationssilos und das entsprechende Silodenken, die in den letzten Jahren so oft beklagt werden, ergeben sich direkt aus der klassischen Linienstruktur, die in vielen Unternehmen noch immer vorherrscht.

Das mittlere Management ist nur selten dafür da, zu experimentieren und aus Fehlern zu lernen. Seine Anreiz- und Beförderungslogik belohnt eher Dienst nach Vorschrift, Kontinuität und erfüllte Erwartungen. Die so entstehende Managementebene und -kultur zeichnet sich also ohnehin eher durch Homogenität aus. Dazu kommt die persönliche Motivation des Bewahrens, ob nun ein Eigenheim abbezahlt, die Ausbildung der Kinder finanziert werden muss, oder ohnehin in wenigen Jahren der Ruhestand ansteht, in dessen Erwartung man nun nicht noch beginnt, alles umzukrempeln.

Warum dies ein Problem ist? Weil Innovation nun einmal neue Impulse, neue Schnittstellen, neue Perspektiven braucht. In seinem Buch *The Connected Company* beschreibt Autor Dave Gray bereits 2012 entsprechend das, was er »eine strategische Blaupause für die Organisationen des 21. Jahrhunderts« nennt. Für Gray ist das zukunftsfähige Unternehmen ein System von »Pods«, also vernetzter Teams, in dem Verbindungen anhand von Aufgaben und Projekten und stets nach Bedarf entstehen, und in dem sich die »Pods« entsprechend jederzeit und anforderungsgerecht neu strukturieren können. Als autonome, über traditionelle Abteilungsgrenzen hinweg arbeitende Einheiten schaffen diese Pods eine dezentrale, kooperative Umgebung, in der Informationen und Innovationen nahtlos fließen. Technische Lösungen für Kommunikation, Administration und Organisation ersetzen dabei einige der Hauptfunktionen des mittleren Managements.

Auch wenn Grays Annahmen und seine Problemanalyse zutreffen und das »podulare« System die benannten Probleme wirkungsvoll adressiert, klingt all dies doch recht ambitioniert und für die meisten Organisationen, ob Lufthansa oder Gutent AG, nur schwer umsetzbar. Außerdem wirft das mittlere Management nun zu Recht ein, dass seine Funktion sicher nicht nur die der Informationsweitergabe und der Umsetzungskontrolle ist: Zu Führung gehören schließlich auch Teambuilding, Sinnstiftung, Überzeugungsfähigkeit, Sozialkompetenz, Kommunikationsfähigkeit, Verkaufstalent, Durchhaltewillen, Geduld, Mitarbeitermotivation…

Moment mal, diese Liste kommt uns doch bekannt vor! Kurz zurückgeblättert: Dies sind zumindest teilweise Corporate-Hero-Eigenschaften. Wie kann das mittlere Management denn das Problem sein, wenn es alles mitbringt, was den Corporate Hero ausmacht, und noch einiges mehr? Ist es nun das Problem oder die Lösung?

Wir antworten mit hochwissenschaftlicher Präzision: Es kommt darauf an. So wie wir es gerade getan haben, schildern unzählige Fach- und Meinungsartikel das mittlere Management als Innovationsbremse. Ähnlich viele Arbeiten dazu besagen hingegen, diese Führungsebene des Unternehmens sei vielmehr der Schlüssel zu mehr Innovationsfähigkeit. Dies widerspricht sich nur auf den ersten Blick: Wer allein durch seine Position, Funktion und Tradition die Macht hat, Innovation auszubremsen, der verfügt ebenso über die Macht, sie zu befördern.

Eine in sich gut kooperierende mittlere Führungsebene mit direktem Draht zur Ebene darüber ist ideal, wenn es darum geht, neue Ideen zu positionieren und auszuprobieren. Das mittlere Management kennt die operativen Herausforderungen des Unternehmens von Grund auf und kann Innovationsbemühungen mit den realen Bedürfnissen in Einklang bringen. Corporate Heroes sitzen ja nicht nur oben oder unten, und selbst in schwierigen, nun vergangenen Zeiten genoss etwa das DEUTZ-Innovationsteam die Unterstützung mancher Führungskräfte – wenn auch eher im Vertrauen und ohne breite Strahlkraft.

Es liegt also an den Führungskräften, Austausch zu ermöglichen, sich mit anderen zu vernetzen, neue Schnittstellen und Netzwerke innerhalb des Unternehmens zu schaffen, Ressourcen bereitzustellen. Ein Vorstand, der das mittlere Management über einige entschlossene Corporate Heroes hinaus nachhaltig zu all dem befähigen will, sollte jedoch klar kommunizieren, Schulungen anbieten und möglicherweise seine Anreizsysteme anpassen.

Exkurs: Mitarbeiter motivieren

Corporate Entrepreneurship ist ein Marathon und kein Sprint. Entsprechend bedeutend ist die Rolle der Motivation. Die hier aufgeführten Gedanken dazu äußert der Führungsexperte Reinhard K. Sprenger, der interessanterweise zwischen Motivation und Motivierung unterscheidet.

Während er die Motivation als intrinsisch betrachtet, da es sich dabei um einen Zustand handelt, der auf Eigensteuerung zurückgeht, ist die Motivierung das absichtsvolle Handeln einer Führungskraft oder der Rückgriff auf ein Anreizsystem zur Leistungssteigerung eines Mitarbeiters. Personen, die sich in der Position sehen, andere motivieren zu müssen, gehen insgeheim davon aus, dass diese anderen nicht so viel leisten, wie sie im Grunde könnten. Wenn Kollegen tatsächlich hinter ihrem Potenzial zurückbleiben, mag demnach vielmehr die Frage angebracht sein, warum das so ist, anstatt sich irgendeine Form der Manipulation zu überlegen.

Hier sind Aspekte wie Wertschätzung und Vertrauen weitaus zielführender als Karotten, die in Form von Leistungsanreizen vor die Nasen der Kollegen gehängt werden. Laut Umfragen sind diese Personen glücklicher, wenn sie Handlungsspielraum erhalten und ihre Arbeit als sinnvoll empfinden. Letzteres ist vielen Menschen sogar wichtiger als Status, Karriere und ein hohes Einkommen.

Weitere Studien liefern die Erkenntnis, dass Führungskräfte ihre Mitarbeiter mehrheitlich als »arbeitsscheu« einschätzen, ihre eigene Arbeitsleistung jedoch mit »100 Prozent« bewerten. Dazu befragt, ob sie selbst gerne von einem Vorgesetzten motiviert werden möchten, sagen die meisten: »Nö, lieber nicht.« Interessant, oder?

Viel zu oft trifft man in der Praxis auch heute noch auf die mittlerweile als überholt geltenden fünf B der Motivation: belohnen, belobigen, bestechen, bedrohen, bestrafen. Dass es nichts bringt, so vorzugehen, weiß jeder, der mal versucht hat, sein Kind mit Schokolade zu »motivieren«, sein Zimmer aufzuräumen. Ohne Leckerli macht der liebe Nachwuchs fortan nämlich keinen Finger mehr krumm. Übertragen auf Mitarbeiter bedeutet dies, dass aus einem initialen Leckerli in Form eines Amazon-Gutscheins sofort die Erwartungshaltung entsteht, dies würde sich wiederholen – und steigern. Und dann finden Sie sich mit Ihrem Team beim Formel-1-Rennen am Hockenheimring wieder und fragen sich, wie es dazu gekommen ist.

Hier ist es besser, so zu handeln: Anstatt sich zu fragen, wie Sie Ihr Team motivieren können, schlägt Sprenger vor, dass Sie vielmehr folgender Frage nachgehen: Was habe ich getan, um meine Kollegen zu demotivieren? Genau, Demotivation statt Motivation ist der Schlüssel. Finden Sie heraus, was Ihre Mitarbeiter davon abhält, mehr zu leisten. Gehen Sie in einen Dialog auf Augenhöhe, in dem man Ihnen umgekehrt auch das sagen darf, was Sie äußern. So gelingt es, energieraubende Schwachstellen zu identifizieren.

Äußerst demotivierend können zum Beispiel stur zu befolgende Regeln wirken. Eine US-Fluggesellschaft verfolgte das Ziel, die Abflugpünktlichkeit zu erhöhen und verband daher einen kleinen Einkommensanteil der Mitarbeiter damit, dass die Flugzeuge pünktlich den Terminal verließen. Was geschah dann? Obwohl die Crew in den meisten Fällen wusste, dass sich der Abflug verschieben würde, ließ sie die Passagiere einsteigen und zum Teil stundenlang auf dem Flugfeld warten, bis die Starterlaubnis kam. Die Reisenden waren erwartungsgemäß »not amused«. Statt eigenverantwortlich im Interesse der Kunden zu handeln, folgte man stur der Zielvorgabe. Auf den Gehaltsanteil für das pünktliche Starten vom Gate wollte schließlich niemand aus der Crew verzichten.

Daher unser Rat: Nehmen Sie sich zurück, identifizieren Sie demotivierendes Verhalten und schaffen Sie es ab. Gewähren Sie Ihren Mitarbeitern viel Freiraum nach dem Motto »Lassen statt machen« – vielleicht lädt man dann bald Sie zur Formel 1 ein.

Klassische Jobs, neue Aufgaben

Was wir hier über das mittlere Management und die klassische Bedeutung der Schnittstellenkompetenz schreiben, passt zu einem Punkt, der die Innovations- und Digitalberatung für jemanden wie Christoph oft schlicht frustrierend macht: Das Potenzial ist absolut vorhanden. Marktstellung, Prozesse, Vernetzung im Ökosystem und entlang der Wertschöpfungskette, Know-how der Mitarbeiter –

viele Unternehmen sind absolut in der Lage, der Arbeit an und mit disruptiver Innovation mehr Bedeutung, Zeit, Ressourcen beizumessen und sich weitaus innovativer als zuvor aufzustellen.

Auch in Christensens Innovator's Dilemma begegnet uns immer wieder das Bild des Unternehmens, das die Potenziale neuer Technologien sehenden Auges unberücksichtigt lässt und sich dadurch ins Abseits begibt. Natürlich nimmt auch Christensen als Autor die Position des »Captain Hindsight« ein, der hinterher immer schlauer ist. Aber er beschreibt so viele ähnliche Situationen und Muster, die wir auch nach 1997 wieder erlebten, dass es möglich sein sollte, dieses »hinterher« besser vorherzusehen.

Wie dies auch im Kontext traditionell aufgestellter Unternehmen möglich wird, wollen wir noch einmal kurz individuell, anhand einer klassischen Unternehmensrolle verdeutlichen: Eine der größten traditionellen Schnittstellen jeder Firma dürfte der Bereich »Sales« bewirtschaften, der die Produkte und Leistungen nach außen vertritt und verkauft. Wir erwähnten bereits, dass Karl-Heinz Neu die Macht und die Kritik einiger Vertriebsleiter erfuhr, als es darum ging, Kundenkontakte für ein KUBIKx-Venture zu nutzen.

Der Vertrieb spielt eine der wichtigsten Rollen im Unternehmen, er pflegt und entwickelt die Schnittstelle zur Kundschaft, er steuert die Kommunikation und gibt Impulse in beide Richtungen weiter. Die meisten Vertriebler sind sich ihres Stellenwerts und der damit einhergehenden Macht durchaus bewusst. Es ist, und da sind wir wieder bei Erfolgsmaßstäben und Anreizsystemen, durchaus verständlich, dass man hier eher auf eine gewisse Kontinuität setzt und disruptive Innovationsansätze eher skeptisch betrachtet. Selbst wenn jemand im Sales-Bereich Wert darauf legt, neben einer Vertreter- auch eine Marktforschungsfunktion zu übernehmen, ist es oft schwer, die Impulse aus dem Markt nachhaltig in das Silo- und Hierarchiesystem des Unternehmens weiterzugeben.

Diese Überlegungen sind recht pauschal, und es bestehen zweifellos Ausnahmen auf allen Ebenen – Unternehmen, Teams, Menschen. Dennoch begegnet uns diese Realität häufig. Doch wie beim mittleren Management liegt die Lösung des Problems darin, die Macht und die Schnittstellen des Vertriebs jenseits des gewohnten »weiter so, nur mehr« zu nutzen. Als direkter Kontakt zum Markt kann der Vertrieb, jedes Sales-Team und jeder Sales-Mitarbeiter zum Impulsgeber, Entdecker, Innovator, Corporate Hero werden. Sie können bisher ungeahnte Trends und Herausforderungen entdecken und die Kunden und Kundengruppen identifizieren, die für die Entwicklung neuer Services und Produkte als Sparringspartner und Prototyptester zur Verfügung stehen.

»Nähe zum Markt« ist laut Michael Halfen eine wichtige Eigenschaft von Corporate Heroes, und wer ist näher am Markt als der Vertrieb? Wer weiß besser, was funktioniert und was nicht, was Zielgruppen nachfragen, und welche realen Bedürfnisse nicht einmal die Kundschaft bisher selbst kennt? So weit erst einmal die Theorie. Selbst in den von uns betrachteten Cases befanden sich die Unternehmen noch früh in entsprechenden Veränderungsprozessen oder sie hatten die neuen Strukturen direkt außerhalb der Kernorganisation geschaffen. Doch das Potenzial ist vorhanden, in jedem Team und in jedem Einzelnen.

Das Ende der Konkurrenzen

Die vielleicht wichtigste Voraussetzung dafür, dieses Potenzial auf allen Ebenen zu realisieren, besteht darin, Schnittstellen zu erkennen und zu schaffen – dort, wo nach klassischer Strukturlogik eher scharfe Abgrenzung und Konkurrenzdenken dominieren. »Konkurrenz belebt das Geschäft«, heißt es, und in einer Unternehmenskultur der inkrementellen Innovation trifft dieser Spruch durchaus zu. Schließlich geht es darum, immer besser, immer optimaler, immer effizienter zu werden und auch auf der geraden Linie nie stehenzubleiben. Konkurrenz ist in diesem Sinne auch ein Führungsinstrument, denn »wir gegen die« ist ein starker Motivator und Identitätsstifter.

Doch mittlerweile haben sich neue Konkurrenzen entwickelt, die das Geschäft nicht nur stagnieren lassen, sondern es obsolet machen, indem sie völlig neue Lösungen und Wertschöpfungsmodelle etablieren. Wer in dieser Zeit daran festhält, die klassischen Mitbewerber als Gegner zu betrachten, lähmt sich selbst und schränkt seine Handlungsfähigkeiten ein.

»Bei vielen der Plattformen, auch bei Wettbewerbern, die eigentlich mit uns über Kreuz sind, sind wir im Moment Lieferant dieser Erlebnisse.«
– David Schelp, CEO 2018-2022, Musement S.p.A.

Wie wir erläutert haben, gibt es durchaus unternehmerische Antworten auf ein »Warum nicht?«, wenn ein Unternehmen seine frisch geschaffene Handlungsplattform für Mitbewerber öffnet. Das stärkste Argument lautet: »Das sind doch unsere Feinde!« Gisbert Rühl hat mit XOM Materials dennoch eine erfolgreiche Plattform geschaffen und sie über die Struktur der Investoren und Beteiligungen weit genug vom Kernunternehmen Klöckner entfernt platziert, um den Konkurrenzdiskurs bis auf Weiteres zu vermeiden. Rühl erkannte und nutzte, dass Klöckner nicht einfach ein bestimmtes Unternehmen in einer bestimmten Branche ist, sondern Teil eines Ökosystems, in dem es nicht nur um den Handel mit Stahl geht, sondern darum, zu verarbeiten, zu bauen und zu planen.

XOM Materials stellt einen Teil des Versuchs dar, Klöckner als starken Partner für das gesamte Ökosystem zu positionieren. Das Baustoffunternehmen Heidelberg Materials – bis 2023 HeidelbergCement – geht noch einen Schritt weiter, indem es sich durch die Akquisition einer Softwarefirma enger in die Bauplanung integriert und sich einem kompletten Bauökosystem öffnet.

Sich mit Digitalisierung zu befassen, führt schnell ins Ökosystem – Sourceability, Zoi, kloeckner.i und KUBIKx belegen eindeutig, dass neue Wertschöpfung jenseits klarer Unternehmensgrenzen beginnt. Digitalisierung ersetzt nicht nur herkömmliche Geschäftsprozesse durch digitale Zwillinge, sondern verändert Wertschöpfung grundlegend, entkoppelt Prozesse voneinander, löst alte Abhängigkeiten. Digitale Geschäftsmodelle schaffen granulare Wertschöpfungsschichten, deren Komplexität unmöglich allein zu kontrollieren, zu gestalten, zu pflegen ist. Corporate Heroes, Teams, Abteilungen und sogar Unternehmen sind gut beraten, das Ökosystem als Ganzes zu betrachten und alte Konkurrenzen zumindest in Teilbereichen aufzulösen.

»Coopetition« ist das Schlagwort, das »Cooperation« und »Competition« vereint und für die Gleichzeitigkeit von Wettbewerb und Konkurrenz steht. Der Kauf des Kartendienstes HERE durch Audi, BMW und Daimler im Jahr 2015 oder die 2017 von deutschen Mittelständlern gestartete IIoT-Plattform ADAMOS sind Beispiele für die industrielle Umsetzung von Coopetition.

Das Pathfinder Network, in dem zahlreiche global tätige Unternehmen und Konkurrenten an übergreifenden Lösungen für Carbon Accounting und den entsprechenden übergreifenden Datenaustausch arbeiten, zeigt, wie selbst über sachlich zusammenhängende Ökosysteme hinaus neue Wege der Vernetzung und des Austausches gefunden werden. So ist auf allen wirtschaftlichen Ebenen, von der Makro- bis zur individuellen Ebene, Schnittstellenkompetenz ein gewinn-bringender Faktor. Wichtig ist, sich darüber einig zu sein, was man erreichen will und was es zu gewinnen gibt.

Grenzen in Auflösung – und unsere Identität?

Wie aber bleibt das Unternehmen, das sich allem öffnet, dennoch ganz bei sich selbst? Offenheit und Durchlässigkeit sind nach klassischem Verständnis auch ein Problem. Wie gesagt: Silodenken, Konkurrenzbewusstsein und externe Gegner sind starke identitätsstiftende und menschliche Faktoren. Wenn sich also eine Unternehmenskultur nicht über Abgrenzung definiert, wie definiert sie sich dann? Innovationsbestrebungen und Ökosystemdenken auszugliedern und in einer eigenen Unternehmenseinheit zu bündeln, mag ein Ansatz sein. Doch auch dieser schafft schnell ein problematisches neues Konkurrenz- und Identitätsdenken, wie wir es schon einige Male angedeutet haben und im Kapitel »Synergien und Bremseffekte« noch einmal im Detail beleuchten.

Wir haben an dieser Stelle keine Allroundantwort auf diese Frage. Oder anders: Das, was wir als Allroundantwort liefern können, ist letztlich wenig revolutionär und dockt erneut an alte Unternehmenstugenden und -aufgaben an, die jedoch ernsthafter und nachhaltiger verfolgt werden müssen.

Zum einen geht es, wie in unseren Vorstandsbetrachtungen bereits beschrieben, eindeutig um Kommunikation. Die Notwendigkeit einer Veränderung, die Operationalisierung disruptiver Neuerungen, die Art und die Bedeutung neuer Arbeitsfelder und Schnittstellen – all dies erschließt sich nicht von selbst und benötigt kommunikative Begleitung. Unternehmensführung und Personalverantwortliche sind außerdem aufgerufen, das Zugehörigkeitsgefühl im Unternehmen zu stärken, indem sie die gemeinsame Verantwortung, die gemeinsamen Leistungen, die gemeinsamen Ziele definieren und mit Leben füllen. Essenziell ist es dabei, das aktuelle wie das zukünftige Handwerk strategisch klar zu definieren, zu benennen und aufzuhängen. Und das bringt uns ins nächste Kapitel.

4.

Ziel- und Konfliktmanagement

Das Zusammenspiel von Unternehmensstrategie und Innovationsfähigkeit

Als wir mit Michael Halfen und Philip Kitterer sprachen, bestand die DEUTZ-Innovationseinheit seit vier Jahren. Am Anfang standen ein offener Briefkasten, Pitch-Formate und daran entlang entwickelte Portfolios. Um besser zu verstehen und zu antizipieren, wohin DEUTZ als zukunftsrobustes Unternehmen gehen kann und sollte, holte das Team TRENDONE aus Hamburg ins Boot, die Trend Scouting und Strategic Foresight ermöglichten.

Die Arbeitsweise von TRENDONE haben wir bereits kurz skizziert. Aus der Zusammenarbeit mit diesem Team ergibt sich stets ein Portfolio an Trendszenarios und damit verbundenen Innovationsfeldern, auf denen Innovationsstrategien basieren und den Anschluss an die Corporate Strategy eines Unternehmens ermöglichen. Denn auch wenn es in den frühen Tagen des Teams nicht an Ideen mangelte, haperte es häufig in der Umsetzung. Den Grund dafür sieht Kitterer in der damals noch mangelhaften Verbindung der Innovationsbemühungen zur Unternehmensstrategie von DEUTZ beziehungsweise in einer Unklarheit darüber, was die Unternehmensstrategie an Innovationen ermöglicht oder einfordert und was nicht.

Dies klingt nach einem trivialen Problem: Lest doch einfach nach oder fragt den Strategiechef! Doch so einfach ist es nicht. Die Unternehmensstrategie, sofern sie tatsächlich als klar strukturiertes, zugängliches Dokument existiert, gibt im Normalfall eher einen groben Rahmen vor. Diesen leitet man gerade in traditionellen deutschen Maschinenbauunternehmen häufig eher von den Unternehmensentwicklungen der Vergangenheit ab, als dass ihn die Entwicklungen der Außenwelt maßgeblich bestimmen.

Ob und in welchem Rahmen eine Unternehmensstrategie die Frage »Passt diese innovative Idee zu uns?« beantwortet, hängt weniger konkret von geschriebenem Text, fettgedruckten Bulletpoints und mit Pfeilen verbundenen Standardformen ab als von der Interpretationsleistung von Vorständen und Führungskräften. Dies kann ein Vorteil sein, wenn Vorstände und Führungskräfte ihre Vorstellungen von Unternehmensführung und Innovation häufig und auf vielen Kanälen innerhalb wie außerhalb des Unternehmens teilen. Zum Problem wird es, wenn das Innovationsteam sich nie sicher sein kann, ob es gerade das Richtige tut.

> *»Die Strategie liegt oft nicht auf einem Tablett,*
> *sie ist oft verbogen in Köpfen.«*
> – Michael Halfen, Leiter Agiles Kompetenz Zentrum
> und DEUTZ Innovation Center, DEUTZ AG

Eine Unternehmensstrategie soll die Ausrichtung und Entwicklung eines Unternehmens anleiten. Sie soll klare Ziele und Richtlinien bieten, vorausahnen, wie eine Firma sich zukünftig entwickeln wird, und die Vision und den Zweck eines Unternehmens mit seinen operativen Möglichkeiten und Bedürfnissen verbinden. Eine solche Strategie soll möglichst wenig unklar lassen, aber doch Raum für verschiedene Ansätze und Herangehensweisen bieten, um ein Unternehmen so robust wie flexibel und damit zukunftsfähig zu gestalten. Es ist nicht immer selbstverständlich, dass dies gelingt, wofür es eine Reihe einzelner und verbundener, mit- und gegeneinander wirkender möglicher Gründe gibt.

So prägen oft in langen Jahren unternehmerischer Sicherheit und Erfolg etablierte Routinen und Abläufe die Strategieentwicklung. Die Balance aus langfristigen und kurzfristigen Horizonten, vertikaler und horizontaler Umfeldbetrachtung und vermeintlichen und echten Stärken und Schwächen folgt eher bewährten Mustern als realen Anforderungen. Stakeholder aus verschiedenen Unternehmensbereichen einzubeziehen, macht die Strategieentwicklung zum politischen Konfliktfeld, das manchmal eher bereits Geleistetes postrationalisiert oder zum Zukunftserfolg verklärt: Die Strategie wird zum kompromissgetriebenen Abbild des aktuellen Unternehmens, jedoch kein Instrument, um Zukunftsziele zu erreichen.

Zu viel Veränderung für eine einfache Strategie

Solange sich Zukunftsszenarien und die damit einhergehenden Zukunftsziele an sich von Planungszeitraum zu Planungszeitraum nur marginal unterscheiden, besteht nicht unbedingt ein Problem. Im Gegenteil: Kontinuität schafft Sicherheit schafft Vertrauen.

Wir haben in diesem Buch bereits einige Male angedeutet und uns auch bestätigen lassen, dass diese Linearität, die viele Unternehmen erfolgreich werden und ihren Platz in einem geordneten und einigermaßen überschaubaren Wirtschaftssystem finden lässt, der Vergangenheit angehört. Die Zukunft ist unsicher, Planung und Strategieentwicklung bedürfen neuer Antworten.

Unternehmensberater wie Christoph nutzen angesichts der aktuellen Situation gern eine Vokabel aus der amerikanischen Leadership Theory, Ende der Achtziger am War College der US Army geprägt: VUCA. Das Akronym steht für die Wörter »volatility« (Unbeständigkeit), »uncertainty« (Unsicherheit), »complexity« (Komplexität) und »ambiguity« (Uneindeutigkeit). Wir verwenden den Begriff, weil er zum einen besser klingt als »UUKU« und zum anderen die planerisch relevanten Eigenschaften unserer heutigen Welt beschreibt. Wir leben im VUCA, wir wirtschaften im VUCA, wir planen und entwickeln Strategien im VUCA, die Antworten auf viele eng verwobene und teils neue Herausforderungen finden müssen.

Technologisch stecken Unternehmen seit etwa 30 Jahren in einer sich deutlich beschleunigenden Transformation. Digitalisierung und fortschreitende Automatisierung, Künstliche Intelligenz und neue Technologien wie die Blockchain schaffen nicht nur neue Lösungen, sondern neue Geschäftsmodelle, neue Konkurrenzen, neue Nachfragen bei Anwendern und Konsumenten. All dies macht lange Zeit erfolgreiche Branchen fast über Nacht obsolet. Dazu nennen wir hier zwei zwar fast totzitierte, aber unverändert richtige und wichtige Merksätze aus Christophs Beratungsfloskelsammlung:

1995 sagte der damalige Netscape-CEO Jim Barksdale, es gäbe seiner Meinung nach nur zwei Möglichkeiten, Geld zu verdienen: »bundling and unbundling« – also die Entkopplung und Bewirtschaftung einst gekoppelter Leistungen (unbundling) oder die Zusammenfassung einst separater Leistungen zu einem Leistungspaket (bundling). iTunes verdiente Geld, indem es das einzelne Musikstück unabhängig von dem betreffenden Album anbot. Spotify verdient Geld, indem es alle Musikstücke der Welt zu einem monatlichen Gesamtpreis anbietet.

Das bringt uns zum zweiten Zitat: »Software is eating the world«, ein Satz des Investors und Netscape-Gründers Marc Andreessen 2011. Die digitale Transformation erlaubt es, fast alle Transaktionen und Prozesse in unserer Welt zu digitalisieren. Dies bedeutet aber auch, diese Transaktionen und Prozesse nicht nur abzubilden und nachzubauen, sondern sie in ihre einzelnen Bestandteile zu zerlegen und neu zu kombinieren. So entstehen Milliarden neuer Optionen des Bundling und Unbundling und damit neue Geschäftsmodelle, Chancen und Risiken sowie globale Märkte, wo einst lokale Abgrenzung zu herrschen schien.

All dies hängt eng mit kulturellen Veränderungsprozessen zusammen, die sich auf Unternehmenskommunikation, Recruiting und gesellschaftliche Verantwortung ebenso niederschlagen wie auf die konkret nachgefragten Leistungen und Produkte. Die kulturelle Vielfalt von Mitarbeitern und Kunden erfordert überdies einfühlsame Führung und maßgeschneiderte Ansätze.

Während es auf der individuellen Ebene immer granularer wird, erfährt auch die globale Entwicklung eine unvorhergesehene Fragmentierung. Die Märkte sind zwar global eng miteinander verknüpft, doch zugleich instabil: Handelskonflikte, Wechselkursschwankungen und geopolitische Unsicherheiten beeinflussen die strategische Ausrichtung. Der digitale europäische Binnenmarkt bleibt ein komplexes und weitgehend ungelöstes Problem, das es erschwert, neben China und USA einen relevanten digitalen Player auf den Weltmärkten zu etablieren.

Obendrein geizt auch die regulatorische Landschaft nicht mit Herausforderungen, da europäische Unternehmen mit sich ständig ändernden Datenschutzrichtlinien, Umweltauflagen und sich neu strukturierenden internationalen Handelsabkommen konfrontiert sind. Politische Entscheidungen beeinflussen die Geschäftsumgebung weltweit, ein neuer Protektionismus und ein grundsätzliches Misstrauen – gerade in Bezug auf die Konkurrenzen in der entstehenden globalen Datenökonomie – tun ihr Übriges. Traditionelle Planungsmodelle erweisen sich angesichts dieser Unsicherheit und Dynamik als – milde gesagt – unzureichend.

Zukunftsgerichtete Strategien kommen nicht umhin, sich auf Agilität, Innovationsfähigkeit und Anpassungsfähigkeit zu stützen. Es ist entscheidend, Trends zu analysieren, Chancen in Veränderungen zu erkennen und Ökosysteme zur Zusammenarbeit aufzubauen. Eine Unternehmensführung sollte bereit sein, Paradigmen zu verschieben und die Offenheit für kontinuierliche Lernprozesse zu fördern. All dies ist nur ein kurzer Abriss der Problemlage, der bewusst viele einzelne Effekte ausblendet, um nicht unscharf zu werden.

Exkurs: Digitale Geschäftsmodelle

Erfindungen allein sind noch keine Innovationen, sie werden es erst durch ein profitables Geschäftsmodell. In diesem Exkurs betrachten wir die Besonderheiten digitaler Geschäftsmodelle.

Ein markantes Merkmal digitaler Geschäftsmodelle ist, dass sie kaum von physischer Infrastruktur abhängen. Digitale Güter zu reproduzieren, ist nahezu mühelos und ohne signifikante zusätzliche Kosten möglich. Dies führt zu positiven Skaleneffekten, bei denen die Kosten pro Einheit mit steigender Produktion oder Nutzung abnehmen – die sogenannten Grenzkosten gehen gegen null.

Ein klassisches Beispiel dafür ist die Softwareentwicklung: Die Herstellung erfordert eine anfängliche Investition, doch die »Kopien« werden ohne zusätzliche Kosten vervielfältigt und verbreitet. Dadurch profitieren Softwareunternehmen von einem größeren Kundenstamm, ohne steigende Kosten tragen zu müssen. Wenn die Konferenzsoftware Zoom einen neuen Kunden akquiriert, entstehen mittlerweile kaum noch Kosten. Wenn jedoch die Meyer-Werft einen neuen Auftrag erhält, sieht die Sache ganz anders aus. Daher skaliert eine Werft auch wesentlich langsamer als Zoom.

Ein weiterer Aspekt digitaler Geschäftsmodelle, der Skaleneffekte begünstigt, ist die Vernetzung und Plattformbildung. Plattformen wie soziale Medien, E-Commerce-Marktplätze und Cloud-Dienste erleichtern den Austausch und die Interaktion zwischen Benutzern und Anbietern. Mit zunehmender Nutzerbasis steigt der Wert der Plattform für alle Beteiligten, der Wert der Plattform wächst exponentiell mit der Anzahl der Nutzenden. Große Plattformen wie Instagram oder Amazon oder das von uns auch vorgestellte Sourceability im B2B-Segment haben ihre Position durch diese Netzwerkeffekte gestärkt. Denn eine steigende Zahl von Nutzenden führt zu einer besseren Erfahrung für alle, erlaubt den Zugang zu einem breiteren Angebot und erschwert zugleich die Abkehr von der Plattform.

Allerdings sind potenzielle Herausforderungen zu berücksichtigen. In einigen Fällen können Skaleneffekte kleinere Wettbewerber behindern. Dominante Plattformen könnten den Marktzugang oder den Wettbewerb einschränken oder Konkurrenten und Innovationsanbieter aufkaufen. Wenn

Plattformen viele Nutzer und Transaktionen verzeichnen, werden außerdem Sicherheits- und Datenschutzbedenken relevant.

Exkurs: Entwicklung digitaler Geschäftsmodelle mithilfe des DVC-Frameworks

Schauen wir uns kurz anhand des DVC-Frameworks von Christian Hoffmeister an, wie auch Sie ein digitales Geschäftsmodell entwickeln können: DVC steht für Digital Value Creation und betrachtet als kleinste Einheit eines Geschäftsmodells die Transaktion – messbar, steuerbar, wirtschaftlich verwertbar. Am Beispiel der Taxi-App Free Now sieht das wie folgt aus:

- **Transaktion 1:** Bestellung der Fahrt, individueller Nutzen für Fahrgast, Fahrer und Free Now
- **Transaktion 2:** Bezahlung der Fahrt, wieder eine Win-win-win-Situation für alle Beteiligten
- **Transaktion 3:** Bewertung der Fahrt durch Fahrer bzw. Fahrgast, Transaktion schafft erneut Nutzen bei allen Stakeholdern

Hoffmeisters DVC-Framework zerlegt das digitale Geschäftsmodell in fünf Elemente, die wir hier am Beispiel der Video-App VOCHI skizzieren:

1. **Plattform:** Auf welcher Infrastruktur läuft die Anwendung?
   VOCHI: App und Server, welche die Funktionen vorhalten.
2. **Utility:** Was ist der Mehrwert für die Zielgruppe?
   VOCHI: schnelles und einfaches Bearbeiten von Videos.
3. **Viability:** Wie profitiert der Anbieter des Produkts?
   VOCHI: Durch pay per use.
4. **Performancegruppe:** Wer ist die Zielgruppe?
   VOCHI: Alle, die Videos mit Effekten versehen wollen.
5. **Schnittstelle:** Wie interagieren Nutzer mit der Anwendung?
   VOCHI: über die Benutzeroberfläche der App.

Womit fangen Sie nun bei Ihrem digitalen Geschäftsmodell an? Sie klären die Frage des Erlösmodells, nachdem Sie einen grundsätzlichen Bedarf zu Ihrem Angebot identifiziert haben: Wie verdienen Sie Geld? Was ist das übergeordnete Ziel des Geschäftsmodells? Hoffmeister unterscheidet hier direkte und indirekte sowie monetäre und nichtmonetäre Ziele, zum Beispiel:

- Direkt monetär: die Lizenzgebühr für Zoom
- Indirekt monetär: kleinere E-Scooter-Anbieter, die darauf wetten, von einem größeren Player aufgekauft zu werden.
- Direkt nicht monetär: Kundengewinnung und Datenerhebung, wie etwa Apple Music, die über die Musikerkennungs-Software Shazam neue Kunden gewinnen.
- Indirekt nicht monetär: Daten sammeln, um Services zu verbessern, wie die Google-Tochter Waymo, die durch das Recaptcha-Modell Unmengen an Daten generiert, um ihre autonom fahrenden Autos sicherer zu machen.

Weitere Erlösmodelle skizzieren wir später im Exkurs zum Business- Model-Navigator. Abschließend sei noch eine Besonderheit digitaler Geschäftsmodelle erwähnt: »The Winner takes it all.« Demzufolge existieren, anders als bei analogen Geschäftsmodellen, nicht hunderte oder tausende Anbieter, sondern nur sehr wenige – Lieferando und Uber Eats statt tausender Restaurants.

Zudem zeigt Uber, in welch hohem Maß hinter vielen digitalen Geschäftsmodellen eine Wette steckt. Viele digitale Geschäftsmodelle arbeiten Millionenumsätzen zum Trotz lange Zeit defizitär. Obwohl gewaltige Geldströme fließen, sind sie im Grunde Start-ups, die noch kein profitables Geschäftsmodell gefunden haben. Allerdings wettet Uber sicher darauf, mit der Zulassung autonom fahrender Autos bald den größten Kostenfaktor aus seinem Geschäftsmodell streichen zu können – die Fahrer. Die Profitabilität wird dann nicht lange auf sich warten lassen. Ubers Nutzenversprechen ist uralt. Die Innovation liegt im Plattformgedanken und in der digitalen Nutzung der Daten. Die wertvollen Assets von Uber sind längst die Kundenbeziehungen.

Unternehmensentwicklung am Limit

In diesem bereits komplexen und noch komplexer werdenden Umfeld ist es eine enorme Herausforderung, strategisch zu planen, Risiken und Chancen adäquat zu berücksichtigen und zu bewerten und die Grundlage für die Geschäfte der Zukunft zu legen.

Wir erwähnten den einstigen Fotografiegiganten Kodak bereits in den Deep Dives: Die Marktposition Kodaks hätte es dem Unternehmen nicht nur leicht gemacht, einen Trend aufzugreifen und eine neue Produktlinie zu etablieren – die erste Digitalkamera entwickelte 1975 tatsächlich ein Ingenieur bei Kodak(!). Dennoch verpasste das Unternehmen mit voller Überzeugung den Einstieg in diesen Zukunftsmarkt. Doch da Kodak sich mit der digitalen Fotografie selbst schon schwertat und sich kaum vorstellen konnte, dass Menschen sich für Fotos auf einem Bildschirm interessieren würden: Wie hätte diese Firma die damit verbundenen möglichen digitalen Geschäftsmodelle vorhersehen können? Von niedrigschwelligen Plattformen, auf denen Digitalfotografen ihre Werke teilen, verkaufen und lizenzieren, über fotobasierte Social Networks wie Instagram bis hin zu Bildbearbeitungsprogrammen, die man mittlerweile immer häufiger über Subskriptionsmodelle erhält – sogar 2001, als Kodak viel zu spät in den Digitalmarkt einstieg, war all dies noch absolute Zukunftsmusik. Hätten Sie all dies vorausgeahnt? Dann arbeiten Sie wahrscheinlich nicht in einer Strategieabteilung.

Verzeihung, das war ein wenig anmaßend. Tatsache ist jedoch, dass das Bild des Corporate-Strategy-Genies, das mit all seiner analytischen Kraft alle möglichen Zukunftsszenarien beleuchtet, analysiert, priorisiert und in ein strategisches Options- und Handlungsportfolio gießt, der Realität nur selten entspricht.

Corporate Strategy, durch Jahre und Jahrzehnte der inkrementellen Entwicklung ebenso geformt wie der Rest eines Unternehmens, ist heute meist eher das, was wir bescheiden »Unternehmensentwicklung« nennen wollen. Unternehmensentwicklung unterstützt vor allem den Wachstumsapparat und ist eine inkrementelle Verbesserungsabteilung, die dabei hilft, eine Firma zu reorganisieren oder neue Standorte zu finden, die jedoch selten das System der oben genannten exogenen Faktoren und grundsätzlichen Veränderungen in Betracht zieht. Es wird nicht nur unterlassen, ein Gesamtunternehmen neu zu verorten, sondern es wird nicht einmal erwogen – dies ist nicht Aufgabe der Unternehmensentwicklung.

Wohin dies führt, zeigt sich neben Leuchtturmfällen wie Kodak am besten am Beispiel des stationären Handels. Nachdem noch bis in die frühen Nullerjahre ein Center und eine Mall nach der anderen in die Innenstädte und Speckgürtel gesetzt wurden, verloren größere Einkaufsorte ebenso wie der Einzelhandel und die klassische deutsche Fußgängerzone in den letzten 20 Jahren deutlich an Bedeutung. Wo Amazon einerseits und Direct-to-Consumer-Versand andererseits nicht ohnehin durch ein Plus an Komfort und ein Minus im Preis ihren Konkurrenten überlegen waren, schob die Coronakrise den E-Commerce ebenso wie den stationären Handel tüchtig an – nur in unterschiedliche Richtungen.

So schleppt sich das Frankensteinmonster Karstadt Galeria Kaufhof seit Mitte der Nullerjahre von Nahtoderfahrung zu Nahtoderfahrung, während der Elektronikhändler Conrad die Kurve gekriegt hat, indem er sich auf das B2B-Geschäft und den Onlinehandel konzentrierte und die meisten Vor-Ort-Filialen schloss. In den USA ist Blockbuster Entertainment das klassische Beispiel für den Giganten, der die letzte Ausfahrt Digital verpasst hat – obwohl Netflix-CEO Reed Hastings sein Unternehmen Blockbuster sogar zum Kauf von heute lächerlich wirkenden 50 Millionen Dollar anbot. In diesem Fall spielt Hybris sicher eine große Rolle, doch allgemein scheitern Unternehmen immer wieder daran, eine andere Strategie als die des jahrelang einprogrammierten »weiter so« zu entwickeln.

Strategische Unsicherheit fordert die Verantwortung der Intrapreneure

Unser Buch heißt jedoch nicht »Corporate NPCs«, sondern »Corporate Heroes«. Nach der problemorientierten Betrachtung stellen sich also zwei lösungsorientierte Fragen. Erstens: Wie können angehende Corporate Heroes auch in schwierigen strategischen Umgebungen gedeihen? Zweitens: Wie schaffen es Unternehmen, ein strategisches Umfeld zu etablieren, das Corporate Heroship und Intrapreneurship fördert? In der Hoffnung, darauf gute und griffige Antworten zu finden, haben wir uns noch einmal durch die Interviews für dieses Buch gearbeitet. Doch als einzige überraschende Erkenntnis nahmen wir aus der Fülle der Gespräche mit, dass es keine überraschende Erkenntnis gab.

Die Strategie eines Unternehmens war praktisch nie das Thema, insbesondere dann nicht, wenn es gut lief. Über Unternehmensstrategien und strategische

Überlegungen sprachen wir meist in Bezug auf Fälle und Situationen, in denen die Strategie ein Problem darstellte – indem sie etwa zu unklar war, indem sie als diffuses Argument gegen bestimmte Innovationsinitiativen aufgefahren wurde, oder indem die konkrete Interpretation der Strategie sich in einer späten Innovationsphase um 180 Grad drehte und das Projekt eingestampft wurde. Best-Case-Unternehmensstrategie? Fehlanzeige!

Ein ausschlaggebender Grund dafür ist sicher, dass wir häufig mit Corporate Heroes sprachen, die einen kurzen Draht zum Vorstand unterhielten oder selbst diesem angehörten – Klöckner, Schmitz Cargobull, Geers, die Hypothekarbank Lenzburg. Sie trieben all das, was sie für strategisch richtig und wichtig hielten, kraft ihrer Autorität voran.

Doch in anderen Gesprächen, etwa mit Kärcher und Zoi oder mit Dräger, führten Mitarbeiter nicht die übergreifende Unternehmensstrategie an sich ausdrücklich als treibenden Faktor für die Arbeit der Innovations-, Cloud- oder Digitalteams ins Feld. Daraus lassen sich zwei mögliche und miteinander eng verbundene Schlüsse ziehen: Innovation ist in diesen betreffenden Firmen zum einen tatsächlich so selbstverständlich in der Unternehmensstrategie oder doch zumindest in ihrer vorherrschenden Interpretation angelegt, dass sie den Innovationsbemühungen zumindest nicht im Weg steht. Zum anderen beeinflusst und prägt die Arbeit der Innovationseinheiten die Unternehmensstrategie, indem sie Hypothesen testet und Innovationsprojekte zum Erfolg führt.

Oder anders: Die innovationsfreundliche Strategie wird mit nonchalanter Selbstverständlichkeit top-down gelebt und/oder bottom-up definiert. Besser noch: Streichen wir das »oder«, denn äußerst selten funktioniert Letzteres ohne Top-down-Support, und zur Bedeutung von Vorstandsunterstützung haben wir bereits ein ganzes Kapitel geschrieben.

Da wir dieses Kapitel nicht noch einmal verfassen wollen, schauen wir uns den Corporate Hero oder das Corporate-Hero-Ensemble auf den mittleren bis unteren Unternehmensebenen, in Projektteams und Innovationseinheiten einmal genauer an. Innovationsarbeit, die Unternehmensstrategie prägen oder ihr doch zumindest zuarbeiten soll, setzt voraus, dass man sich um strategisches Alignment bemüht.

So hielt es lange Zeit das Team DEUTZ aus eigenem Antrieb. Es versuchte, strategische Leitplanken aus der Kommunikation seiner Vorstände und aus anderen Unternehmensentscheidungen abzuleiten, und musste dabei große Unsicherheit aushalten. Erst mit Vorstandsveränderungen wurde aus diesen Bemühungen ein fruchtbarer gegenseitiger Austausch.

TUI wiederum hatte die strategische Bedeutung von »Tours & Activities« zwar erkannt, doch die Lösung, den Ausbau dieses Angebots durch den Kauf eines bestehenden Unternehmens anzugehen, widersprach dem, was große Teile des Vorstands für die Unternehmensstrategie von TUI hielten. Hier musste David Schelp, von diesem Ansatz grundlegend überzeugt, äußerst beharrlich um Unterstützung werben, um schließlich ein erfolgreiches Produkt präsentieren zu können.

Natürlich änderte sich mit dem Erfolg auch der Tenor des Vorstands: Der Kauf von Musement verlief, so die kommunikative Linie, nicht nur im Einklang mit der Corporate Strategy, sondern leitete sich praktisch schnurgerade von ihr ab.

In einem Kapitel, das die Bedeutung der Unternehmensstrategie für die Innovationsfähigkeit des Unternehmens und die Handlungsfähigkeit seiner Corporate Heroes unterstreicht, stellt uns diese Unklarheit vor ein Problem. Ist Corporate Strategy ein rigides Konstrukt, das Innovationen entweder ermöglicht oder knallhart ausbremst? Oder ist sie ein flexibler unternehmerischer Serviervorschlag, der mit eigenen, auf ihren Kern abgestimmten Ideen, Zutaten und brillantem Handeln verfeinert und in neue Richtungen gedreht werden kann?

Sie ahnen wahrscheinlich bereits, dass hier gleich wieder einer der Autoren einen nicht geringen Betrag ins Kommt-drauf-an-Floskelschwein stecken muss. Denn: Es kommt drauf an. Wie knallhart pro, knallhart kontra oder knallhart mir-doch-egal eine Corporate Strategy in Sachen Innovation ist, hängt enorm davon ab, wie Vorstände und Führungskräfte sie auslegen sowie von den in ihrem Sinne getroffenen Entscheidungen und vom kommunizierten Blick auf die Welt.

Wie frei, innovativ und zielführend sich Intrapreneure im jeweiligen strategischen Umfeld bewegen, steht und fällt enorm mit deren Fähigkeit und Bereitschaft zu strategischem Alignment, mit deren hartnäckiger Überzeugungsarbeit sowie deren Fähigkeit, sich innerhalb und außerhalb eines Unternehmens zu vernetzen. Zu all dem sagen wir mehr in den entsprechenden Kapiteln.

Neue Strategien für eine neue Welt

Wer die Strategien seines Unternehmens tatsächlich mit beeinflusst und entwickelt, sollte sich mit dieser Aufgabe heute vor neuen Herausforderungen sehen. In der Strategieentwicklung ist es wie in vielen unternehmerischen Bereichen dieser Tage: Prozesse und Handlungen, die lange eher nach Lehrbuch und aus Gewohnheit checklistenartig abgearbeitet wurden – hier ein bisschen Forschung, dort ein bisschen Weiterbildung, über allem ein wenig Strategie — erfahren angesichts einer Welt im Wandel eine neue, echte, gestaltende Relevanz. Dazu gehört auch die Entwicklung einer Innovationsstrategie, die heutzutage tief in mögliche Zukunftsszenarien einsteigen, die Trends erkennen und Szenarien erarbeiten sowie Antworten finden muss.

Nils Müller von TRENDONE, den seine tägliche Arbeit für zahlreiche Unternehmen genau dort wirken lässt, sieht Corporate Strategy und TrendScouting im engen Austausch. Aus Szenarien und den entsprechenden Fragestellungen leiten sich priorisierte Innovationsfelder ab, deren Summe wiederum bereits die Proto-Innovationsstrategie des Unternehmens bilden. Wo Müller und seine Partner in den Unternehmen jedoch hinschauen, welche Szenarien sie entwickeln und wie sie sie bewerten, hängt maßgeblich von einer Corporate Strategy ab, die wiederum flexibel genug für Interpretationen ist. Die Strategie ist kein Kochrezept, sondern ein lebendiges Dokument, das auch Anpassungen verkraften muss.

Wir gehen noch einen Schritt weiter als Nils Müller und behaupten kühn: Corporate Strategy und Innovationsstrategie müssen in unsicheren Zeiten praktisch identisch sein. Je höher der Veränderungsdruck ist, je volatiler die Umstände und Anforderungen, desto mehr wird die Ausweichbewegung in Innovation zur validen oder sogar zur einzig möglichen strategischen Antwort. Die oben so geballt skizzierten Veränderungen machen Innovation, gerade disruptive Innovation, in fast allen Unternehmensbereichen nötig und möglich. Kommunikation, Finanzen, Forschung und Entwicklung, IT, Marketing, Personalwesen, Einkauf, Produktion – kaum ein Bereich bleibt aktuell oder zukünftig von Veränderungen verschont.

In unseren Cases sehen wir etwa bei Sourceability, kloeckner.i oder Geers nicht nur Innovationsstrategie oder Geschäftsmodellentwicklung bei der Arbeit, sondern konkrete Veränderungen in der Vertriebsstrategie. Die Besetzung von Innovationseinheiten fordert neue Recruiting-Strategien. Fragen der Nachhaltigkeit, des Einkaufs, der Entsorgung, der gesellschaftlichen Verantwortung, des Umgangs mit Daten – welche Antworten hat Ihre klassische Corporate Strategy darauf?

> *»Der Veränderungsdrang ist da, aber man muss natürlich immer aus einem Moment der Stärke raus verändern – nicht erst wenn die Hütte brennt.«*
> – Benjamin Hermann, Geschäftsführer, Zoi TechCon GmbH

Wenn all dies nach viel Arbeit und teils radikalem Umdenken klingt, dann verweisen wir noch einmal darauf, dass die Grundlagen dafür bereits vorhanden sind. Auch TRENDONE bietet im Grunde nichts anderes als Antworten auf die klassische strategische Grundfrage »Wo geht es mit meinem Unternehmen hin?« Nur dass die Antworten heute eben vielfältiger und radikaler sind als vor 30 Jahren und die Zeithorizonte unterschiedlicher ausfallen. Das hat nicht jedes Unternehmen verstanden.

Im Gespräch mit Nils Müller streifen wir kurz die Lufthansa, die ihn aber sofort auf die Palme bringt: Ein erfolgreiches, stark aufgestelltes Unternehmen, dessen strategische Entscheidungen langfristige Folgen haben, schränkt die Fristigkeit seiner Szenario-Planung derart ein, dass die Entwicklung der Innovationen von übermorgen praktisch unmöglich wird. Wer Entscheidungen über Maschinen und Treibstoffe trifft, die auch in 15 Jahren noch Konsequenzen haben, darf sich nicht leisten, so zu tun, als würde sich in dieser Zeit und darüber hinaus nichts am Geschäft ändern. Ein solches Unternehmen, so Müller, wird sich kaum in Richtung völlig neuer Entwicklungen und Geschäftsmodelle bewegen können.

Exkurs: Methoden und Frameworks für die Entwicklung digitaler Geschäftsmodelle

In diesem Exkurs befassen wir uns noch einmal näher mit einigen Methoden, welche die Entwicklung digitaler Geschäftsmodelle und Geschäftsbereiche erleichtern und verständlicher machen. Mit dem DVC-Framework haben wir bereits angefangen, hier geht es nun um das Business Model Canvas, das Lean Canvas und den Business Model Navigator. Das Wissen um den Aufbau und die Hintergründe von Geschäftsmodellen sollte in unseren Augen die Strategieentwicklung maßgeblich mit beeinflussen.

Das Business Model Canvas

Der klassische Businessplan hat nach wie vor seine Daseinsberechtigung, wenn es etwa darum geht, eine umfassende Strategie darzulegen, Entscheider von einer Idee zu überzeugen oder sich als Intrapreneur klarzumachen, was man vorhat. In der frühen Phase der Geschäftsmodellentwicklung werden sich jedoch in den allermeisten Fällen dieses Modell und seine zugrundeliegenden Thesen wiederholt ändern. Es dürfte klar sein, dass ein herkömmlicher Businessplan (ein etwa 30 bis 100 Seiten langes Text- und Zahlendokument) sich nicht dafür eignet, derlei Änderungen – Pivots – adäquat und aktuell abzubilden.

Dies dachte Anfang der Nullerjahre auch Alexander Osterwalder und entwickelte das Business Model Canvas, um jene Anpassungen niederschwellig darzustellen. Bevor wir uns dieses Framework ansehen, klären wir noch einmal kurz, was genau ein Geschäftsmodell ist. Nach Christian Hoffmeister handelt es sich dabei um eine vereinfachte Abbildung wirtschaftlicher Austauschbeziehungen und logischer Zusammenhänge zwischen mindestens zwei Akteuren, die Leistung und Gegenleistung austauschen. Jene Austauschbeziehungen beinhalten zudem auch Auskünfte darüber, wie man Kunden erreicht, welche Kosten auf der einen und welche Ausgaben auf der anderen Seite entstehen – und so weiter.

Osterwalders Business Model Canvas (BMC) versucht, diese komplexen Strukturen einfach abzubilden. Dies gelingt, indem er dem Intra- oder Entrepreneur eine Struktur aus neun Feldern anbietet, in die sich die Thesen hinsichtlich des zu entwickelnden Geschäftsmodells kurz und bündig eingliedern lassen. Schauen wir uns dies am Beispiel einer privaten Hochschule an:

1. **Wertangebot:** Woraus besteht unser Angebot? Wir bieten Bildungsabschlüsse auf Bachelor- und Masterniveau in den Bereichen Computerwissenschaften und Informatik an.

2. **Kundensegmente:** Wer ist unsere Zielgruppe? Unser Angebot richtet sich an Abiturienten und Arbeitnehmende, die nebenberuflich einen Hochschulabschluss erwerben möchten.

3. **Kanäle:** Wie erreichen wir unsere Zielgruppe? Wir kommunizieren unser Angebot durch ein Zusammenspiel aus Out-of-Home-Kampagnen, Bildungsmessen, Social-Media-Kampagnen, Suchmaschinenmarketing und Direktvertrieb.

4. **Kundenbindungsmanagement:** Wie sorgen wir dafür, dass uns unsere Kunden weiterempfehlen und unser Angebot erneut beziehungsweise häufig nutzen? Wir versorgen die Studierenden über eine eigene App mit Informationen, betreuen sie engmaschig mit extracurricularen Angeboten und verleihen ihre Zeugnisse in einem beeindruckenden Ambiente und mit einer rauschenden Absolventenfeier.

5. **Kostenstruktur:** Welche Ausgaben sind notwendig, damit das Geschäftsmodell funktioniert? Die wichtigsten Kosten sind für uns die Gehälter der Mitarbeiter, Mieten und Infrastrukturkosten, Marketingbudgets und Lizenzen etwa für Cloud-Dienste und Literatur.

6. **Einnahmequellen:** Womit verdienen wir Geld? Unsere Einnahmen generieren wir aus den Studiengebühren der Studierenden.

7. **Kernressourcen:** Welche Assets sind ausschlaggebend, damit das Geschäftsmodell funktioniert? Neben der Markenreputation und unserem speziellen Bildungsansatz stellt insbesondere die Hochschulakkreditierung unsere Kernressource dar.

8. **Hauptpartner:** Wer unterstützt uns dabei, unser Geschäftsmodell erfolgreich umzusetzen? Dazu gehören Partnerhochschulen, in denen unsere

Studierenden ein Austauschsemester absolvieren können, Partnerunternehmen, die Praxisprojekte anbieten, sowie freie Dozierende, die als
Antennen in die Wirtschaft fungieren.

9. **Kernaktivitäten:** Welches sind die wichtigsten Aktivitäten, um uns als
Unternehmen weiterzuentwickeln? Wir eröffnen zusätzliche Standorte,
entwickeln neue Studiengänge und verbessern stetig die Qualität unserer
bestehenden Angebote.

Im Feld »Kernaktivitäten« haben wir uns erlaubt, Osterwalders Ansatz etwas
anzupassen. Er hätte im Beispiel der Hochschule gesagt, dass sie Lehre und
Forschung betreiben, was unserer Ansicht nach bereits aus dem Wertangebot
hervorgeht. Das BMC eignet sich insbesondere zur Analyse und Kommunikation von bestehenden Geschäftsmodellen. Und gerade mit einer (potenziellen) Strategie zur Weiterentwicklung eines Unternehmens kann man entsprechende Analysen anstellen.

Ähnliches gilt für die Kernressourcen. Würde es einem Start-up gelingen,
ein adäquates Bildungsangebot aufzustellen, das ohne eine Akkreditierung
auskommt, könnte eine entsprechende Konkurrenz entstehen. Tatsächlich
hat udacity.com diesen Ansatz gewählt, um überaus erfolgreich innovative
Nanodegrees zu entwickeln. Dies ist eine Chance und ein Trend, welche die
privaten Hochschulen leider verschlafen haben.

Lean Canvas

Nachdem das BMC ein paar Jahre im Einsatz war, offenbarten sich neben
vielen Vorteilen auch einige Schwachstellen. Vor allem ist es für die Entwicklung innovativer und digitaler Geschäftsmodelle immer noch zu schwerfällig. 2010 stellte Ash Maurya deshalb eine Überarbeitung des BMC vor:
das Lean Canvas (LC). Es enthält ebenfalls neun Felder und übernimmt vom
BMC die Aspekte Kostenstruktur, Einnahmequellen, Kanäle sowie Kundensegmente. Werfen wir also nur kurz einen Blick auf die abweichenden fünf
Felder am Beispiel der erwähnten Udacity:

1. **Welches Problem lösen wir?** Es mangelt an hochwertigen niederschwelligen Online-Bildungsangeboten für digitale Technologien und Onlinemarketing.

2. **Wie sieht unsere Lösung aus?** Unser Angebot besteht aus Onlinekursen, mit denen man nach etwa drei Monaten einen Nanodegree erhält, um sich beruflich weiterzuentwickeln und für die Herausforderungen der digitalen Transformation gewappnet zu sein.

3. **Was ist unser Alleinstellungsmerkmal?** Erwerben Sie in nur drei Monaten die Fähigkeiten, die Sie für eine $ 100k+-Karriere im technischen Bereich benötigen.

4. **Was ist unser unfairer Vorteil?** Indem wir die Nutzerfreundlichkeit unserer Plattform, praxisorientierte Lerninhalte und direkte Kontakte zur Industrie kombinieren, sorgen wir für ein völlig neues Weiterbildungserlebnis.

5. **Welche Kennzahlen sollten wir messen?** Priorität haben insbesondere die Verweildauer auf unserer Webseite, Transaktionskosten, Kündigungsrate und Lifetime-Value.

Insbesondere das letzte Feld der Kennzahlen ist für (digitale) Start-ups wichtig. Diese Kennzahlen zeigen an, ob ihr Geschäftsmodell profitabel werden kann oder dauerhaft defizitär zu bleiben droht.

Zusammenfassend können wir sagen, dass beide Canvas-Ansätze einen wichtigen Beitrag innerhalb der Innovationsarbeit leisten. Sie helfen bei der Analyse, Strukturierung, Kommunikation und Entwicklung bestehender und neuer Geschäftsmodelle und eignen sich dafür, Thesen hinsichtlich des Geschäftsmodells zu bestätigen oder zu widerlegen. Insbesondere durch das niederschwellig mögliche Ändern jener Thesen, etwa im Zuge einer Geschäftsmodelländerung (Pivot) ergeben sich die Vorteile gegenüber klassischen Businessplänen. Das BMC eignet sich unserer Einschätzung nach gut dafür, bestehende Geschäftsmodelle zu beschreiben und zu analysieren, während das LC seine Stärken in der Entwicklung völlig neuer Angebote zeigt.

Der Business Model Navigator

Mit dem Business Model Navigator präsentierten Forschende der Universität St. Gallen ein branchenübergreifend anwendbares Konzept für die Entwicklung und Überarbeitung von Geschäftsmodellen. Stellen Sie sich eine große Checkliste vor, deren inzwischen 60 Muster man auf alle möglichen Geschäftsmodelle anwenden kann. Die meisten dieser 60 Muster sind entweder Erlösmodelle oder dienen der Kundenbindung.

Die Schweizer inspirierte die TRIZ-Methode Genrich Altschullers. Altschuller erkannte schon in den Fünfzigern zahllose Muster in neu angemeldeten Patenten und leitete daraus einen Katalog aus Methoden, Regeln und Werkzeugen zur »erfinderischen Problemlösung« ab. Auch der österreichische Ökonom Peter Schumpeter stellte schon Anfang des 20. Jahrhunderts fest, dass 80 Prozent aller Innovationen bereits existierendes Wissen neu kombinieren. Auch bei der Entwicklung von Erlösmodellen empfiehlt es sich, auf bereits anderswo erfolgreiche Ideen und Muster zurückzugreifen.

Da die kompletten 60 Muster den Rahmen des ganzen Buches sprengen würden, beschränken wir uns hier auf die Diskussion von drei Mustern, die sich besonders für Corporate-Innovation-Strategien eignen.

Beginnen wir mit dem Muster »Make more of it«, das besagt, dass ein Unternehmen sich fragen sollte, worin es wirklich gut ist, um diese Fähigkeit in ein noch nicht vorhandenes Produkt zu übersetzen.

Ein Beispiel: die Otto Group. Als Versandhändler kämpft das Unternehmen immer wieder mit Zahlungsausfällen. Über die Jahre haben sie zur Beschaffung ausstehender Zahlungen einen so wirksamen Prozess entwickelt, dass sie daraus ein eigenes Unternehmen gegründet haben – die EOS-Gruppe. So ließ sich dieser Prozess nun auch anderen Unternehmen mit ähnlichen Problemen anbieten. Stark vereinfacht gesagt kauft EOS heute die Forderungen anderer Unternehmen auf – im Vertrauen darauf, über den eigenen Prozess möglichst viel der ausstehenden Forderung zu beschaffen.

Einige Jahre später wendete EOS das »Make-more-of-it«-Muster erneut an und gründete die Health AG. Denn man erkannte, dass Zahnärzte nicht zwingend gut darin sind, von ihren Patienten entsprechende Entgelte für erbrachte Zusatzleistungen einzufordern. Der EOS-Ansatz wurde adaptiert. Die Health AG kauft die Forderungen der Zahnärzte auf, diese erhalten ihr Honorar (abzüglich einer Gebühr), und die Health AG rechnet direkt mit den Patienten ab.

Auch das Unternehmen Porsche erkannte, dass es mehr kann, als gute Autos zu bauen. Mit Porsche Consulting hat vermutlich der erste Automobilhersteller eine Unternehmensberatung gegründet, die bis heute überaus erfolgreich ist.

Worin sind Sie gut? Welche Fähigkeiten bzw. welches Wissen ist in Ihrem Unternehmen vorhanden, das Sie anderen zur Verfügung stellen können?

Muster zwei: »Guaranteed Availability«. Hier bietet zum Beispiel ein Maschinenbauunternehmen plötzlich auch Versicherungen an. Die Firma gibt etwa auf ein Produkt oder eine Dienstleistung eine Verfügbarkeitsgarantie, wodurch Kunden dieses jederzeit nutzen können. Das Ziel ist, die durch Nichtverfügbarkeit entstehenden Ausfallkosten zu verringern. Das Hilti-Flottenmanagement übernimmt zum Beispiel die volle Verantwortung für alle Wartungs- und Reparaturarbeiten an den Werkzeugflotten seiner Kunden und garantiert die sofortige Reparatur oder den prompten Austausch – bei Abschluss einer entsprechenden Versicherung.

Schindler, ein Hersteller von Aufzügen, erstattet so die Ausfallkosten für Unternehmen, die auf die Funktion des Aufzuges angewiesen sind. Eine Rooftop-Bar im 30. Stock kann ihre Gäste am Samstagabend nicht über die Treppe nach oben bitten. Fällt der Fahrstuhl aus, macht sie garantiert keinen Umsatz mehr.

Muster drei: »Object-Self-Service«. Hier gelingt es, Prozesse durch den Einsatz von Sensoren und die Einbindung in eine IT-Struktur zu optimieren, indem ein Objekt selbstständige Aufträge generieren kann. Als Beispiel dient hier die Würth-iBin, laut eigener Aussage der erste intelligente Kanban-Behälter. Dabei handelt es sich um eine Box, in der eine Kamera installiert ist und die Kleinteile wie etwa Schrauben enthält. Damit ein Arbeiter während der Montage nicht ins Leere greift, löst die Box automatisch eine Bestellung aus, wenn die vorhandene Menge der Teile einen entsprechenden Füllstand unterschreitet.

Die skizzierten Beispiele zeigen zweierlei auf: Zum einen eignet sich der Business Model Navigator (BMN) für diverse Branchen, und zum anderen muss es nicht immer gleich ein Quantencomputer oder eine funktionierende Kernfusionsanlage sein, um ein Unternehmen zu innovieren.

Wie können Sie den BMN nun selbst einsetzen? Am besten unternehmen Sie dies nicht allein oder nebenbei. Laden Sie ein crossfunktionales, interdisziplinäres Team von acht bis zwölf Teilnehmern zu einem Tagesworkshop ein und teilen Sie es in zwei Gruppen auf.

Anschließend bildet jede Gruppe mithilfe des Business Model Canvas das Geschäftsmodell für Ihr Unternehmen beziehungsweise für ein Produkt Ihrer Firma ab. Sie werden feststellen, dass die beiden Versionen leicht voneinander abweichen, obwohl beide Gruppen im selben Unternehmen arbeiten. Anschließend wählen Sie gemeinsam 6 der 60 Muster des BMN aus, die Sie für Ihr Unternehmen geeignet halten.

Nun bilden Sie in jeder Gruppe Zweierteams und lassen diese je ein oder zwei der sechs Muster detaillierter diskutieren:

- Welche Vorteile hätte das?
- Ist das praktikabel?
- Welche Herausforderungen vermuten wir?

Anschließend diskutieren Sie die Ergebnisse zunächst in den beiden Gruppen, verbessern sie durch Feedback der anderen Gruppenmitglieder und stellen die Ausarbeitungen der anderen Gruppe vor. Es sollte schon viel Pech im Spiel sein, wenn Sie dabei nicht mindestens auf zwei Muster stoßen, die das Potenzial liefern, einen wirklichen Mehrwert für Ihr Unternehmen zu stiften.

Eine Strategie, die Möglichkeiten und Grenzen kennt

Sich mit aktuellen und zukünftig möglichen Geschäftsmodellen zu beschäftigen, ist ein wichtiges Element der Strategieentwicklung. Dies ergänzt die grundsätzliche Ausbildung, die über Jahre gesammelten Erfahrungen, die Meriten einer langjährigen Karriere im Unternehmen um eine zusätzliche Dimension der Bewertungskompetenz, wenn es um grundsätzlich neue Arten der Wertschöpfung und des Business an sich geht.

Zudem generiert man so wichtige Spiel- und Experimentierräume, in denen sich Frameworks und Methoden, Hypothesen und Szenarien testen und mit Leben füllen lassen. Unternehmertum, Intrapreneurship und Innovationsentwicklung beginnen nicht dort, wo sich erste Erfolge abzeichnen, sondern schon bei der simplen Überlegung: »Was kann man besser, anders, völlig neu machen?« Der Corporate Hero, wie wir ihn hier gelegentlich in der Rolle des inspirationsoffenen, schnittstellenkompetenten, gut vernetzten, methodenversierten, resilienten und strategisch schlauen Tausendsassa aufstellen, kann zwar viel, aber eines hat er in all seinen verrückten Abenteuern nicht vollautomatisch: recht.

Innovationen sollten also scheitern dürfen, Fehler sollten möglich sein, Hypothesen falsifiziert werden können, ohne dass man die Innovationsstrategie und den Bedarf an neuen Wegen dabei grundsätzlich infrage stellt. Die Aufgabe der Unternehmensstrategie und die der jeweils unternehmensbereichspezifischen Substrategien ist es, im Austausch mit den Corporate Heroes einen Raum zu definieren, in dem Fehler okay sind und Erfolge zielführend. Diese Strategien schaffen den Rahmen, der Konflikte vermeidet oder sie frühzeitig adressierbar und auflösbar macht, und der Beliebigkeit und totale Offenheit beschneidet. So verhindert man, dass der Misserfolg einer Innovation – oder schlimmer: ihr Erfolg – dem Unternehmen und seiner Ausrichtung schadet.

> »...nach zwei Jahren haben wir festgestellt: Das ist alles gut und schön. Es werden einzelne Entrepreneure gefördert, und es gibt Erfolge, die nachweislich Geld eingebracht haben. Aber sie folgen nicht unbedingt der strategischen Richtung des Unternehmens.«
> – Thomas Glöckner, Head of Global Innovation Management, Drägerwerk AG & Co. KGaA

Noch einmal sei betont: Das muss im Austausch mit allen relevanten Stakeholdern geschehen und ebenfalls im Austausch nachgehalten, kommunikativ begleitet und glaubwürdig gelebt werden. Sie dürfen uns glauben: Die Gutent AG, die in Wirklichkeit noch immer anders heißt, hat eine auch uns ziemlich überzeugende Strategie für den Umgang mit den zahlreichen sie betreffenden Herausforderungen entwickelt. Sie diversifiziert, sie formuliert kluge Visionen, sie adressiert grundsätzlich die richtigen Probleme – doch da Austausch und Kommunikation überhaupt nicht funktionieren, da man auf Zahlen und starre Bewertungssysteme statt auf gute Argumente und mitreißende Geschichten setzt, kommt davon nur wenig im kompletten Unternehmen an.

Dräger agiert derweil in seinen Innovationsbemühungen oft zu unscharf und ist sich der Frage nach disruptiv neuer Wertschöpfung zu unsicher, als dass in der Garage das Geschäftsmodell von morgen entstehen könnte. Der Weg von der inkrementellen zur disruptiven Innovation wird hier noch nicht konsequent verfolgt.

Schmitz Cargobull und KUBIKx definierten den Spielraum der Innovationseinheit übrigens eindeutig und auf eine Weise, bei der Innovationsstrategie und einfache Absichtserklärung eins werden: KUBIKx betreibt und verfolgt Innovationen, die das Kernunternehmen nicht verfolgen kann, weil sie nicht direkt mit dem Trailer-Geschäft zusammenhängen, die aber in der Welt der Logistik relevant sind und funktionieren. Checkturio: passt. Heylog: passt. Die verschiedenen Umwege, die Heylog nahm, um ein Projekt zum Produkt zu wandeln: alles im Rahmen. Das Ziel, im Umfeld des Kerngeschäfts erfolgswirksame Innovationen zu entwickeln, steckt man hier bewusst und verfolgt es.

Nicht geschäftswirksame Innovation ist erst einmal nur Forschung. Sie hat ihren Platz im Unternehmen, doch darüber schreiben andere Autoren in anderen Büchern. KUBIKx bringt seine Corporate Heroes auf Linie, indem sie denen einen Raum gibt, die verstanden haben, was im erweiterten Geschäftsumfeld des Unternehmens passieren kann und muss. Das ist klug und weitaus viel mehr, als manch andere machen, die extrem heldenhafte Corporate Heroes mit extrem gutem Zukunftsverständnis in extrem ausgegliederte Innovationseinheiten packen, in denen sie dann extrem vor sich hin innovieren, um dann extrem weit an jedem Ziel vorbeizulaufen. Die Brücke zwischen Kerngeschäft und Innovationsgeschäft sollte zielführend und strategisch schlau errichtet und gepflegt werden.

5.

Nähe und Ferne, Synergien und Bremseffekte

Wie sich bewährte Systeme und Innovatoren gegenseitig befördern

Es hatte sich ein neuer Markt entwickelt, der nach anderen Regeln funktionierte als das bisherige Geschäft von Geers. Auch wenn das klassische Ladengeschäft mit Hörgeräten nach wie vor sehr gut funktionierte, würden sich die dort wirksamen Erfolgsrezepte und geltenden Erfolgsmaßstäbe nicht direkt auf die Präsenz und das Geschäft online übertragen lassen und auch die Konkurrenz machte mit der Online-Plattform audibene vor, das andere Wege möglich wurden.

Um sich schnell und in einer für Geers relevanten Größe aufstellen zu können, mussten also andere Rezepte und Prinzipien wirken – die sich nicht ohne weiteres aus der Kernorganisation heraus entwickeln lassen würden.

Das Team stellte fest, dass bei der Entwicklung von etwas Neuem innerhalb der Kernorganisation schnell Kapazitäts- und Prioritätsfragen aufkamen – schließlich galt es ja immer noch, die klassischen Themen zu bearbeiten. In vielen Unternehmen wird an dieser Stelle eine Entscheidung gegen das Neue getroffen, dessen Teamgröße, Tradition und Umsatzrelevanz mit dem Normalgeschäft nicht mithalten konnte. Geers schlug hier eine andere Richtung ein: Es war völlig klar, dass die Konzeption des digital aufgestellten Geers nicht aus dem Standort in Dortmund heraus entwickelt werden könnte, und so entschied man sich für die Ausgründung und für einen Standort in Berlin.

*»Wir haben uns da ganz bewusst dazu entschieden, dass wir dorthin gehen,
wo wir die Talente aus dem Digitalbereich finden.«*
– Andreas Schmidlechner, Geschäftsführer 2018-2022,
Geers Deutschland

Ähnlich, aber von einer anderen Dynamik getrieben, erging es Gisbert Rühl, dessen »Erweckungserlebnis« wir bereits im ersten Kapitel dieses Buches schilderten. Das Berliner Digitalökosystem mit seinen neuen Geschäftsansätzen, jungen Start-ups, anderen Arbeitsmodellen und Denkweisen zu beobachten und darin einzutauchen, war für Rühl und die Gründung von kloeckner.i entscheidend: This must be the place, dies und nicht das Hauptquartier in Duisburg ist der Ort, an dem man die theoretische Beschäftigung mit Digitalisierung, Disruption und neuen Geschäftsmodellen praktizieren und in die konkrete Entwicklung überführen kann.

Als gebürtiger und leidenschaftlicher Berliner ist Christoph natürlich immer gern zur Stelle, wenn es darum geht, die Vorteile Berlins gegenüber anderen Städten herauszustellen. Doch auch objektiv kann man sagen, dass sich speziell in den Zehnerjahren ein lebendiges, mutiges, unkonventionelles Start-up-Ökosystem entwickelte (hier ein kleiner, versteckter, aber durchaus ernst gemeinter Dank an die Kollegen Samwer und ihr Rocket Internet) – um es mal nicht »Szene« zu nennen. Allein durch die Menge an disruptiv denkenden und arbeitenden Menschen wurde die Stadt für immer mehr von ihnen sowie für neugierige Unternehmen attraktiv, die nach innovativen Ansätzen suchen.

Doch unser Kapitel über Nähe und Ferne soll nicht zum Kapitel über Berlin und Nicht-Berlin werden. Für die Hypothekarbank Lenzburg (HBL) etwa war Berlin erst einmal keine Option. Doch auch die Hypi, wie der Schweizer sagt, sammelte mit Inhouse-Lösungen eher wenig begeisternde Erfahrungen. Zwar stellten Marianne Wildi und ihr Team fest, dass so ein Innovationslab mit fetzigen Möbeln und farbigen Lampen zwar erst einmal durchaus zu begeistern vermag, diese Energie jedoch nicht lange anhält.

Denn während erst einmal alle möglichen Ideen auf den Tisch kamen, die zuvor nie adressiert wurden, ging dort, wo aus Innovationsfeuerwerk Umsetzungsalltag wurde, schnell wieder die Luft raus. Zwischen dem Problem der strategischen Verankerung, das die DEUTZ-Innovatoren beschrieben, und den von Andreas Schmidlechner geschilderten Priorisierungsfragen war schnell Schluss mit

Innovation. Auf der Suche nach Alternativen lag Wildi aber sehr daran, keinen externen Elfenbeinturm zu schaffen, in dem die Genies Innovationen zaubern, während der Rest im Hamsterrad das täglichen Bankgeschäfts rotiert.

Die Lösung war für die HBL, die InnoFactory in enger Kooperation und Verzahnung mit der Berner Kantonalbank zu entwickeln. Sie schufen ein dezidiertes, von beiden Banken losgelöstes Innovationsteam, das aber für alle offen war, projektweise immer wieder eng mit den Kernteams zusammenarbeitete und zusätzlich Kooperationen und Schnittstellen zu anderen Schweizer Banken ermöglichte. Grundlage dafür war die Masterarbeit des heutigen InnoFactory-CEOs Mark Chardonnens, in der er ein Modell für ein firmenübergreifendes und kundenorientiertes Innovationsmanagement skizzierte – und mit der er Wildi und ihren Berner Kollegen Armin Brun begeisterte. Die InnoFactory ist heute unabhängig, rechtlich selbstständig und integriert zugleich und ist obendrein durch das Teilhabermodell der beiden Banken vor plötzlichen Meinungsänderungen und Prioritätsschwankungen der jeweiligen CEOs und Entscheider gefeit.

Darum in die Ferne schweifen

In mehreren unserer Interviews, aber auch in der praktischen Projekterfahrung haben wir immer zweierlei festgestellt: Erstens funktionieren zukunftsfähige Unternehmen besser, wenn sie disruptive Innovation und aktuelles Brot-und-Butter-Geschäft in unterschiedlichen Strukturen und Prozessen behandeln. Zweitens sollte sich diese Unterschiedlichkeit tatsächlich in einer gewissen Distanz zueinander niederschlagen – keine völlige Abkopplung, aber eben doch eine Distanz, die es erlaubt, unabhängig und frei zu denken. Die räumliche Trennung und Entfernung ist der zunächst einfachste und greifbarste Ansatz. Er ermöglicht unterschiedliche Bürokonzepte, Arbeitsweisen und Erfolgsprinzipien und schafft im besten Fall den Anschluss an neue, externe Einflüsse, Szenen, Industrien und Ökosysteme – er schafft also Schnittstellen, die sich am Heimstandort nicht so leicht realisieren lassen.

Distanz lässt sich hier aber nicht nur an der Kilometerentfernung von Standort zu Standort festmachen, sondern auch an spezifischen neuen Team-Set-ups und konkreten Fähigkeiten des Innovationspersonals. Denn wenn es darum geht, völlig neue und disruptive Geschäftsmodelle und Prozessideen zu entwickeln, ist es wenig sinnvoll, das Team nur mit Menschen zu besetzen, die einen Großteil ihres beruflichen Weges in den klassischen Strukturen und Bezugssystemen verbracht und diese völlig verinnerlicht haben.

Womit wir bei dem nächsten Nähe-Ferne-Kriterium sind: den konkreten Arbeitsinhalten. Dies klingt banal, aber es ist nicht immer selbstverständlich, dass sich die Innovationseinheit mit Fragen beschäftigen darf und soll, die über das Kerngeschäft nicht nur hinausgehen. Die Arbeit der Corporate Heroes sollte das Kerngeschäft dort, wo inkrementelle Innovation es nur verbessern würde, auch infrage stellen und angreifen und sich zugleich erst einmal völlig unternehmensfremden Fragen widmen dürfen. Wie weit diese Helden sich dabei vom klassischen Pfad entfernen, sollte strategisch verankert sein – siehe vorhergehendes Kapitel.

Die gewisse Distanz, wie auch immer konkret umgesetzt, stellt also sicher, dass man die Offenheit, über die wir in Kapitel 1 gesprochen haben, und die Schnittstellenkompetenz, um die es in Kapitel 3 ging, anwendet und zu wirklich neuen Ideen führen kann. Sie sorgt außerdem dafür, und die Aufstellung der InnoFactory als Gemeinschaftsprojekt zweier Banken ist dafür ein gutes Beispiel, dass die Kernorganisation nicht aus kurzfristigen Profit- oder Kostengründen die Reißleine zieht, weil das Innovationsteam nicht oder nicht sofort nach den Erfolgskriterien des Mutterunternehmens liefert. Die Distanz wirkt wie ein Schutz und Möglichmacher. Wir wollen uns noch einmal detailliert die verschiedenen Distanzansätze anschauen und außerdem herausstellen, welche Konflikte sich dabei ergeben können und wie man sie beherrschen kann.

Wir sollten uns mal eine Weile nicht sehen

Das britische Parlamentsgebäude, der Palace of Westminster, wurde im zweiten Weltkrieg von den Deutschen recht gründlich zerstört. Als es darum ging, es wieder aufzubauen und dort, wo möglich und sinnvoll, dabei auch Verbesserungen und Veränderungen umzusetzen, bestand Premierminister Winston Churchill darauf, den Plenarsaal nicht als Halbrund oder Hufeisen neu aufzubauen, wie in anderen gesetzgebenden Versammlungen üblich. Er wollte die ursprüngliche rechteckige Form rekonstruieren. Diese Form, in der sich die zwei Parteien gegenübersitzen, sei die Grundlage für die politische und demokratische Kultur, für Diskussionen und Entscheidungsfindung im Land. Das Wesen der britischen parlamentarischen Demokratie wäre in dieser Form manifest – sie zu verändern, würde bedeuten, das Land selbst zu verändern. Churchill war überdies bewusst, dass der Grundriss weniger Platz vorsah als die Zahl der Abgeordneten benötigen würde. Er stellte sich entsprechend leidenschaftlich und konfliktär geführte Auseinandersetzungen vor, die dem Land guttun würden. »We shape our buildings«, hielt Churchill fest, »and afterwards our buildings shape us.«

Churchills einleuchtende Logik der Kontinuität gilt aber auch dort, wo wir sie aus der Perspektive des Corporate Hero absolut nicht gebrauchen können. Der Hauptsitz von Klöckner in Duisburg sieht aus, wie man sich eben das Hauptquartier eines Stahlhändlers vorstellt: ein freundliches graues Bürohausensemble, verspielt monolithisch in den Siebzigerjahren hinter dem Hauptbahnhof erbaut, trotz seines filigranen Namens »Silberpalais« unter dem Hashtag #brutalismus auf Instagram teilbar.

Neben Klöckner sitzen hier unter anderem Finanzdienstleister und Verkehrsunternehmen, und auch wenn die Firma bei ihrem Einzug Veränderungen in Büroaufteilung und Lichtkonzept vornahm, ist das Bürohaus eben ein Bürohaus. Wenig überraschend sehen die meisten Firmengebäude eben aus wie Firmengebäude, stehen meist eher in Gewerbegebieten als in der Innenstadt und orientieren sich insgesamt eher nicht daran, möglichst viel »über etwas anderes als übers Kerngeschäft nachdenken« zu ermöglichen. Wo sie stehen und wie sie aussehen, ist abhängig vom Bedarf des Kerngeschäfts, von Effizienzstreben und Standardisierung, von der Nähe zu Verkehr und möglichen Partnern und schließlich davon, auch nach außen das Bild eines seriösen, konzentriert arbeitenden Unternehmens zu vermitteln.

Die Autoren Sebaston Churoch und Winstoph Bornchill halten also fest: »Unternehmensanforderungen und Erfolgsprinzipien formen unsere Unternehmenssitze; danach formen unsere Unternehmenssitze unsere Unternehmensanforderungen und Erfolgsprinzipien.«

Selbstverständlich sitzt auch die Lufthansa nicht in einem ausgebauten Gründerzeithaus am Hamburger Schulterblatt, wo sie von der Nähe zur Roten Flora und zum FC St. Pauli profitiert, sondern am größten deutschen Flughafen in Frankfurt. Doch wenn sich nun ein Lufthansateam mit Innovationen befassen soll, die nicht unmittelbar mit dem unternehmerischen Handlungsfeld zwischen Flugzeugflotte, Abfertigungsprozessen, Buchungssystemen und Senator Lounge verbunden sind, ist der größte deutsche Flughafen nicht der Ort, an dem die

Suche beginnen oder gar enden sollte. Im Fall der Lufthansa begann er stattdessen 2014 dort, wo man mit Flughäfen nun wirklich gar nichts zu tun hat: im Start-up- und Disruptionsökosystem Berlin.

Exkurs: Ökosysteme

Im Kontext des Innovationsmanagements bezieht sich der Begriff »Ökosystem« auf ein Netzwerk unterschiedlicher Akteure, Ressourcen und Technologien, die miteinander interagieren, um Innovationen zu fördern und voranzutreiben. Dies können Unternehmen, Start-ups, Forschungseinrichtungen, Regierungsorganisationen, Investoren, Kunden und andere Partner sein. Das Konzept des Ökosystems im Innovationsmanagement basiert auf der Idee, dass Innovationen nicht mehr ausschließlich innerhalb der Grenzen eines einzelnen Unternehmens entstehen, sondern durch die Zusammenarbeit und Interaktion verschiedener Akteure entlang der Wertschöpfungskette.

Ein Innovationsökosystem zeichnet sich durch folgende Merkmale aus:

- **Vielfalt der Akteure:** Eine breite Palette von Akteuren mit unterschiedlichen Fachkenntnissen, Fähigkeiten und Perspektiven schafft ein reichhaltiges Umfeld für den Austausch von Ideen und die Kombination von Ressourcen.
- **Interaktion und Zusammenarbeit:** Die Akteure im Ökosystem arbeiten nicht isoliert, sondern interagieren miteinander. Durch Kooperationen, Partnerschaften, gemeinsame Projekte und Informationsaustausch entstehen Synergien, welche die Innovation vorantreiben.
- **Ressourcen- und Wissensaustausch:** Innerhalb des Ökosystems werden Ressourcen wie Kapital, Technologien, Informationen und Fachwissen geteilt und ausgetauscht. Dadurch können auch kleinere Unternehmen oder Start-ups auf Ressourcen zugreifen, über die sie allein möglicherweise nicht verfügen würden.
- **Dynamik und Anpassungsfähigkeit:** Ökosysteme können sich schnell verändern. Neue Akteure können hinzukommen, während andere abwandern. Struktur und Zusammensetzung des Ökosystems folgen den

sich verändernden Marktanforderungen und technologischen Entwicklungen.

- **Innovationsförderung:** Ein Innovationsökosystem zielt vor allem darauf ab, die Entstehung und Verbreitung von Innovationen zu erleichtern. Durch den Austausch von Ideen, Ressourcen und Fachkenntnissen können innovative Lösungen schneller entwickelt und auf den Markt gelangen.

Beispiele für Innovationsökosysteme sind Technologieparks, Inkubatoren, Accelerator-Programme und regionale Cluster, in denen Unternehmen, Universitäten, Investoren und andere Institutionen zusammenkommen, um Innovationen zu fördern. Diese Ökosysteme bieten eine Plattform für die Kollaboration und den Wissensaustausch, um Innovationen auf vielfältige Weise zu unterstützen und voranzutreiben.

Neue Aufgaben erfordern neue Arbeitsweisen

Logistik ist mehr, als Güter von A nach B zu befördern. Sie ist ein komplexes Geschäft mit zahlreichen Beteiligten und Stakeholdern, die alle miteinander kommunizieren. Wer heutzutage private und berufliche Kommunikation von den digitalaversen Großeltern über den Kita-Chat bis zum Tennisverein pflegt, mag sich vielleicht ungefähr vorstellen, auf wie vielen unterschiedlichen Wegen die Kommunikation rund um Fragen der Logistik funktioniert. Das Ergebnis der Fülle aus ERP-Lösungen, automatisierten Meldungen, persönlichen Nachrichten und verschiedenen Messengern ist eine kaum übersichtliche und doch unzuverlässige Redundanz: Vieles wird doppelt kommuniziert, manches geht dabei unter, gelegentlich kommt es zu Widersprüchen, die dann mit viel Aufwand aufgelöst werden müssen. Eine Softwarelösung, welche die Kommunikation in einer Plattform zusammenführt und so übersichtlich und praktisch nutzbar macht, ist also eine willkommene Idee.

Die App Dispatchy, die eben diese Leistung anbieten sollte, war das erste Projekt von KUBIKx, dem Start-up-Entwickler von Schmitz Cargobull. Interessant am Fall Dispatchy ist, dass mit der Bezeichnung »Start-up-Entwickler« oder »Venture Builder« der Auftrag an KUBIKx klar nach außen gerichtet war. Es sollte darum gehen, neue Unternehmen zu entwickeln, an denen Schmitz Cargobull zwar beteiligt wäre, die aber eine gewisse Distanz zum Mutterunternehmen einhielten. Trotzdem verlief die initiale Arbeit an Dispatchy noch eng an den Abläufen und Arbeitsweisen von Schmitz Cargobull. Die Art der Produkt- und Softwareentwicklung, die Karl-Heinz Neu und sein Team verfolgten, führte letztlich dazu, dass viel zu viele Wünsche viel zu vieler Stakeholder in das zu entwickelnde Produkt flossen und dem Projekt das Geld ausging.

Ein externer Investor stellte das Projekt mittels finanzieller Mittel und Know-how neu auf die Beine. Als das Team des mittlerweile unter dem Namen Heylog laufenden Projekts vollständig war, stampfte es die Lösung, die KUBIKx bis dahin entwickelt hatte, ohne große Umschweife ein. Die an Prinzipien und Mustern der klassischen Konzern-IT entlang entwickelte Architektur passte nicht zu den Anforderungen eines Start-ups und einer skalierbaren Softwarelösung.

> *» Wir haben das mit Vehemenz nach vorne getrieben,*
> *aber wir strauchelten an der Komplexität. «*
> – Karl-Heinz Neu, CEO 2018-2023, KUBIKx GmbH

Für die über Inhalte, Arbeitsweisen und Fähigkeiten definierte Distanz ist KUBIKx ein hervorragendes Beispiel. Doch auch das neu aufgestellte und mutig vorangehende KUBIKx stagnierte irgendwann, sodass der Erfolg auf sich warten ließ und neue Teammitglieder nicht die erhoffte Wirkung entfalteten. Dies änderte sich, so Neu, als KUBIKx 2019 einen Recruiter von Zalando ins Team holte. Dieser brachte die dringend nötige neue Sichtweise auf die Anforderungen bei KUBIKx mit. Gemeinsam durchleuchtete man den Entwicklungsprozess noch einmal und analysierte seine einzelnen Phasen mit Blick auf Personalbedarfe und die damit verbundenen Rollen. So holte er etwa Business-Case-Entwickler, wo zuvor nur Venture Developer rekrutiert wurden, und installierte Mitarbeiter, welche seine Anforderungen passgenau erfüllten. Karl-Heinz Neu nennt die Arbeit dieses Recruiters, der auch heute noch Teil von KUBIKx ist, rückblickend einen Gamechanger.

Im nächsten Kapitel gehen wir auf die Menschen und Fähigkeiten, die Innovationsteams und Corporate Heroes unterstützen können, noch etwas tiefer ein. Allgemein lässt sich an dieser Stelle feststellen: Wer als Reaktion auf eine sich verändernde Welt etwas grundsätzlich Neues entwickeln will, kann sich nicht allein auf seine bereits vorhandene Expertise verlassen. Der Experte für Audiolösungen und der Stahlhändler, die ihren Vertrieb und ihre Wertschöpfung revolutionieren wollen, brauchen nicht noch weitere Experten für Audiolösungen oder Stahlhandel, sondern Experten, um Vertrieb und Wertschöpfung zu revolutionieren. Ein Traditionsunternehmen, das seine Geschäftsprozesse cloud-ready gestalten und mit den Mitteln der verteilten Datenhaltung und -verarbeitung neue Produkt- und Geschäftsinnovationen entwickeln möchte, benötigt keine On-Premise-IT-Expertise, sondern Expertise für Cloud und Innovation.

Die Außenperspektive zum Teil des Innovationsgeschäfts machen

Die Distanz zwischen Kernunternehmen und Innovationsteam lässt sich zusätzlich auch dadurch herstellen und aufrechterhalten, indem man die Interessen Dritter von vornherein in die Innovationsbemühungen integriert, sie also in der Struktur der Innovationseinheit festschreibt. Diese Dritten können reine Kapitalgeber, Kunden oder sogar Konkurrenten des Unternehmens, oder Unternehmen und Organisationen aus völlig anderen Branchen sein. Wichtig ist: Sie interessieren sich für den Innovationserfolg und bringen nicht nur Aktivierungsenergie und Kapital in allen Formen mit ins Spiel, sondern bieten als externe Partner auch einen Schutz vor der Gravitationskraft und den Kontrollansprüchen des ursprünglichen Kernunternehmens.

Die InnoFactory, in einer Kooperation zweier De-facto-Konkurrenzbanken entwickelt und unterhalten, haben wir als Beispiel für diese konstruktive und institutionalisierte Spannung bereits erwähnt. Ein ähnliches, lehrbuchhaftes Beispiel ist die Navigationssoftware Here, von Nokia entwickelt, seit 2015 von einem Konsortium aufgekauft und seitdem weiterentwickelt. Dieses Konsortium bestand zunächst aus Audi, BMW und der Mercedes-Benz Group und hat sich seitdem für weitere Marktpartner und Zulieferer geöffnet.

Je nach Reifegrad bestimmter Innovationen ist es außerdem immer möglich, sie aus der ursprünglichen Innovationseinheit auszugründen und auch dann mit vergleichbaren Konsortien oder anderen Investoren zu kooperieren. Venture Builder wie KUBIKx funktionieren genau so, während sich Leaps by Bayer selbst als Investor an bestehenden Startups und Innovationsansätzen beteiligt und durch das Bayer zur Verfügung stehende Kapital – in Form von Geld, Know-how und gegebenenfalls Marktzugängen und Patenten – weiterentwickelt.

Spannend ist in diesem Zusammenhang auch der Blick auf Zollner und Kärcher, deren »Corporate Hero«-Einheiten von vornherein außerhalb des Kernunternehmens angelegt waren und von vornherein entsprechend eigene externe Impulse gesetzt waren. Bei Sourceability war es die Mischung aus Erfahrung und unternehmerischem Mut, durch die Jens Gamperl für Zollner zu einer vertrauenswürdigen Autorität avancierte und die Entwicklung von Sourceability, das ja immerhin bis 2023 noch ein Zollner-Unternehmen war, maßgeblich beeinflussen konnte.

Kärcher wiederum hat mit einem sogenannten Carve-out einen Teil seines ehemaligen IT-Beraters ITM aufgekauft und Zoi gegründet, wobei ehemalige ITM-Mitarbeiter ebenso Teil des neuen Unternehmens waren wie das gesammelte Know-how. Wir würden Sourceability oder Zoi nicht in erster Linie als Innovationseinheiten bezeichnen, aber durchaus als innovative Unternehmen, die in ihren jeweiligen Expertisebereichen – Beschaffung hier, Cloud-Technologie dort – wichtige Innovationsschübe und -möglichkeiten in ihre Kernunternehmen weitergeben bzw. weitergaben – alles Gute auf dem weiteren Weg, Jens Gamperl!

Bei TUI verkörpert Musement eine ähnliche Lösung: Das Unternehmen erwarb die gesuchte Leistung, der Deal war für beide Partner ein Gewinn. Musement hätten es ohne TUI wahrscheinlich kaum geschafft, sich langfristig gegen die Marktmacht des Konkurrenten GetYourGuide durchzusetzen. TUI wiederum wäre es schwergefallen, aus eigener Kraft das schlanke, integrative, skalierbare Produkt umzusetzen, das nun seinerseits neue Partnerschaften mit Branchenpartnern und Konkurrenten wie etwa Booking-Plattformen und anderen Reiseanbietern ermöglicht. Wie bei vielen Fällen dieser Art war es den Beteiligten beim Kauf von Musement wichtig, den Charakter des Start-ups zu bewahren und es nicht einfach in den Konzern zu assimilieren. In solchen Fällen kommen oft vertragliche Regelungen zum Tragen, die den ideellen Kern des Zukaufs bewahren und ihn damit vertraglich vor dem Durchgriff des Kernunternehmens schützen sollen. Die Distanz lässt sich also institutionalisieren und damit verstetigen. Aber was ist, wenn dieses Vorgehen zum Problem wird?

Leader, die wie Brücken sind, die braucht jedermann

Wenn ein neu gegründeter, mit neuen Menschen und Rollen besetzter und an einem attraktiven Standort angesiedelter Unternehmensteil plötzlich einen Haufen Freiheiten, tolle bunte Möbel und Zugang zu neuen Technologien und Netzwerken erhält, über die die Kernorganisation so nicht verfügt, dann fördert dies die Chance auf disruptive Innovationen. Doch an so gut wie jedem Element dieses Satzes können sich Konflikte entzünden, auf unternehmerischer wie auf persönlicher Ebene.

Als Christoph seinerzeit beratend die Entwicklung des Lufthansa Innovation Hub begleitete, war die Entfernung zwischen dieser neuen Art einer Innovationstätigkeit und den klassischen Konzernprozessen auch schon Thema. »Wenn der Kundschafter zu weit von den eigenen Truppen entfernt ist, sieht er für sie wie der Feind aus und wird in den Rücken geschossen«, fasste ein Mitglied der beteiligten Konzerngremien die Sorgen zusammen. Dieses griffige Bild steht für viele tatsächliche Herausforderungen, die in der Balance von Nähe und Distanz zu bewältigen sind, um sicherzustellen, dass sich Innovationseinheit und Kernorganisation gegenseitig unterstützen, statt sich bewusst oder unbewusst im Weg zu stehen.

Wie schafft man es also, die benötigte Distanz zu überbrücken, ohne sie zu verleugnen? Wie lässt sich sicherstellen, dass sich das gesamte Unternehmen auch dann als eines mit gleichen Zielen und gleichen Werten fühlt, wenn ein Teil dieser Firma plötzlich ganz anders, ganz woanders, mit ganz anderen Leuten an ganz anderen Themen arbeitet?

Dafür gibt es verschiedene Ansätze. So sind die Dräger Garage oder die Inno-Factory institutionelle Antworten auf dieses Problem: Die Tür steht grundsätzlich allen offen, ob sie nun eigene Ideen einbringen, mit eigenen Perspektiven und Fähigkeiten unterstützen oder Kontakt und Einblicke suchen. Viele unserer Interviewpartner ermöglichen auch Hospitanzen und temporäre Kooperationen in den jeweiligen Teams. Noch niederschwelliger arbeitet mittlerweile der Lufthansa Innovation Hub, der seine Räumlichkeiten der Kernorganisation für Workshops und Termine bereitstellt.

Dort, wo die Corporate Heroes konkrete Dienstleistungen erfüllen oder ihre Ideen in die praktische Anwendung im Unternehmen einbringen, entstehen außerdem zielführende Kooperationen, welche die Arbeit der Innovationsteams in der Kernorganisation verankert. Kärcher und Zoi sind hier ein Beispiel, aber auch das Innovationsteam der DEUTZ AG, das seinen PowerTree trotz aller Schwierigkeiten gemeinsam mit der Kernorganisation zur Marktreife führte.

> *»Das ist mir immer noch ein Ziel: InnoFactory ist kein Elfenbeinturm.*
> *InnoFactory ist ein Teil von uns.«*
> – Marianne Wildi, CEO 2010-2024, Hypothekarbank Lenzburg AG

Ein weiterer Ansatz besteht darin, das Verständnis der Kernorganisation für die Aufgaben und Herausforderungen des Innovationsteams durch konkrete Weiterbildungsmaßnahmen zu erhöhen. Gisbert Rühl spricht davon, den »Digital-IQ« des Unternehmens anzuheben und dadurch ein grundsätzliches Verständnis für die neue Situation zu schaffen, vor der Firmen stehen. In der Digital Academy, die Klöckner dafür geschaffen hat, geht es nicht unbedingt um spezifische Fragestellungen und Methoden, sondern eher um eine allgemeine Befähigung. Rühl stellte allerdings auch fest, dass dieses Angebot zunächst eher zurückhaltend angenommen wurde, und er es wiederholt und nachdrücklich kommunizieren und offerieren musste, ehe sich eine gewisse Eigendynamik entwickelte.

Damit wären wir erneut bei einem Thema, das in Zeiten der Veränderung und bei der Vermittlung des Neuen und anderen immer wieder unterschätzt wird: Kommunikation, Kommunikation, Kommunikation. Wir haben darüber bereits im Kapitel »Zukunftsdienst nach Vorschrift« gesprochen, als es um die Unterstützung des Vorstands ging. Die dort genannten Beispiele – Klöckner, TUI, Bayer – passen auch hier, denn natürlich bauen Kommunikation und sichtbare Beteiligung des Vorstands Brücken, die alle Unternehmensteile verbinden. Ergänzend erwähnen wir noch Andreas Schmidlechner, für den es eine klare Aufgabe des Unternehmens ist, seine Mitarbeiter auf Veränderungen und neue Anforderungen vorzubereiten, und zu skizzieren, wie sich der Wandel operationalisieren lässt.

Nun nimmt »das Unternehmen« bei Schmidlechner in erster Linie den Vorstand und die Führungskräfte in die Pflicht, aber natürlich meinen wir damit auch die Führungskräfte der Innovationsteams – und schließlich jeden Corporate Hero. »Man steht nicht im Stau, man ist der Stau«, heißt es, und so sollten Sie sich auch nie als Unbeteiligter verstehen, wenn es um Kommunikation, Kultur und Konflikte rund um Disruption und Innovation geht. Wir verweisen erneut auf ein früheres Kapitel: Schnittstellenkompetenz lebt davon, sich über Positionen, Fragestellungen, Fähigkeiten und Ideen austauschen und sie vermitteln zu können.

Nur für den Fall, dass wir es noch nicht deutlich genug herausgestellt haben und hier in Kapitel 5 noch immer jemand mitliest, dem dies nicht völlig klar ist: Corporate Hero wird man nicht, indem man auf eigene Faust unfassbar bahnbrechende Erfindungen entwickelt und dann darauf pocht, dass jemand diese jetzt sofort umsetzt, denn man hätte nun ja wohl genug getan. Und wenn wir sagen, Corporate Heroship sei ein Teamsport, dann meint dies nicht: »Wir Corporate Heroes gegen die Corporate Zeroes da drüben«, sondern wir beziehen uns auf den gemeinsam und über allerlei Grenzen hinweg frei gespielten Heldenstatus, der von Kommunikation, Respekt und Zusammenarbeit lebt.

Feuer entsteht durch Reibung

Die beste Kombination aus Innovationsteam und Kernorganisation entsteht also dort, wo es ausreichend stabile und doch flexible Verbindungen gibt und eine gute Balance zwischen Nähe und Ferne besteht. Obacht jedoch: Was eine »gute Balance« ist, sollte man konstant, immer wieder und in offenem Austausch verhandeln. Dass die Coronakrise die Lufthansa arg ins Schlingern brachte, ist weithin bekannt. Dass davon auch der Innovation Hub betroffen war, war nur Randnotiz. Doch natürlich gingen die Einschränkungen des Konzerns nicht spurlos am Hub vorbei.

Eine Konsequenz – neben der Kurzarbeit – lautete, dass die Arbeit des Teams wieder näher an die aktuellen Businessanforderungen des Konzerns heranrückte. Dieser wiederum profitierte von den Methoden des Hubs, der in nur drei Wochen die Voucher-Plattform entwickelte, über die das Unternehmen Erstattungen für ausgefallene Flüge abwickelte. Außerdem entwickelte das Team eine interne Plattform für den Austausch in Zeiten der Krise und der Remote-Arbeit. Die Arbeit des Hubs wurde so greifbar – blieb aber auch businessnah und fern von seinem ursprünglichen Auftrag. Entsprechend wichtig war es für das Team, zum Ende der Krise hin wieder seinen Fokus und seinen Abstand zu finden und die neuen Geschäftsmodelle zu erkunden, die diese Zeit mit ihrem Schub bezüg-

lich Digitalisierung, virtuellen Meetings und eines gesteigerten Nachhaltigkeits-
bewusstseins geschaffen hatte.

Die Metapher des Brückenbauens eignet sich deshalb so gut, weil eine Brücke
zwei voneinander getrennte Bereiche zwar verbindet, die grundsätzliche Trennung aber nicht aufhebt. Denn nach all den Worten zur Bedeutung der hergestellten Verbindung wollen wir zum Abschluss des Kapitels noch einmal betonen, wie wichtig die grundsätzliche Distanz ist. Die einfachste und erfolgreichste
Verknüpfung zwischen Innovationseinheit und Kernorganisation entsteht, wenn
die Innovationen eines Unternehmens direkt intern Anwendung finden.

Doch darin sieht zum Beispiel André Guillaume auch eine Gefahr: Das
Mutterschiff Bayer übernimmt nicht nur viele der von Leaps identifizierten Projekte und Start-ups, entwickelt sie weiter und integriert sie in sein Angebot. Es
übernimmt bei der Arbeit an diesen Projekten auch Arbeitsweisen, Methoden
und Perspektiven des Unternehmens. Das ist für Leaps einerseits eine willkommene Bestätigung, andererseits das Signal, sich kontinuierlich weiterentwickeln
und neu definieren zu müssen, um auch dann Innovationen liefern zu können,
wenn die Innovation von heute längst Standard geworden ist.

Auch KUBIKx ist eine Antwort auf diese Entwicklung. Karl-Heinz Neu hat
vor seiner Zeit als Venturing-CEO den Telematikbereich bei Schmitz Cargobull
aufgebaut, also das Konzept des Connected Car für den Bereich Logistik. Damals
war dies ein Spitzenansatz, den man als die Basis einer neuen Wertschöpfung
und neuer Geschäftsmodelle wertete. Heute ist das Connected-Car-Konzept ein
Hygienefaktor und in der Welt der Logistik selbstverständlich.

Auch hier gilt: Dies ist eine Bestätigung für die Arbeit von Neu und seinem
Team, aber eben nichts, worauf sie sich in Sachen Innovation ausruhen kön-
nen. Im Gegenteil: Wenn das Kernunternehmen beginnt, die Produkte seiner
Innovationseinheit zu nutzen, sollte – nach einer kurzen, aber angemessenen
Phase des Stolzes und des gemeinsamen Anstoßens – die Arbeit der Corporate
Heroes, die Suche nach neuen Ideen, Lösungen, Geschäften, erst richtig begin-
nen.

Exkurs: Entscheidungsfindung

Wie nah? Wie fern? Wohin überhaupt? An dieser Stelle wollen wir kurz über gute Entscheidungen sprechen, denn davon werden Sie als Unternehmenslenker oder als Corporate Hero eine Menge zu treffen haben.

»Täglich treffen wir ca. 20.000 Entscheidungen.« Falls Sie einen Artikel lesen, der mit diesen Worten beginnt, legen Sie ihn gern zur Seite, denn Sie können sich sicher sein: Diese Autoren haben sich nicht darum bemüht, vernünftig zwischen Entscheidungen zu unterscheiden. Entscheidungen sind viel zu komplex und zu unterschiedlich, um sie über einen Kamm zu scheren. 20.000? Dies mag im Kern sogar stimmen, aber was fangen wir damit an? Lassen die sich alle auf die gleiche Art verbessern? Eher nicht.

Entscheidungen sind vereinfacht gesagt so einzuordnen:

- **Picking:** Sie befinden sich im Supermarkt, wo Sie ohne groß zu überlegen vier bis fünf Äpfel von der Obsttheke nehmen.
- **Choosing:** Sie sind in der Mittagspause, wobei Sie abwägen, ob Sie lieber zum Griechen oder zum Vietnamesen gehen.
- **Opting:** Sie stehen vor Entscheidungen, die eine größere Bedeutung und nachhaltigere Konsequenzen für Sie haben. Wird es Go-to-Market-Strategie eins, zwei oder drei sein?

Es sind die Opting-Entscheidungen, die wir uns hier etwas genauer anschauen. Sie ziehen im Rahmen von Innovationsprojekten die größten Konsequenzen nach sich – im Positiven wie im Negativen. Bei ihnen geht es um mehr, als das Mittagessen auszuwählen.

Gute Entscheidungen gelingen dann, wenn sich der Betreffende über das übergeordnete Ziel seines Entschlusses im Klaren ist und über relevante Informationen verfügt, sich Zeit nimmt, Entscheidungsfehler vermeidet und sein Bauchgefühl berücksichtigt. Ferner gilt: Jede Entscheidung ist nur so gut wie die Wahrscheinlichkeit, dass sie auch umgesetzt wird.

Gehen wir das Genannte Schritt für Schritt durch:

- **Das übergeordnete Ziel:** Worum geht es? Was muss geschehen, damit Sie etwa in einem Jahr sagen können: Das war eine gute Entscheidung. Keeney spricht hier vom sogenannten Value-Focused-Thinking. Das Konzept dahinter funktioniert so: Sie wollen die Entscheidung für einen Anbieter von Scrum-Seminaren treffen. Aber worum geht es hier? Möchten Sie, dass Ihr Team fit in puncto Scrum wird? Nein, Sie wollen, dass es agil wird. Die übergeordnete Frage lautet demnach: Was ist erforderlich, damit wir agiler werden? Scrum kann eine Lösung sein, muss es aber nicht. Schauen Sie vielmehr, wer (vergleichbar mit Ihrem Unternehmen) das Ziel bereits erreicht hat und finden Sie heraus, welche Verfahren oder Methoden zum Einsatz kamen.

- **Relevante Informationen:** »The most valuable commodity I know of is information« – ein Zitat des Charakters Gordon Gekko aus dem Film *Wall Street* von 1987. Schon damals war den Menschen bewusst, wie wichtig relevante Informationen sind. Wenn Sie gute Entscheidungen treffen wollen, benötigen Sie qualitativ hochwertige Informationen. Mithin sollten Sie gute Quellen für die Recherche kennen. Google bietet viel, aber Deep-Web-Angebote wie Genios oder Owler sind oft hilfreicher. Legen Sie eine Wissenslandkarte in Ihrem Unternehmen an. Erstellen Sie eine (datenschutzkonforme) intern verfügbare Datenbank, die abbildet, wer in Ihrem Unternehmen Experte für welche Themengebiete ist, wer sich mit welchen Fragestellungen beschäftigt, und welche Opting-Entscheidungen wie getroffen wurden. Wir empfehlen, sich hierfür einmal mit dem Konzept von Ontologien und semantischen Netzen zu beschäftigen, es lohnt sich.

- **Entscheidungsfehler vermeiden:** Machen Sie sich mit den bekanntesten Entscheidungsfehlern wie Confirmation Bias, Hippo-Effekt oder sunk cost fallacy vertraut und finden Sie heraus, welche Strategien sich eignen, um sie zu vermeiden. Bei der sunk cost fallacy etwa geht es darum, dass man an Projekten festhält, obwohl längst klar ist, dass sie gescheitert sind. Schließlich hat man doch schon so viel Zeit und Geld investiert – man denke an den BER. Entwickeln Sie standard operating procedures, etwa in Form von Checklisten, um derlei Fehler zu vermeiden. Eine gute Methode, um Fehlentscheidungen zu vermeiden, ist die Pre-Mortem-

Methode, bei der Sie die Geschichte Ihres möglichen Scheiterns rückwärts erzählen. Denken Sie zwei bis drei Jahre in die Zukunft und fragen Sie sich: Warum ist das Projekt gescheitert? Was ist eingetreten, womit Sie nicht gerechnet haben? So lenken Sie Ihre Kreativität in eine andere Richtung und erweitern Ihre Perspektive.

- **Bauchgefühl:** Nehmen Sie sich für wichtige Entscheidungen Zeit. Hören Sie auf Ihr Inneres. Wenn bei einem Bewerber auf rationaler Ebene alles perfekt scheint – Hintergrund, Reputation, CV – Sie aber dennoch ein ungutes Gefühl haben, dann gehen Sie dem nach und ignorieren Sie es nicht. Eventuell wirkt hier der Halo-Effekt, ein weiterer Entscheidungsfehler, den Sie kennen sollten.

Was aber meinten wir mit dem Hinweis, dass jede Entscheidung nur so gut wie die Wahrscheinlichkeit ist, dass sie auch umgesetzt wird? Nun, Sie können sich als Unternehmenslenker einen Wolf entscheiden – wenn Sie Ihr Team nicht mitnehmen, werden Sie diverse Abwehrmechanismen gegen Ihre Entschlüsse hervorrufen. Selbstverständlich können Sie nicht alle Entscheidungen mit Ihren Mitarbeitern ausdiskutieren, denn dann kämen Sie nicht vom Fleck. Auch hier empfehlen wir, sich bei dem Dialog auf die Opting-Entscheidungen zu konzentrieren.

Darüber hinaus lassen sich sogenannte One-Way-Door- und Two-Way-Door-Entscheidungen unterscheiden. Erstere können nicht rückgängig gemacht werden, entsprechend sollte stets das Management bestimmen. Wenn man Dinge revidieren kann, sollte man die Entscheidungen den Mitarbeitern überlassen, um Prozesse zu beschleunigen und die Personen einzubinden.

Stellen Sie für größere Entscheidungen interdisziplinäre Teams zusammen, mit denen Sie mit folgenden Schritten zur Gruppenentscheidung kommen:

1. **Fakten austauschen:** Welche Fakten sind uns zu diesem Thema bekannt? Was ist bisher alles passiert? Was haben Sie beobachtet? Welches Ereignis, welche Informationen haben Sie positiv oder negativ überrascht? Bei diesem Schritt liegt der Fokus darauf, externe Informationen, Fakten zur Entscheidungsfindung und die jeweiligen Versionen der Realität der Be-

teiligten zu integrieren. Ohne diesen Schritt kommen Sie zu einem Entschluss, auf den Sie sich nicht verlassen können.

2. **Reflektieren:** Wo haben Sie das zuvor schon einmal erlebt? Welche Informationen scheinen vorrangig zu sein? Bei welchem Teil zweifeln Sie? Dieser Schritt führt dazu, dass erste Reaktionen offenbart werden und sich die Mitarbeiter ihrer eigenen Rolle und Verbundenheit mit der Fragestellung bewusst werden, wodurch substanziellere Entscheidungen entstehen. Lassen Sie diesen Schritt aus, trägt das Team die Entscheidung nicht, es bilden sich Abwehrmechanismen.

3. **Neue Erkenntnisse generieren:** Welche Optionen oder Entscheidungsmöglichkeiten stehen zur Auswahl? Welche Relevanz oder Bedeutung ergibt sich daraus? Warum ist dies von Bedeutung? Welche neue Perspektive eröffnet sich uns? Was wäre, wenn…? Das Ergebnis dieses Schritts ist, dass die Gruppe die Essenz der externen und internen Informationen versteht und dadurch neue Erkenntnisse entstehen. Bleibt dieser Schritt aus, wird die Entscheidung nicht nachhaltig sein und Sie müssen zeitnah nachjustieren.

4. **Entscheidung treffen:** Wie sähe es aus, wenn Sie nach diesem Szenario handelten? Was haben wir gemeinsam entschieden? Wenn wir das noch einmal machen würden, was würden Sie dann anders machen? Dieser Schritt führt zu einer gemeinsamen Lösung oder einem Entschluss, die durch den Gruppenprozess für die Zukunft relevant gemacht wird. Wenn Sie diesen Schritt nicht ausführen, haben Sie – Überraschung! – keine Entscheidung getroffen.

Jede Entscheidung FÜR eine Option ist stets auch eine GEGEN etwas anderes. Wenn Sie die skizzierten Dinge umsetzen, getroffene Entscheidungen im Nachgang reflektieren und dokumentieren, werden Sie, da sind wir uns sicher, besser entscheiden und die meisten diesbezüglichen Fehler anderen überlassen.

P.S.:

Buchstäblich während der Arbeit an diesem Kapitel gab die Hypothekarbank Lenzburg in einer Pressemeldung zwei Informationen bekannt: Zum einen legt Marianne Wildi im Jahr 2024 ihre Arbeit als CEO der Hypi nieder. Zum anderen gründet die Bank das von ihr entwickelte Kernbankensoftware-Geschäft der Open-Banking-Plattform Finstar als eigene AG aus. Wildi agiert zukünftig als Verwaltungsratspräsidentin dieser neuen Gesellschaft. Wir erwähnen dies hier zum einen, weil es Wildis Rolle als Zitatgeberin und Gesprächspartnerin in diesem Buch schärft und auch den Status der Hypothekarbank Lenzburg als der Digitalisierung offen und gestaltend gegenüberstehendes Unternehmen unterstreicht.

Vor allem aber wollen wir Ihnen am Ende dieses Kapitels und gerade nach dem Exkurs zur Entscheidungsfindung das veröffentlichte Zitat des HBL-Verwaltungsratspräsidenten Gerhard Hanhart mit auf den Weg geben: »Nach dem starken Wachstum in den vergangenen Jahren ist eine Ausgliederung des Geschäfts in eine selbständige Gesellschaft wichtig. Wir schaffen so die Basis für stärkeres Wachstum und eine stärkere strategische Fokussierung bei Entwicklung, Betrieb und Vertrieb des Kernbankensystems inklusive der damit zusammenhängenden Open-Banking-Dienstleistungen.«

Ressourcen im Mutterunternehmen freimachen, mehr Freiheit für die Geschäftseinheit schaffen, die Grundlagen für ein ausgebautes Dienstleistungs- und Kooperationsportfolio ausbauen: lauter gute und im Kontext dieses Kapitels einleuchtende Gründe. Die Finstar AG bleibt 100-prozentige Tochter der HBL.

6.

Menschen, Mittel, Innovationen

Die Zukunft braucht Fähigkeiten und Ressourcen

Die Zukunft ist komplex. Sprachlich mag dies ein windschiefer Satz sein, doch er trifft in unserem Kontext zu: Selten herrschte bei allen Prognosen und Zukunftsannahmen eine solche Unsicherheit in Bezug auf alle Bereiche des Wirtschaftens, Planens und Lebens wie heute. Neue Herausforderungen erfordern frische Lösungen, die ihrerseits neue Herausforderungen schaffen – langweilig wird es sicher nicht. Der Journalist und Digitalexperte Ben Hammersley schrieb Anfang der Zehnerjahre diese hellsichtigen Sätze: »Man kommt nicht umhin zu erkennen, dass die nächsten zehn bis vierzig Jahre wirklich seltsam sein werden. Völlig seltsam. Und das Ausmaß dieser Seltsamkeit wird allem Anschein nach exponentiell zunehmen.«

Wenn die Zukunft komplex ist, dann ist es ebenso schwierig, über zukunftsfähige Innovationen und die Arbeit daran nachzudenken. Ein Buch, das Corporate Heroes und ihre Organisationen zu diesen Innovationen ermuntern will, muss entsprechend weiter ausholen und aus der Makroperspektive argumentieren, ehe es auch nur ansatzweise den Charakter einer Sammlung von Innovationsrezepten oder Checklisten für die bestmögliche Innovationseinheit darstellen kann. Denn vor jeder konkreten Maßnahme steht das Verständnis für unsere Welt und wie sie sich heute von lange vertrauten und sicher geglaubten Szenarien unterscheidet.

> *»Ja, wir haben viele falsche Entscheidungen getroffen. Nur, wir haben sie getroffen und dann haben wir aus ihnen gelernt.«*
> – Jens Gamperl, Gründer & CEO, Sourceability

In diesem Kapitel versuchen wir noch einmal, aus all dieser Seltsamkeit einige zentrale Fähigkeiten abzuleiten, auf die sich Unternehmen und ihre Corporate Heroes konzentrieren sollten, um zukunftsfähig zu innovieren. Außerdem möchten wir versuchen, an all diese Fähigkeiten ein Preisschild zu hängen.

Vorab drei Relativierungen: Wir werden erstens einiges äußern, das wir so oder ähnlich schon einmal angeführt haben, dessen Bedeutung wir jedoch noch einmal herausstellen möchten.

Zweitens bitten wir bei konkreteren Annahmen um etwas Nachsicht und Bewusstsein dafür, dass sich all dies nicht auf jedes Unternehmen übertragen lässt und allerlei Faktoren eine Rolle spielen.

Drittens, um gleich den ersten Punkt zu demonstrieren, sei noch einmal darauf hingewiesen, dass so gut wie nichts des Geschilderten funktioniert, sofern das Management nicht dahintersteht und die betreffenden Mitarbeiter nach Kräften unterstützt.

Neue Software und neues Business

Aus der Arbeit mit verschiedenen Unternehmen, aus unserer Erfahrung sowie aus unseren Interviews leiten wir drei Fähigkeitsdimensionen ab, die so beschaffen sind, dass sie gemeinsam einmal mehr, einmal weniger deutlich innovationsfähig erscheinen. Zunächst ist es wichtig, die Bedeutung von Software für die Innovationen von morgen zu verstehen, wie wir es in unserem Strategiekapitel »Ziel- und Konfliktmanagement« bereits umrissen haben. Ebenso wichtig ist die Fähigkeit, Geschäftsmodelle zu entwickeln beziehungsweise neue Geschäftsmodelle im Umfeld und im Portfolio der Kernorganisation zu identifizieren. Diese Kompetenz macht die reine Forschung und Ideation zur echten Innovationsarbeit. Da wir nun schon vom Umfeld der Kernorganisation sprechen, ist es schließlich die Außenorientierung – das aktiv eingebrachte Bewusstsein für das Umfeld und das Ökosystem, in dem ein Unternehmen existiert und in das es zukünftig hineinarbeiten will. In den Kapiteln zur Schnittstellenkompetenz und zu Nähe/Ferne-Synergien haben wir diese Fähigkeit bereits berührt, hier ergänzen wir sie noch ein wenig.

In allen von uns betrachteten Cases spielt Software eine Rolle und wird sie auch zukünftig spielen. Meist geht es dabei nach wie vor darum, bestehende Prozesse softwareunterstützt zu verändern und neu zu ordnen, etwa beim Aufbau eines dezidierten Onlinevertriebs oder bei der Cloud-Integration. Mitunter betrifft es auch eigene Softwarelösungen und -produkte wie das Beratertool Lusee der InnoFactory oder Heylog von KUBIKx.

Auffällig ist außerdem, dass Software auch im Hardwarebusiness von DEUTZ zentral ist, wobei der anfassbare PowerTree nur ein Teil einer umfassenden Beschäftigung mit dem Thema Asset Management, mit Plattformen, Sensorik und den daraus gewonnenen Daten ist. Des Weiteren spielte bei TUI, als Reisedienstleister sowieso längst eine stark softwaregestützte Plattform, ein neuer Blick auf bedarfsgerechte Softwareentwicklung eine Rolle, als man überlegte: »Kaufen oder selber bauen?«

Noch größer dachten beispielsweise kloeckner.i und die Handelsplattform XOM Materials oder Sourceability, die mit der Sourceengine eine Plattform als Lösung für ein konkretes und in allen Bereichen ihrer Industrie spürbares Problem positionierten. Gerade bei Sourceability sehen wir, wie stark Software- und Plattformdenken sowie Geschäftsmodellentwicklung miteinander verwoben sind.

Selbst die Entwicklung eines Online-Vertriebs, die relativ banal wirken mag, zeigt, wie eng Software und Wertschöpfung zusammenhängen. Als Unternehmen, das jahrelang erfolgreich eine Vor-Ort-Strategie verfolgte, stand etwa Geers vor einer Neujustierung seiner Wertschöpfung und der Frage, welche ihrer Leistungen sich konkret digitalisieren lassen. Schließlich ist die Beratung in der Hörakustik keineswegs ein trivialer Prozess und nicht ohne Weiteres online abzubilden.

Am Ende sind viele Innovationsprozesse, radikal heruntergebrochen, Ansätze zur schnelleren, outputadäquaten sowie geschäftsmodellorientierten Anwendung und Umsetzung von Software. Anders gesagt: Die IT-Abteilung Ihres Unternehmens treibt disruptive Innovation deshalb nicht an, weil sie Software als Unterstützungsfunktion von althergebrachten Unternehmensprozessen versteht. Doch Software definiert diese Prozesse völlig neu und erschließt dabei enorme Potenziale für neue Wertschöpfung und somit neue Geschäftsmodelle. Es gilt, für diese Vorteile einen Blick zu entwickeln und sie aktiv zu suchen.

Die dritte Dimension: Der Gang in die Außenwelt

Wir möchten es vermeiden, zu viele Punkte aus den vorhergehenden Kapiteln zu wiederholen, betonen aber noch einmal, dass man Innovation nicht in der hauseigenen Echokammer verfolgen sollte. Schließlich haben wir oft erlebt, dass Neuheiten oft an den Rändern der bestehenden Geschäftsmodelle entstehen, etwa PowerTree als Komplementärprodukt zum bereits weiterentwickelten Antrieb oder TUI Musement als eigenes Konzernsegment, das jahrelang nur ein Bonuselement einer im Grunde bereits abgeschlossenen Transaktion zwischen allen Beteiligten war.

Auch ein Produkt wie Heylog entsteht dadurch, dass Teile des Kernunternehmens über das eigene Business hinausschauen, und leistungsnahe Probleme, Bedürfnisse und Herausforderungen ihrer Kunden erkennen und adressieren. Als Venturing-Unternehmen hat Leaps by Bayer den Außenblick sogar zum zentralen Unternehmenszweck erhoben und sucht im Auftrag des Konzerns nach den Innovationen der anderen. Vor allem interessiert Leaps sich für Start-ups, die es als Geldgeber weiterentwickelt und deren Produkte und Prozesse es unterschiedlich eng an den Konzern bindet.

Doch Innovation braucht diesen Blick für das Ökosystem nicht nur, um Geschäftsmodelle zu identifizieren oder konkrete Produkte zu entwickeln. Innovation und das Verständnis neuer Wertschöpfung leben in hohem Maße davon, dass man sich vernetzt und kooperiert. Sie benötigen ein Ökosystem, das Impulse liefert und als Resonanzraum funktioniert. Ebenso bedarf es Partnerschaften, welche die Kombinationseffekte ermöglichen, die daten- und softwarebasierte Wertschöpfung ausmachen. Kurz gesagt, stehen Innovation und das Verständnis neuer Wertschöpfung vor einem gewaltigen Paradigmenwechsel.

Mittelständler und Konzerne richten sich unserer Erfahrung nach stark nach innen. So musste Christoph manchen Innovationsbeauftragten nachdrücklich dazu überreden, sich mit den Vertretern anderer Innovationseinheiten und Venturing-Spezialisten auch nur zu treffen.

> »*Wenn wir uns die Zukunft angucken, werden wir nur noch*
> *im Verbund mit Partnern erfolgreich sein.*«
> – Thomas Glöckner, Head of Global Innovation Management,
> Drägerwerk AG & Co. KGaA

Unternehmen sind oft Monolithen, deren wenige Öffnungen nach außen klar strukturiert und funktionsdefiniert sind: Vertrieb, Marketing, PR, Einkauf, Recruiting. Firmen binden Zulieferer häufig eng an sich, bis hin zum Standort auf dem Unternehmensgelände und zur finanziellen Beteiligung. Die Produktentwicklung soll sich vor allem aus dem Inneren speisen, auf bestehenden Patenten aufbauen und neue Werte schaffen, auf denen sich dann wieder etwas errichten lässt.

Diesem Unternehmensbild gemäß schafft und schützt man neue Werte dadurch, dass man rund um das Unternehmen einen hohen Zaun baut. Es wundert nicht, dass sich viele Firmen mit disruptiver und zukunftsfähiger Innovation schwertun, wenn die zweite Regel des Innovationsclubs ebenso wie die erste lautet: Du musst alles anders machen!

Exkurs: Fly-on-the-wall-Methode

Den Blick nach außen muss man mitunter gar nicht aufwendig strukturell angehen. Manchmal reicht es schon, zu beobachten, um neue Ideen zu entwickeln. »Fly on the Wall« ist die Präsenz an einem Ort oder in einer Situation, in der Sie lediglich zuschauen, ohne selbst aufzufallen oder die Akteure in ihrem natürlichen Verhalten zu stören. Wie eine Fliege an der Wand.

Dem Gründer des Hygieneunternehmens Orbel fiel als Student in einem Krankenhaus auf, dass sich das medizinische Personal die Hände an der Kleidung abwusch, während es durch die Gänge oder von einem Zimmer in ein anderes ging. Die derart unzureichend desinfizierten Hände der Angestellten verursachten allerdings gefährliche und im weiteren Verlauf Kosten treibende Krankenhausinfektionen.

Offenbar war es den Mitarbeitern zu müßig, sich am nächsten Desinfektionsspender die Hände zu desinfizieren. Warum sollte man daher nicht den Desinfektionsspender in eine kleinere Version seiner selbst zerlegen und dort anbringen, wo das Personal ohnehin instinktiv und automatisch seine Hände abwischt?

So entstand die Idee, ein Gerät zu entwickeln, das man einfach per Clip an der Kleidung befestigt. Berührt man es, setzt es über sechs Miniatur-Rollen

Desinfektionsmittel frei und reduziert so den Prozess der Keimverteilung.

Auf diese Weise können diverse neue Ideen entstehen. Dort, wo potenzielle Kunden oder Ihre Mitarbeiter in einem Kontext interagieren, in denen Ihre Produkte oder mögliche Neuentwicklungen zum Einsatz kommen, lauern möglicherweise neue spannende Konzepte.

Es empfiehlt sich, regelmäßig interdisziplinär und crossfunktional aufgestellte Teams damit zu beauftragen, von Ihnen gegebenenfalls lösbare Problemsituationen zu beobachten. Als virtuelle Fliege an der Wand können Sie auch tief in Nutzerdaten und Serviceprotokolle blicken. Bitte beachten Sie dabei die Datenschutzbestimmungen und die Privatsphäre Ihrer Studienobjekte.

Im Anschluss an Ihre Beobachtungen sollten Sie in einem Meeting folgende Fragen diskutieren und auswerten:

1. Was haben wir beobachtet?
2. Was haben wir erwartet?
3. Was hat uns überrascht?
4. Was schließen wir daraus?

Ihre Erkenntnisse können Sie dann zum Beispiel durch den Mom-Test validieren, den wir Ihnen jetzt vorstellen.

Exkurs: Mom-Test

In diesem Exkurs präsentieren wir Ihnen eine Methode, um wirksam zu validieren, ob Ihr aktueller Arbeitsinhalt eine potenzielle Innovation oder eine weitere Lösung ist, für die es kein Problem gibt. Wir sprechen vom sogenannten Mom-Test, den Rob Fitzpatrick entwickelt hat.

Vielleicht haben Sie diesen Fall bereits in Ihrer Firma erlebt: Sie haben ein interessantes Produkt entwickelt, von dem das ganze Unternehmen überzeugt ist. Sie freuen sich auf einen erfolgreichen Markteintritt, doch leider bleibt der ersehnte Erfolg aus – kaum jemand kauft das Produkt. Um derlei Enttäuschungen zu verhindern, spielt die Orientierung an der Zielgruppe eine zentrale Rolle: Damit beginnt man früh im Entwicklungsprozess.

Dabei können jedoch schwerwiegende Fehler passieren, wie Fitzpatrick selbst erfahren hat. Als App-Entwickler befragte er, wie durch diverse kundenzentrierte Methoden empfohlen, stets seine Zielgruppe, wie ihnen denn seine neueste App-Idee gefällt. Häufig bekam er ein positives Feedback, weshalb er sodann die entsprechende App entwickelte.

Leider war oft die Enttäuschung nach dem Launch groß – die Leute nutzten die Apps kaum. Woran lag das nur? Er hatte doch seine Zielgruppe nach ihrem Feedback gefragt. Fitzpatrick entwickelte einen wirksamen Ansatz, der sich gut eignet, um in den frühen Phasen der Innovationsarbeit ein ehrliches Feedback von der Zielgruppe zu erhalten. Diesen nennt er deshalb Mom-Test, weil viele den Fehler begehen, ihre Mütter (in diesem Fall die potenzielle Zielgruppe) wie folgt zu befragen:

Sohn: »Mom? Du hast doch ein iPad, richtig?«

Mom: »Ja.«

Sohn: »Und du hast doch auch viele Kochbücher.«

Mom: »Stimmt.«

Sohn: »Schau mal, ich möchte eine App für das iPad entwickeln, mit der man coole Rezepte nachkochen kann. Wie findest du das?«

Mom: »Oh, das ist toll!«

Diesen Dialog geben wir freilich stark verkürzt wieder, aber das Problem ist offensichtlich: Die Fragen sind suggestiv, und die Mutter möchte ihren Sohn natürlich nicht enttäuschen, weshalb sie seine Idee lobt.

Ähnliches passiert in vielen Kundenbefragungen. Zu oft spricht man direkt über eine potenzielle Lösung, und weil es im sozialen Umfeld erwünscht ist, äußert die Zielgruppe häufig ein (zu) positives Feedback, obwohl sie anderer Meinung ist, aber Konflikte vermeiden möchte.

Fitzpatricks Ansatz erzeugt jedoch ein ehrliches Feedback, da er überhaupt nicht über eine potenzielle Lösung spricht, sondern zunächst wirklich nur versucht, das Problem zu verstehen beziehungsweise herausfindet, ob es überhaupt eines gibt. Der Dialog mit der Mutter sollte daher wie folgt ablaufen:

Sohn: »Mom? Du hast doch ein iPad, wofür benutzt du das eigentlich?«

Mom: »Ach, ich google damit Dinge und mache Sudokurätsel, nichts Besonderes.«

Sohn: »Okay. Und sage mal, du hast ja eine Menge Kochbücher, wann hast du dir das letzte Mal eins gekauft?«

Mom: »Oh je, das ist lange her. Die meisten waren Geschenke, ich kann ja inzwischen kochen und improvisiere lieber ein wenig. Ach nein, warte mal! Neulich habe ich mir tatsächlich ein neues Kochbuch gekauft. Ich möchte nämlich, dass dein Vater weniger Fleisch isst, und daher habe ich ein Kochbuch für vegetarische Gerichte gekauft. Warum fragst du?«

Allein dieses kurze Gespräch zeigt zweierlei. Erstens ist die Mutter vermutlich nicht die geeignete Zielgruppe, da sie bereits kochen kann. Und zweitens, wenn sie die App nutzen würde, dann eher für spezielle Gerichte, nicht für klassische Rezepte.

Sie sollten es also tunlichst vermeiden, mit den Kundinnen über konkrete Lösungsideen zu sprechen, solange nicht klar ist, ob sie überhaupt ein Problem haben. Außerdem sind Menschen nicht so gut darin, die Zukunft zu prognostizieren (ob es einen Markt für eine wie auch immer geartete Lösung gibt). Sie können aber gut beschreiben, wie sie in der Vergangenheit mit einem Sachverhalt umgegangen sind, ob es dabei ein Problem gab, wie sie dieses gelöst haben und ob sie mit der Lösung zufrieden waren oder sich gegebenenfalls etwas anderes wünschen.

Wichtig ist nun noch eines: Wie wir bereits erwähnt haben, ist eine reine Erfindung noch keine Innovation. Selbst wenn Sie auf ein Problem gestoßen sind und auch eine Lösung parat haben, bedeutet es noch nicht, dass daraus auch eine Innovation wird. Was Sie benötigen, ist ein Geschäftsmodell und im Speziellen ein Erlösmodell. Dies zeigt das folgende Beispiel:

Wenn Menschen mit offenen Schnürsenkeln durch die Gegend laufen, haben sie offenbar ein Problem. Sie können es lösen, indem Sie etwa einen Schnürsenkelbindeservice anbieten – hoffentlich mit einem klangvolleren Namen. Die Frage ist nur, ob jemand dafür zahlen würde. Um dies herauszufinden, können Sie die Van-Westendorp-Preisanalyse anwenden, die wir im Exkurs zur Kickbox vorstellen.

Wer soll das bloß alles machen...

Wenn wir, wie oben nicht zum ersten Mal geschehen, von den Fähigkeiten eines Unternehmens sprechen, dann wissen wir, wie unscharf wir uns äußern. Am Ende hängen die Fähigkeiten eines Unternehmens doch an konkreten Menschen und ihren Qualifikationen, ihren Einstellungen, ihrer Leidenschaft und Energie. Dennoch bleiben wir häufig bei dieser Perspektive, denn eine Firma stellt so viel mehr dar als die Summe individueller Fähigkeiten, und es kann äußerst schwierig sein, als Person oder Team allein diese Summe zu beeinflussen – selbst als CEO.

Daraus ziehen wir zwei Schlüsse: Zum einen möchten wir Sie dazu ermutigen, es immer wieder, immer weiter und in neuen Partnerschaften zu versuchen. Denn die Innovationsfähigkeit eines Unternehmens wird eher früher als später existenzentscheidend werden.

Zum anderen betonen wir noch einmal, dass eine Innovationseinheit, räumlich, inhaltlich, konzeptionell vom Unternehmen getrennt und ihm doch verbunden, ein wichtiger Ansatz ist, um neue Unternehmensfähigkeiten zu entwickeln und zur Anwendungsreife zu bringen. Mit »Innovationseinheiten« meinen wir meist offiziell eingesetzte und ausgestattete Innovationsteams. Doch auch individuelle Corporate Heroes und Intrapreneure rufen wir hier auf, sich zu vernetzen und schlagkräftige Einheiten zu bilden, um ihre individuellen Fähigkeiten zu schlagkräftigen Exzellenzeinheiten zu bündeln.

Hier sollten wir kurz stoppen, ehe der aktionistische Revolutionsgaul mit uns durchgeht: Was sind denn nun aber diese individuellen Fähigkeiten? Wen brauchen wir im Team, wen holen wir rein? Was muss ich selbst können, um Teil des Teams zu werden?

Zunächst gelten die von uns identifizierten nötigen »Unternehmensfähigkeiten« auch auf der individuellen Ebene: Zugang zu moderner Softwareentwicklung zu haben und diese zu verstehen, Geschäftsmodellinnovation und veränderte Wertschöpfung zu begreifen, über wertvolle Kontakte in der Peripherie des Unternehmens und seines Ökosystems zu verfügen und beide Bereiche gut zu kennen. Obendrein ist es sinnvoll, sich in der Kernorganisation zu vernetzen und sich dort einer guten Reputation zu erfreuen, um die Arbeit des Innovationsteams stabil und wohlgerahmt im Verständnis der Kernorganisation zu verankern.

Mit anderen Worten: So lautet die Mindestanforderung an Sie, einen hervorragend intern wie extern vernetzten Wirtschaftsinformatiker mit einem breiten Expertenwissen zu den Wechselwirkungen von Technologie und Wirtschaft in den letzten 20 Jahren abzugeben. Willkommen im Team, [Ihr Name hier].

Hier bremsen wir noch einmal, denn ohne Ihre Verdienste schmälern oder Sie gar beleidigen zu wollen: Es ist eher unwahrscheinlich, dass Sie all dies sind. Es ist auch unwahrscheinlich, dass diese Beschreibung auf jemand anderen in Ihrem Unternehmen zutrifft. Es ist sogar unwahrscheinlich, dass da draußen jemand mit diesem Profil darauf wartet, von Ihnen gefunden zu werden. Zudem ist es ganz und gar unwahrscheinlich, dass sich all diese Kompetenzen und Erfahrungen durch die Masterabschlüsse, Arbeitszeugnisse und Bildungszertifikate abbilden lassen, die in Ihrem Unternehmen normalerweise die Qualifikation für diese oder jene Rolle belegen. In der Hoffnung, Sie nicht zu langweilen: Corporate Heroship, Intrapreneurship, Innovation – all dies sind Teamsportarten, die unterschiedliche Menschen mit verschiedenen Hintergründen in vielfältigen Rollen erfordern.

Zur Erinnerung: KUBIKx kamen nicht recht vom Fleck, bis sie jemanden fanden, der ihre Recruiting-Strategie an den tatsächlichen Anforderungen einer Innovationseinheit ausrichtete. Die neue Digitaleinheit von Geers entstand als völlig neues Team von rund 30 Leuten, die sich mit der Entwicklung der Plattform, der mit ihr verbundenen Prozesse und Partner und des Digitalgeschäfts als solchem auseinandersetzten. Musement war ein bestehendes Start-up-Team, das auch nach dem Kauf durch TUI weiterarbeitete und seinen gut verteilten Aufgaben nachging. Kurz: Teamsport, Teamsport, Teamsport. Wie Karl-Heinz Neu außerdem aus der KUBIKx-Historie verriet: Selbst wenn Sie alle nötigen Positionen besetzt und alle Aufgaben abgedeckt haben, ist noch nicht gesagt, dass sich in Ihrem Team schon die Gründerpersönlichkeit verbirgt, die Ihr neues Business auf den Markt bringt.

...und was soll das bloß alles kosten?

Eine Ausgründung ist selbstverständlich kein Muss bei der Innovationstätigkeit, sie ist in vielen Fällen jedoch ratsam und bietet Vorteile, von denen wir einige bereits im vorherigen Kapitel besprochen haben. Nicht zuletzt macht sie das Innovationsteam frei für neue Innovationen, testet die Marktreife unter realen

Bedingungen und schafft bei Lösungen am Rand des Kerngeschäftsmodells eine Distanz zur Marke, die neues und altes Angebot klarer positioniert.

Ein Beispiel aus Christophs praktischer Arbeit: Das Mobilitäts-Start-up NAVIT (früher: Rydes) ist eine Ausgründung des Lufthansa Innovation Hubs und dort entstanden, wo das Team neue Wertschöpfungsmöglichkeiten an den Rändern des Business-Travel-Angebots der Lufthansa identifizierte. NAVIT bietet heute Lösungen für Mitarbeiter-Mobilitätsbudgets über alle Verkehrssektoren hinweg – mit dem Kernangebot der Lufthansa besteht dabei lediglich eine kleine Schnittmenge, die Ausgründung ist hier also sinnvoll.

Vor allem ist eine Ausgründung aber eine Basis für Kooperationen und Beteiligungen, die das Innovationsrisiko verteilen und zugleich den Erfolg näher rücken lassen, indem früh eine kritische Größe erreicht wird und dennoch natürliche Wachstumsdynamiken entstehen, die das neue Unternehmen auf eigene Füße bringen.

All dies sagt uns zu, und wir würden dazu raten. Aber wir haben oft genug gesehen, wie gehemmt Unternehmen an diesem Punkt sind. Die damit verbundenen Kostenstrukturen stellen so manchen Konzern vor ein verwirrendes Problem. In der Regel streben Gründerteams und damit oft auch die Innovationsbeteiligten keine Vergütung nach klassischen Unternehmensrichtlinien an, sondern eine Beteiligung am Unternehmen und damit am Erfolg der Innovation.

Wie in zahlreichen Cases erfahren, führt dies regelmäßig zu düsteren Blicken und zur Abwehr bei Konzernentscheidern: Wie bitte? Wir sollen den Gründern die Firma schenken? Dass es sinnvoll ist, diejenigen, die den Erfolg des neuen Unternehmens am Markt garantieren sollen, erfolgsabhängig zu vergüten, muss oft mühsam verargumentiert werden. Doch die einfachste und wirksamste erfolgsabhängige Vergütung ist nun einmal die Beteiligung.

Wir sind überzeugt: Innovation sichert das Überleben eines Unternehmens. Aber erst einmal und immer wieder kostet sie Geld. Wir haben über die erforderlichen Mitarbeiter gesprochen und über das besondere Kostenproblem, das entsteht, wenn man es mit der sonderbaren Spezies der Gründer zu tun hat. Aber was soll, darf, muss denn eine Innovationseinheit an sich kosten?

Christoph rechnet kurz durch und kommt auf fünf bis zwölf Millionen Euro für fünf Jahre. Dieses Kapital bringt Innovation zum Laufen. Die konkrete Summe hängt selbstverständlich von der Unternehmensgröße, von Umsatz und Gewinn, von der Branche und anderen Faktoren ab. Im Gespräch mit André

Guillaume von Leaps by Bayer wurde klar, dass Leaps im Vergleich dazu über gigantische Summen verfügt, mit denen sie als Investoren arbeiten. Mit den knapp zwei Milliarden Euro, die Leaps in sechs Jahren in seine 55 Portfolio-Companies investiert hat, werden die wenigsten Unternehmen mithalten können.

Dazu sei jedoch gesagt, dass der Bereich Pharma Biotech, in dem Leaps unter anderem tätig ist, generell mit ganz anderen Zahlen arbeitet, und Leaps im Vergleich zu den allgemeinen Forschung-und-Entwicklung-Ausgaben des Bayer-Konzerns noch bescheiden ausgestattet ist. Außerdem wollen wir nicht die Gelegenheit verpassen, den Mittelstand darauf aufmerksam zu machen, dass er durchaus ähnliche Summen für Innovation aufbringen könnte – wenn er denn eng und jenseits des klassischen Konkurrenzdenkens kooperiert.

Exkurs: Jobs to be done

Menschen, Mittel, Methoden: Schauen wir uns weitere Ansätze zur Ideenentwicklung an, die Corporate Heroes auf dem Weg zur Innovation nutzen können. Im Kontext der Produktentwicklung etwa unterstützt die Jobs-to-be-done-Methode Firmen dabei, das eigene Angebot vom Wettbewerb abzugrenzen und wirksame Wachstumsstrategien zu entwickeln. Sie geht zurück auf den in diesem Buch bereits mehrfach erwähnten ehemaligen Harvard-Business-School-Professor Clay Christensen. Bevor wir das Konzept anhand seines Milchshake-Beispiels detaillierter erläutern, schauen wir es uns im Einsatz von zwei anderen Produkten an. Nummer eins: Netflix.

Mit wem konkurriert Netflix? Einem nachvollziehbaren Impuls folgend könnte Ihre Antwort lauten: Apple TV+, Amazon Prime Video, WOW-TV, Disney+ und so weiter. Im Kontext von »Jobs to be done« lautet die richtige Antwort jedoch: Netflix konkurriert mit Ihren Freunden, der Playstation, Ihrem Haustier und dem Fitnessstudio. Der Job von Netflix ist im Kern eben nicht, Videos zu streamen – es ist Unterhaltung. Wenn Sie dies erkennen, können Sie unter anderem wesentlich wirksamere Marketingkampagnen entwickeln.

Dies wird am zweiten Produkt noch deutlicher: einem Staubsauger. Was ist sein Job? Wenn Ihre Antwort »Meine Wohnung zu reinigen« lautet, dann haben Sie den Punkt leider wieder verfehlt. Ihre Antwort leuchtet ein, doch im Kontext von »Jobs to be done« heißt es richtig: Zeitersparnis. Sie werfen das Ding an und fahren einfach ins Büro. Dass sich der Roboter vermutlich nach der ersten Kurve in Ihrer Gardine verheddert und abschaltet, ehe Sie auch nur die U-Bahn erreicht haben ... eine andere Geschichte.

Aber auch hier hilft die Methode, die richtigen Knöpfe bei Ihrer Zielgruppe zu drücken und sich vom Wettbewerber abzugrenzen, der vermutlich damit wirbt, wie gründlich und ausdauernd sein Modell doch sei. Gern verweisen wir hier auch auf Simon Sineks *Golden Circle*.

Kommen wir nun zu dem Milchshake, mit dem Christensen seine Idee eindrücklich veranschaulicht und ein weiteres Mal die Wirksamkeit des Einbezugs Ihrer Kunden in Ihre Bemühungen untermauert. Sie alle kennen Milchshakes. In diesem Beispiel verkaufen Sie sie auch. Ihr Chef betraut Sie mit der Aufgabe, den Milchshake-Umsatz in den kommenden Wochen und Monaten signifikant zu erhöhen. Was tun Sie? Legen Sie das Buch an dieser Stelle gern einige Minuten beiseite und denken Sie darüber nach.

...

Wieder zurück? Was würden Sie tun? Viele Menschen äußern nunmehr die Idee, die Preise zu erhöhen, neue Geschmackssorten zu entwickeln, Cross-Selling zu betreiben (»Darf es zu Ihrem Burger auch ein Milchshake sein?«), oder die Füllmenge bei gleichbleibendem Preis minimal zu reduzieren. All dies sind nachvollziehbare Ideen.

Andere wiederum, beim Topfschlagen würde man »Warm!« rufen, kommen auf die Idee, eine Kundenbefragung auf dem Parkplatz Ihres Diners durchzuführen und die Menschen zu fragen: Was müssten wir tun, damit Sie häufiger und mehr Milchshakes kaufen? Ein guter Ansatz, aber es hat sich gezeigt, dass die Antworten selten wirklich umsatzrelevant sind. Beobachten Sie stattdessen einmal, in welchem Zeitfenster die meisten Milchshakes verkauft werden: morgens im Berufsverkehr. Sie stellen fest: Rund die Hälfte der Shakes kaufen am frühen Morgen Menschen, die dann damit ins Auto steigen und zur Arbeit fahren. Aha!

Nun machen Sie Folgendes: Sie befragen die Zielgruppe in jenen Zeitfenstern erneut. Aber wiederholen Sie nicht die »Was-müssten-wir-tun«-Frage von oben, sondern sagen Sie: WARUM kaufen Sie sich einen Milchshake?

Welchen Job erledigt er für Sie? Die überraschende Antwort: Weil mir im Stau langweilig ist. Ganz genau: Der Job des Milchshakes in diesem Fall ist, die Kundschaft zu beschäftigen. Es geht nicht um Geschmack oder Zutaten. Der Vorteil des Milchshakes gegenüber vergleichbaren Bewerbern auf den Job wie etwa Schokoriegeln oder Keksen: Er beschäftigt die Leute länger und krümelt ihnen nicht das Auto voll.

Die perfekte Strategie also, um den Umsatz mit Milchshakes zu erhöhen, lautet: Besorgen Sie sich mobile Milchshake-Spender, stellen Sie eine Armada aus frühaufstehenden Studierenden als Promotoren ein und schicken Sie sie morgens raus in den Stau vor Ihrem Diner – Job done!

So, liebe Leserinnen und Leser, jetzt sind Sie an der Reihe. Diskutieren Sie mit Ihren Kolleginnen und Kollegen doch einmal in einem Workshop, wie sich die Jobs-to-be-done-Methode auf Ihr Produkt anwenden ließe. Wir wünschen gutes Gelingen, Milchshakes sind dabei ausdrücklich erlaubt.

Keine halben Sachen

Wäre uns an dieser Stelle ein griffiges Modell für die Lehre wichtiger als eine halbwegs bedarfsgerechte und realitätsnahe Argumentation, würden wir aus den drei Dimensionen Software, Geschäftsmodelle und Außenorientierung ein schönes Diagramm bilden. Dort, wo die drei Dimensionen ihre niedrigste Ausprägung fänden, wäre die innovationstote Zone, in der niemals und auf keinen Fall gute Ideen entstehen. Dort, wo alle ihre höchste Ausprägung hätten, würden die Innovationen dagegen wie wild sprudeln und Unternehmen im Wochentakt Märkte revolutionieren.

Ganz so stumpf ist es nicht. Wer nur nach außen schaut, verpasst die inneren Stärken und Kernideen seines Unternehmens. Wer nur wie wild Geschäftsmodellinnovationen identifiziert, wird nie etwas realisieren. Die Balance ist maßgeblich. Sie entsteht, wenn ein Unternehmen und seine Corporate Heroes sich aktiv mit seinen Stärken und Schwächen, seinen Fähigkeiten, seinen Zielen, seiner Strategie sowie seiner Innen- und Außenwelt auseinandersetzen.

»Es ist unterdessen schon so, dass man bei der Anstellung sagt: ›Es ist vielleicht nicht so bezahlt wie in Zürich, aber du kannst dafür anpacken, du kannst was bewegen.‹ Das ist der Unterschied. Leute, die etwas bewegen wollen, sind bei uns gut aufgehoben.«

– Marianne Wildi, CEO 2010-2024, Hypothekarbank Lenzburg AG

Was neben der Balance ebenfalls entscheidend ist und eng mit ihr zusammenhängt, ist, wie glaubwürdig ein Unternehmen das Thema Innovation angeht. Diese Glaubwürdigkeit hat viel mit den genannten Fähigkeiten und ihrer Anwendung zu tun, aber noch mehr mit der Kongruenz von Kommunikation, Finanzierung und Strukturierung des Ganzen. Die kommunizierte Unterstützung des Vorstands ist wenig wert, wenn eine Firma weder investiert noch die nötigen Strukturen schafft und wenn keine Fähigkeiten vermittelt oder erarbeitet werden.

Auch innovationsfreundliche Führungsmethoden wie die aktuell beliebten Objectives and Key Results (OKR) oder eine purpose- und visionsgetriebene Balanced Scorecard werden letztlich nichts bewirken, wenn sie in der Realität des Unternehmens keinen Niederschlag finden. Ja gut, die Innovationsziele haben wir verfehlt – aber solange der Umsatz des Traditionsgeschäfts stimmt, ist das doch kein Problem. Konkret zulasten der Innovationsfähigkeit des Unternehmens geht es dann, wenn tatsächlich innovationsfreudige Corporate Heroes frustriert hinwerfen und abwandern. Also relativ schnell.

Dies alles muss kein Drama sein. Eine halbherzig besetzte, latent unterfinanzierte und streng den traditionellen Prozessen und Maßstäben untergeordnete Innovationseinheit kann durchaus eine Weile funktionieren und wird vielleicht brauchbare Ideen generieren. Auf Dauer jedoch wird sie Geld, Mitarbeiter und Reputation verbrennen. Da die Anzahl der Versuche, mit der ein Unternehmen sich »jetzt aber wirklich« super innovativ aufstellen und dann versagen kann, endlich ist, sollten Firmen, wenn sie schon nicht all-in gehen, es dennoch unterlassen, zu bluffen. Ein ordentliches und transparentes Budget, eine gute Story, eine konsistente Kommunikation und die Verpflichtung und Positionierung von Schlüsselpersonen kann eine stabil und glaubwürdig aufgestellte Einheit mit starker Signalwirkung hervorbringen.

Als die Lufthansa ihren Innovation Hub aufstellte, erwies sich dies innerhalb der angesprochenen Szene durchaus als ein Leuchtturm mit einer spannenden Mission. Die Aussage »Die Lufthansa denkt jetzt businessrelevant über die digitale Zukunft von Business Travel nach« zog spannende Leute, gute Ideen und starke Kapitalgeber an.

Sicher, Anfang der Zehnerjahre war noch eine andere Zeit, in der man mit der Gründung einer Innovationseinheit noch mutiger Vorreiter war. Aber mal ehrlich: Wenn Innovation und Innovationseinheiten industrieübergreifend auserzählt, abgehakt und vollendet wären, würden wir dieses Buch weder schreiben noch hätten Sie es zur Hand genommen und immerhin schon fast durchgelesen.

Exkurs: SIT-Methode

Um dort weiterzumachen, wo der letzte Exkurs aufhörte: Wenn es darum geht, existierende Produkte weiterzuentwickeln und zu innovieren, ist die SIT-Methode ohne Zweifel enorm hilfreich. Das Systematic Inventive Thinking, kurz SIT, entwickelten im Kern Drew Boyd und Jacob Goldenberg, auf deren Ausführungen auch die nachfolgenden Erkenntnisse basieren. Ursprünglich ließen sie sich, wie auch die Erfinder des BMN, von Genrich Altschuller inspirieren, dessen TRIZ-Methodik das Destillat von mehr als 40.000 Patenten ist.

Boyd und Goldenberg versuchten nun ihrerseits, Gemeinsamkeiten zu finden, die vielen Innovationen inhärent sind. Bevor wir uns die einzelnen Techniken der SIT-Methode ansehen, untersuchen wir zunächst das Kernkonzept des Ansatzes. Ihm zufolge ist es deutlich wirksamer, inside the box zu denken als outside the box, was Ihnen geläufiger sein dürfte.

Die Entwickler der SIT-Methode plädieren dafür, innerhalb eines Systems nach einer Lösung zu suchen, weshalb sie auch von der Closed World sprechen. Idealerweise gelänge es zudem, ein bestehendes Problem zum Teil der Lösung werden zu lassen. Als Beispiel lassen sich hier Absperrgitter nennen, die leicht umkippen, wenn Demonstranten dagegen drücken. Um ein kleines Detail ergänzt – eine Bodenplatte oder ein Gitter, auf dem die Demonstranten stehen – bekommen die Absperrgitter eine L-Form, die umso stabiler werden, je stärker die Demonstranten versuchen, sie umzukippen. Clever, nicht wahr?

Die SIT-Methode vereint die folgenden fünf Techniken: Subtraktion, Multiplikation, Division, Task-Unification und Attribute Dependency.

Beginnen wir mit der Subtraktion, die wir uns auch genauer ansehen, damit Sie das Kernprinzip besser verstehen. Die anderen vier Techniken können wir dann etwas kürzer fassen. Generell halten viele Menschen es für nötig, zu Dingen etwas hinzuzufügen, um sie zu verbessern. Produktinnovationen sind zumeist schneller, größer, genauer oder lauter als ihre Vorgänger – mehr Akkulaufzeit, mehr PS, mehr von diesem oder jenem. Warum könnte es nun schlau sein, Dinge wegzulassen, anstatt sie um etwas anzureichern?

Stellen Sie sich folgendes Szenario vor: Sie leiten in den 80er-Jahren einen Innovationsworkshop bei einem familiengeführten Hersteller von Fahrrädern und schlagen vor, man solle doch, um eine Innovation zu entwickeln, bei den seit 100 Jahren mit Liebe und Know-how hergestellten Fahrrädern mal die Räder weglassen, sie also von der Ursprungsidee subtrahieren. Können Sie sich ungefähr vorstellen, wie verdutzt man Sie ob Ihres Vorschlags ansehen würde?

Dies sollten Sie im Kopf behalten: Es geht nicht darum, das Fahrrad zu verbessern, sondern darum, auf Basis des Fahrrads etwas Neues zu entwickeln. Leider denken viele Menschen bei solchen Ideen direkt darüber nach, wie etwas kompensiert werden kann, anstatt sich zunächst zu fragen, welche Vorteile sie böten.

Der Denkfehler, der die Workshopteilnehmer verblüffen würde, ist, dass sie nach wie vor davon ausgehen, das Wertangebot sei weiterhin die Nutzung des Fahrrads als Fortbewegungsmittel. Aber wenn Sie keine Räder mehr haben, können Sie strampeln, wie Sie wollen, Sie kommen nicht vom Fleck. Aber es bleibt anstrengend. Schau an, Sie trainieren ja! Und in diesem Moment haben sie den Heimtrainer erfunden, Gratulation!

Das Wertangebot eines Heimtrainers ist nicht, damit von A nach B zu kommen, sondern ihn als Trainingsinstrument zu verwenden.

Bei der Subtraktion und im Kern bei allen anderen Techniken gehen Sie also wie folgt vor:

1. Erstellen Sie eine Liste der Komponenten des Produktes oder der Dienstleistung.

2. Wählen Sie eine wesentliche Komponente und stellen Sie sich vor, wie es wäre, sie zu entfernen. Hier bieten sich zwei Wege an:

   a. Vollständige Subtraktion: Die gesamte Komponente wird entfernt.

   b. Partielle Subtraktion: Entnehmen Sie ein Merkmal oder eine Funktion der Komponente oder reduzieren Sie sie oder es auf entsprechende Gegebenheiten.

3. Führen Sie sich das hieraus resultierende Konzept vor Augen (unabhängig davon, wie merkwürdig es Ihnen zunächst erscheint).

4. Fragen Sie: Was sind die potenziellen Vorteile, Märkte und Nutzen? Wer würde sich für dieses neue Produkt oder diese neue Dienstleistung interessieren, und warum sollte man dieses Angebot nützlich finden? Falls es konkret um die Lösung eines Problems geht: Wie kann der Prozess dabei helfen, die Herausforderung zu meistern? Nachdem Sie das Konzept ohne die wesentliche Komponente – die Sie entfernt haben – betrachtet haben: Versuchen Sie die Funktion durch etwas anderes aus der Closed World zu ersetzen. Sie können die Komponente entweder durch eine interne oder externe Komponente ersetzen. Was sind die potenziellen Vorteile, Märkte und Nutzen des überarbeiteten Konzeptes?

Wir haben zwei weitere Beispiele für Innovation per Subtraktionsmethode für Sie: Wer dem Kassettenrecorder die Lautsprecher entnimmt, macht ihn kompakt und kann ihn in die Jackentasche stecken. Die Funktion der Lautsprecher übernehmen Kopfhörer – wir haben den Walkman erfunden.

Welchen Vorteil hätte es, Nachrichten auf 140 Zeichen zu beschränken? Leute kommen schneller auf den Punkt und lassen das Unwesentliche weg: Die Grundlagen für den Erfolg von Twitter sind geschaffen. Dass dieser Onlinedienst mittlerweile »X« heißt und diese Einschränkungen längst aufgehoben hat: geschenkt!

Division

Nachdem wir nun das Kernkonzept der SIT-Methode verstanden haben, wird es uns schneller gelingen, die vier anderen Techniken nachzuvollziehen.

Die nächste Technik sieht vor, Dinge zu teilen. Dabei unterscheiden wir drei Arten zu teilen:

1. **Funktionale Teilung:** Sie nehmen sich spezifische Funktionen eines Produktes vor und platzieren sie an anderer Stelle. Dies wäre etwa bei einer Klimaanlage der Fall. Hier lösen Sie die Einheit, in der Luft und Wasser voneinander getrennt werden, von dem Gebläse und montieren es an der Außenwand. Der Vorteil lautet: Die Lüftung (innen) ist wesentlich kleiner und leiser, als wenn die ganze Anlage im Raum stünde.

2. **Physische Teilung:** Sie nehmen ein Produkt gemäß eines zufällig gewählten Prinzips auseinander. Alte Staubsauger musste man früher im Ganzen ausleeren, was eine Menge Schmutz verursachte. Irgendwann erfand man den Staubsaugerbeutel als einzelne Einheit, die sich komplett und ohne viel Schmutz entsorgen lässt.

3. **Erhaltende Teilung:** Sie zerlegen das Produkt in kleinere Versionen seiner selbst. Eine externe Festplatte ist zu groß, um sie in der Hosentasche mit sich herumzutragen? Dann stellen wir eine kleinere Version davon her. Schon haben wir den USB-Stick erfunden.

Das Konzept funktioniert im Kern genauso wie die Subtraktion. Nachdem man alle Bestandteile aufgelistet hat, überlegt man, welche Teile davon funktional, physisch oder erhaltend geteilt werden, sucht nach Vorteilen und so weiter.

Multiplikation

Natürlich bringt es auch etwas Gutes mit sich, einer bestehenden Situation etwas hinzuzufügen, um sie zu verbessern. Wenn man dabei aber echten Mehrwert schaffen und eine qualitative Verbesserung erzielen will, sollte man ein paar einfache Regeln befolgen, die die Multiplikationstechnik vorschreibt.

Überlegen Sie sich einmal, wie das Ganze bei einem Nassrasierer ablaufen könnte. Welches Bauteil würden Sie verdoppeln, und welchen Vorteil brächte das ein? Dann denken Sie einmal an ein Klebeband: Welche Funktion verdoppeln Sie, und was erhalten Sie dann?

Schließlich schauen wir uns Lufterfrischer an. Sie kennen diese Geräte, die sie in die Steckdose stecken und die dann mehr oder weniger angenehme Gerüche verströmen. Leider ist Ihre Nase so beschaffen, dass sie sich an Gerüche gewöhnt. Nach ein paar Wochen riechen Sie kaum noch, was der teure Lufterfrischer da zurecht erfrischt.

Wenn Sie den Duftstoff aber kaum noch wahrnehmen, obwohl noch welcher in der Kartusche enthalten ist: Wie wahrscheinlich ist es, dass Sie das Produkt ein zweites Mal kaufen? Hier sei angemerkt: Weil dem so ist, hat zum Beispiel Febreze seine Lufterfrischer mit zwei Duftstoffen statt einem ausgestattet. Diese werden nun im Wechsel versprüht, um zu verhindern, dass man sich an den einen Geruch gewöhnt.

Task-Unification-Technik

Gerade weil unsere Gesellschaft reich an Ressourcen ist, nutzen wir sie oft nicht hinreichend aus. Doch viele Dinge vermögen mehr als das, wofür sie vorgesehen sind. Mithilfe der Task-Unification-Technik (Zusammenlegung von Funktionen) können wir unseren Blick schärfen und diese Möglichkeiten systematisch abfragen. Ein Denkmuster, das in ärmeren Ländern der Welt selbstverständlich ist, führt uns zu schlanken Lösungen oder neuen Geschäftsmodellen. Um den Mehrwert von Produkten zu steigern, legen wir einfach verschiedene Funktionen zusammen und integrieren sie in ein Produkt. Diese Technik verstehen wir ganz einfach, indem wir uns einige Anwendungsbeispiele ansehen:

1. **Das Schweizer Taschenmesser:** Es enthält nicht nur ein Taschenmesser, sondern auch unter anderem eine Säge, eine Lupe, einen Korkenzieher und so weiter.
2. **Smartphones:** Mit ihnen kann man nicht nur telefonieren, sie sind auch Kompass, Spiegel, Taschenlampe, MP3-Player, Suchmaschine und vieles mehr.
3. **Die PlayPump:** Stellen Sie sich ein Spielzeug in Form eines Drehkreuzes auf einem Spielplatz vor, das Kinder drehen. Wenn man das Gestänge

mit einer unterirdischen Pumpe verbindet, können die Kinder zeitgleich Wasser von A nach B pumpen.

Attribute Dependency

Wir nehmen Gegebenheiten gerne hin, wie sie sind. Für uns hängt das eine ganz selbstverständlich vom anderen ab. Doch so zu denken, versperrt uns die Sicht auf Neues. Mit der Attribute-Dependency-Technik hinterfragen wir derartige Vorstellungen systematisch und brechen sie auf. So beginnen wir damit, alte Abhängigkeiten aufzulösen und neue, interessante zu knüpfen.

Ein Beispiel: Um Babymilch zu erwärmen, stellen Sie die Babyflasche für gewöhnlich in ein Wasserbad. Um herauszufinden, ob die Milch die richtige Temperatur hat, bleibt Ihnen nichts anderes übrig, als sie zwischendurch immer wieder zu probieren.

Ein Hersteller hat nun einen Gummiring entwickelt, der normalerweise grau ist und der sich erst grün verfärbt (abhängig von der Temperatur der Milch), wenn die ideale Trinktemperatur erreicht ist. Etwas Ähnliches, nur in anderer Richtung, gibt es auch für Erwachsene: Auf dem Etikett des Weißweins Mar de Frades erscheint ein kleines blaues Schiff, wenn der Wein auf die ideale Trinktemperatur heruntergekühlt wurde.

Die SIT-Methode ist ein spannendes Konzept, um existierende Lösungen zu verbessern und teils völlig neue Dinge entstehen zu lassen. Es ist im Kern keine überbordende Kreativität vonnöten, um hier Neues zu entwickeln. Wichtig ist lediglich, die Technik entsprechend anzuwenden und offen zu sein für das, was daraus entsteht.

7.

Nichts kann uns aufhalten

Klassische Intrapreneurship-Bremsen und wie man sie löst

Erweckungsmoment, Vorstandsunterstützung, ausgeprägte Schnittstellenkompetenz, sauber aufgesetzte Unternehmens- und Innovationsstrategie, ein ausgefeiltes Nähe-Ferne-Verhältnis und eine topbesetzte und gut finanzierte Innovationseinheit: Ist alles vorhanden? Dann kann es ja losgehen!

Zunächst wollten wir diesen Einstieg selbstironisch kontern: So einfach ist es ja dann doch nicht! Nur weil man all diese Dinge dabeihat, kann man noch lange nicht innovativ handeln. Aber je länger wir auf diese Liste schauen, desto überzeugter sind wir: Doch, das ist schon ein ordentliches Paket, mit dessen Zusammenstellung Sie und/oder Ihr Unternehmen alles Nötige richtig gemacht haben. Wir wünschen allen Beteiligten viel Vergnügen auf dem Weg zum Innovationserfolg.

> *»Vieles ist auch ein bisschen trial and error, weil es keinen echten Blueprint dafür gibt, wie man es macht.«*
> – Gisbert Rühl, CEO 2009-2021, Klöckner & Co SE

Dennoch ist es in der Tat nicht so leicht, dieses Paket zu schnüren und sich in all den gefragten Bereichen zukunftsideal aufzustellen. In jedem unserer Interviews, in unserer Erfahrung als Berater und Forscher und nicht zuletzt aus den Quellen des Alltags – Presse, Bücher, Bekannte, Familie: Es wird immer wieder klar, dass Innovationsbemühungen frühzeitig an vielen Faktoren scheitern. Das kann schon bei der Offenheit für Erweckungsmomente beginnen und hört bei der Suche nach den richtigen Leuten und Partnern noch lange nicht auf.

Wir wollen im folgenden Kapitel den Versuch wagen, einen Rahmen zu definieren, der den Erfolg des Innovationsstrebens vielleicht nicht garantiert, aber doch wahrscheinlicher macht. Vorher jedoch wollen wir einige der Hindernisse genauer betrachten, denen Menschen, Teams und Unternehmen auf dem Weg des Corporate Heroes immer wieder begegnen. Wir versuchen außerdem, Wege zu skizzieren, mit denen sich diese Hindernisse ausräumen lassen.

In unserem Interviewportfolio ist es die häufiger erwähnte Gutent AG, deren Probleme bei der Herstellung der Innovationsbereitschaft unübersehbar waren – obwohl Eigentümer und Vorstand den Veränderungsbedarf deutlich gesehen und erste Programme aufgesetzt hatten, um ihm nachzugehen. Gutent hatte nach langer Suche ein kleines, aber fähiges Team eingestellt und nach innen wie nach außen den neuen Anspruch kommuniziert. Zudem hatte sich diese Firma die Mitwirkung der Führungskräfte zusichern lassen. Diese erfolgte jedoch nie oder nur schleppend. Im Grunde machte jeder weiterhin sein Ding, während das neue Team zunehmend hilflos zusah, immer wieder versuchte, Impulse zu geben, und immer wieder merkte, wie gering die Resonanz oder auch nur das hervorgerufene Interesse war. Zugleich wuchs die Unzufriedenheit mit diesem Team: Jetzt waren sie schon so lange im Haus und hatten noch immer nichts verändert. Blättern Sie einmal zurück: Sie werden »gegenseitige Frustration« nicht auf unserer Liste der innovationsfördernden Ressourcen finden. Die Firma Gutent AG taucht hier unter anderem als solche auf, weil die Innovationsverantwortliche beim Interview nicht sicher war, ob sie noch im Unternehmen wäre, wenn unser Buch erscheint.

Die hartnäckigste Innovationsbremse ist der Mensch

Wir haben grundsätzlich nichts gegen Menschen, einige unserer besten Freunde sind Menschen. Dennoch lässt es sich nicht von der Hand weisen, dass es oft Menschen und ihre Gewohnheiten sind, die einer grundsätzlichen Veränderung im Weg stehen. Schon die Möglichkeit einer eventuell angekündigten Veränderungsabsicht bringt manche Menschen auf die Palme, aber wir wollen uns hier gar nicht über jemanden erheben oder besonders bloßstellende Beispiele für schädliche Routinen oder ausgeprägtes Verharren liefern.

Im Gegenteil: Routine ist gut, Routine lässt uns auf einzelne Aspekte unserer Arbeit fokussieren und sie schrittweise verbessern. »Routinen, Prozesse und

Standards schaffen Sicherheit und kognitive Entlastung«, schreiben Panthen und Henike in ihrer Studie »Überwindung der internen Innovationskluft: Nudging-Prinzipien zur Förderung der individuellen Innovationsbereitschaft« und treffen damit den Nagel auf den Kopf. Unternehmen arbeiten grundsätzlich nicht schlechter, wenn sie ihre Mitarbeiter nicht ständig neuen Volten, verrückten Initiativen, monatlichen Hackathons mit Innovationspflicht und täglichen Vorträgen zur Unsicherheit der Welt, der Zukunft und jedes einzelnen Jobs aussetzen.

Unter diesen Umständen ist das Bekannte und Etablierte dem Unsicheren und Neuen jedoch so gut wie immer vorzuziehen. Dies trifft erst recht zu, wenn das Bekannte und Etablierte nach wie vor den Betriebserfolg sichert und sich die Argumente für das Unsichere und Neue eher in einer nebulösen Zukunft und in den VUCA-Präsentationen externer Berater verorten lassen. Und das gilt vom einzelnen Mitarbeiter bis hoch zum Unternehmen und zurück; jede Führungskraft setzt mit ihrem Führungsstil und ihren Ansichten Maßstäbe dafür, was erwartbar und was zumutbar ist.

Gutent fährt heute noch mit den klassischen Unternehmensmethoden, Arbeitsweisen, Strukturen und Produkten Erfolge und sogar Preise ein. Warum also sollte diese Firma die Methoden, Arbeitsweisen, Strukturen und Produkte ändern? Und selbst wenn sie es wollte: Das Tagesgeschäft bindet ihre Konzentration, ihre Zeit, ihre Energie. Ein Vorstand, der seine Position nicht verargumentieren kann und sie auch nicht gegen Widerstände durchdrücken will, hat da schlechte Karten.

In ihrer Studie untersuchen Panthen und Henike den Fall des Maschinenbauunternehmens KSB, das mit verschiedenen Methoden versuchte, die breite Mitarbeiterschaft innovationsbereiter zu machen und sie in den Ideationsprozess zu involvieren. Der wichtigste Schritt, den KSB unternahm, war Mitwirkungsbarrieren abzubauen. Den stationären Ideenbriefkasten ersetzte ein digitales Tool, das stets und überall verfügbar war, in dem man sich selbst aktiv einbringen oder die Impulse anderer einsehen konnte. Das Portal »iPort« war so konzipiert, dass zwischen dem Login und dem Einbringen der konkreten Idee möglichst wenige Schritte lagen. Man musste keine Profilinformationen eingeben, Standorte und Abteilungen wurden automatisch abgerufen, andere Mitwirkende ließen sich leicht als Team zu einer Idee hinzufügen.

»Das ist ein langfristiger Entwicklungspfad, den man parallel im Unternehmen anschieben muss, dass dieser Innovationsmut entwickelt wird. Wir nennen das auch Zukunftsmuskel.«

– Nils Müller, Gründer & CEO, TRENDONE GmbH

In der nächsten Phase setzte KSB auf stärkere innere Kommunikation zu Innovationsbedarf und Ideenprozessen und stellte Cases vor, und so behielten die Mitarbeiter das Portal im Kopf. Zugleich teilte das Foresight-Team verstärkt Informationen zu Trends, Märkten und Technologien und bezog die Mitarbeiter so in seine Innovationsideen ein. Schließlich stellte KSB fest, dass die Menschen im Unternehmen iPort immer mehr wie eine soziale Plattform nutzen: Mitarbeiter bewerteten, kommentierten und teilten Ideen oder erklärten sich bereit, sie mit umzusetzen.

Information und Inklusion sind wesentliche Faktoren dafür, den behäbigen Mitarbeiterkorpus zu bewegen. Wenn Gutent lediglich mit großem folgenlosem Aufschlag Absichten und Visionen erklärt, Führungskräfte minimal brieft und dann »Nun inoviert mal, Freunde!« ruft, dann ist dies wohl das Gegenteil davon.

Exkurs: Aktivierung mit der Adobe Kickbox

Eine Methode, um Menschen zu motivieren, ist die Adobe-Kickbox. Sie ist laut Aussage ihrer Entwickler ein Weg für Unternehmensinnovationen, um Mitarbeiter zu aktivieren und geschäftliche Auswirkungen zu erzielen. Mark Randall, Unternehmer und ehemaliger Vice President of Creativity bei Adobe, erfand diese Methode. Er stellte Teile des Materials zur freien Verfügung, und Tausende von Unternehmen adaptierten es. Eine umfassende Anpassung wurde von rready vorgenommen, einem Schweizer Spin-out der Swisscom.

Der Vorteil, den wir in der Kickbox sehen, liegt darin, dass sie auf einfache Weise ermöglicht, in einer Art Checklistenanleitung Schritt für Schritt den folgenden Prozess abzuarbeiten:

1. Idee finden, Problem beschreiben – (zwei Wochen)
2. Lösung generieren, die Mehrwert für Ihre Kunden stiftet – (vier Wochen)
3. Konzept erstellen (inklusive Geschäftsmodell) – (eine Woche)
4. andere überzeugen (pitchen üben) – (eine Woche)

Schauen wir uns die einzelnen Schritte näher an: Zunächst geht es darum, seine Motive aufschreiben, als Intrapreneur tätig zu werden. Man erhält Anregungen von anderen, was sie seinerzeit motiviert hat. Hintergrund ist, dass man sich darüber im Klaren wird, was einen antreibt. Das können beim einen monetäre Aspekte sein, andere möchten Prozesse verbessern, und wieder jemand anders will dazu beitragen, den Klimawandel einzudämmen.

Der nächste Schritt sieht vor, das Problem zu beschreiben und den idealen Kunden als Persona zu entwickeln. Im Anschluss wird empfohlen, eine spezifisch kontextbezogene Persona zu entwickeln, die Kickbox enthält dafür passende Vorlagen.

Als Nächstes sollen die Intrapreneure das identifizierte Problem validieren: Besteht dieses schon? Eine initiale Desk Research soll darüber informieren, ob bereits ähnliche Ansätze existieren, wie viele potenzielle Kunden sich identifizieren lassen und so weiter.

Wenn man festgestellt hat, dass die Idee so noch nicht existiert und/oder sich genügend Kunden finden lassen, wird im zweiten Schritt empfohlen, die Lösung unter Anwendung des Lean Canvas (siehe Kapitel 4) zu beschreiben.

Als weitere Übung empfehlen die Macher der Kickbox, eine Pressemitteilung für das zu entwickelnde Produkt aufzusetzen. Diese Meldung unterstützt dabei, sich zu fokussieren und sofort die Sichtweise des Kunden einzunehmen: Welchen Impact bietet die Idee den Kunden? Welches Problem behebt sie? Man löst sich aus der Mikroebene und beginnt damit, das Ganze in einem übergeordneten Kontext darzustellen. Anschließend sendet man die Pressemeldung intern und extern an ausgewählte Empfänger und bittet um Feedback.

Als letzter Schritt der Phase zwei soll nunmehr ein erster Prototyp generiert werden, um detaillierteres Feedback zu erhalten. Prototypen können etwa in Form eines Videoprototypen funktionieren, der den Nutzen der Anwendung darstellt, ohne dass es das Tool bereits gibt. Exemplarisch verweisen wir auf den Dropbox-Case, den Sie sich hier ansehen können: *https://rb.gy/z3iqs*

Das Interessante ist, dass der Anwendungsfall eindrücklich darstellt, was das Problem ist und dass man es lösen kann. Wie das Problem technisch bearbeitet wird, spielt hier noch keine Rolle. Zur Erinnerung: Dropbox löst das Problem, ein Dokument an unterschiedlichen Geräten zu bearbeiten, ohne es auf einem USB-Stick zu speichern oder es sich per E-Mail in der stets neuen Version schicken zu müssen. Dropbox synchronisiert den Arbeitsstand via Cloud mit Ihren Devices.

Das Dropbox-Team fand so niederschwellig heraus, ob die Anwendung potenziellen Nutzern gefallen würde. Solche Prototypen werden auch als Smoke-, Hollywood-, oder Fakedoor-Test bezeichnet. Sie simulieren den Mehrwert des Angebots, ohne dass das Produkt bereits existiert.

Eine private Hochschule könnte auf diesem Weg etwa das Interesse für mögliche neue Studiengänge prüfen. Anstatt über Keyword-Analysen das momentane Suchaufkommen in puncto zu entwickelnder Studiengänge einen Bedarf abzuleiten (was nicht sinnvoll wäre, denn wer sucht nach Dingen, die es noch gar nicht gibt?), ließe sich in diesem Fall mittels einer Landingpage ein noch nicht vorhandener Studiengang bewerben.

Nachdem sich genügend potenzielle Studierende verbindlich eingeschrieben haben, könnte man das Ganze auflösen und den Interessenten mitteilen, dass der Studiengang nunmehr entwickelt wird und vermutlich in einem Jahr bereitsteht. Als Ausgleich für die Enttäuschung, nicht direkt mit dem Studium beginnen zu können, könnte man den Betreffenden das Studium später zum Selbstkostenpreis anbieten. Vermutlich wäre dies immer noch günstiger, als einen Studiengang zu akkreditieren, den dann niemand annähme.

Was nun folgt ist der inzwischen bekannte Build-measure-learn-Loop von Eric Ries. Dieser besagt, dass die Prototypen der Zielgruppe gezeigt werden, Feedback eingeholt wird und der Prototyp dann überarbeitet wird – iterativ, bis ein Product-Market-Fit existiert.

Nachdem die Zielgruppe den Nutzen verstanden hat, kann sie sich auch belastbar darüber äußern, was sie zu zahlen bereit wäre. Wir empfehlen hier die so genannte Van-Westendorp-Preis-Analyse, die der Zielgruppe folgende vier Fragen stellt:

1. Welchen Preis empfinden Sie für das Produkt als günstig?
2. Welchen Preis empfinden Sie für das Produkt als teuer, aber gerade noch akzeptabel?
3. Welchen Preis empfinden Sie für das Produkt als zu teuer?
4. Welchen Preis empfinden Sie für das Produkt als zu günstig, sodass Sie an der Qualität zweifeln würden?

Im Anschluss kann man eine Preisspanne ermitteln, in der sich der optimale Preispunkt befindet. Nun ist es auch möglich, etwa mit dem TAM/SAM/SOM-Modell das Marktpotenzial zu berechnen.

Die Phase drei – das Konzept zu erstellen – sieht insbesondere vor, dass erste Ansätze für ein Geschäftsmodell entwickelt werden. Wie lässt sich damit Geld verdienen? Wie binden wir die Kunden an uns? Über welche Kanäle erreichen wir sie? Für diese Phase eignet sich hervorragend der Business Model Navigator, den wir in Kapitel 4 vorstellen.

In der vierten und letzten Phase geht es darum, Dritte von der erarbeiteten Idee zu überzeugen, indem man sie pitcht. Jene Dritte können entweder Geldgeber, potenzielle Kunden oder Partnerunternehmen sein. Es empfiehlt sich, verschiedene Pitchformate und Inhalte zu entwickeln, da potenzielle Kunden eventuell andere Dinge interessieren als die Geldgeber.

Abschließend wollen wir festhalten, dass die Kickbox ein geeignetes Instrument ist, um Intrapreneuren viele Anregungen und Instrumente an die Hand zu geben, um in der frühen vulnerablen Phase selbstständig und strukturiert ihre Ideen zu entwickeln.

Nur 49 Prozent aller Deutschen verfügen über digitale Kompetenzen

Wie weit ihre Mitgliedsstaaten in Sachen Digitalisierung fortgeschritten sind, veröffentlicht die Europäische Union regelmäßig im Index für die digitale Wirtschaft und Gesellschaft, kurz DESI. In der Rangliste der EU-Staaten ist Deutschland schon seit Jahren nur solides Mittelfeld, was nicht für uns als einstigen Exportweltmeister und Industriechampion spricht. Die Durchschnittsposition halten wir dabei mehr oder relativ exakt in allen vier betrachteten Kategorien –

»Humankapital«, »Konnektivität«, »Integration der Digitaltechnik« und »digitale öffentliche Dienste«. Dass wir im letzten Punkt etwas unterdurchschnittlich abschneiden, wundert niemanden, der die Terminbuchung der Berliner Bürgerämter kennt, aber dies ist nicht nur ein Problem des digitalen Fortschritts – und wer weiß, vielleicht lag es auch an Ihnen?

Nicht einmal der Hälfte der deutschen Bevölkerung attestiert der DESI »mindestens grundlegende« und nicht einmal jedem Fünften »mehr als grundlegende digitale Kompetenzen«. Dabei nutzen weit mehr als 90 Prozent der Menschen hier das Internet und digitale Dienste im Allgemeinen. Dies bedeutet, dass wir in digitaler Hinsicht eine Anwender- und Konsumentennation geworden sind, obwohl wir einst doch für unsere produzierende Exzellenz bekannt waren. Diese Zahl legt außerdem den Schluss nahe, dass die in verschiedenen Kapiteln umrissenen Veränderungen und Hintergründe der Digitalisierung, also des technologischen Fortschritts, nur wenigen Menschen wirklich klar sind. Wie digitale Geschäftsmodelle funktionieren, wie sie das eigene Angebot gefährden und welche Chancen sie auch bieten können: Darüber denkt derjenige kaum nach, der gerade so eben und mit Mühe die Bedienung des jeweiligen Intranets, ERPs und von Software-Suiten verinnerlicht hat. Gute Arbeit übrigens, das ist wirklich nicht immer leicht!

> *»Natürlich haben wir die Weisheit nicht mit Löffeln gefressen. Aber es ist völlig klar, dass da noch deutlich mehr Software-Know-how in die Kärcher-Gruppe rein muss.«*
> – Benjamin Hermann, Geschäftsführer, Zoi TechCon GmbH

Wer möchte, dass Kommunikation und Argumente für Innovationsinitiativen auf fruchtbaren Boden fallen, der muss diesen in vielen Fällen erst fruchtbar machen. Weiterbildungsangebote, niedrigschwellige Workshops und Kommunikationsformate sind mögliche Lösungsansätze. Auch die Präsenz des CEOs oder CDOs in der Öffentlichkeit, die Fortschrittsbemühungen und Handlungsbedarf glaubhaft und kompetent skizzieren, strahlt ins Innere des Unternehmens. Wenn weitere Angebote sie dort flankieren, ist viel gewonnen.

Klöckners Digital Academy sei hier noch einmal beispielhaft erwähnt – auch um zu mahnen: Einfach nur ein Angebot ins Unternehmen zu stellen, wird erst einmal wenig bringen. Die oben geschilderte Kontinuität des Alltags lässt auch wohlmeinendste Bildungsangebote irrelevant wirken. Kommunikation, Hartnäckigkeit und auf alltagsnahe Fragen zugeschnittene Formate versprechen deutlich mehr Erfolg.

Exkurs: Prompts schreiben

Zu den vielen sinnvollen digitalen Kompetenzen von Intrapreneuren und Führungskräften gehört spätestens seit dem KI-Hypejahr 2023, wirksame KI-Prompts zu verfassen. Sie sollten in der Lage sein, Anwendungen der Künstlichen Intelligenz (KI), etwa große Sprachmodelle (LLM) wie ChatGPT von OpenAI, effektiv zu nutzen.

Ein Prompt ist im Kern eine Aufforderung an einen Computer, um eine bestimmte Aktion zu verlangen. Dabei handelt es sich jedoch, so der Data Scientist Oliver Guggenbühl, weniger um reine Aufforderungen als um Datenpunkte in Textform. Je geschickter Nutzende derlei Prompts verfassen, desto besser sind auch die Ergebnisse des LLM.

Schauen wir uns einmal an, worauf es ankommt. Zunächst sollte man Prompts in klare Elemente unterteilen. Idealerweise zeichnen sich gute Prompts dadurch aus, dass sie ihr Anliegen möglichst unmissverständlich und eindeutig ausdrücken. So könnte etwa eine einfache Anweisung lauten:

»Erkläre mir das Konzept des Net Promoter Scores.«

Je nachdem, wofür man die Erklärung benötigt, mag es helfen, die Memetic-Proxy-Methode zu nutzen und jene Anweisungen etwa um Rollen zu ergänzen:

»Sei ein Unternehmensberater und verfasse einen Essay über den Net Promoter Score.«

Geht es etwa darum, dass die KI kreativ werden und zum Beispiel einen originellen Claim für eine neue Erfindung verfassen soll, könnte ein Prompt wie folgt lauten:

»Sei kreativ und verfasse einen Slogan für unseren Staubsauger-Roboter ›Lazy-Dazy‹. Orientiere dich dabei stilistisch an dem IKEA-Claim: ›Wohnst du noch, oder lebst du schon?‹«

Probieren Sie das gern einmal aus und verfeinern Sie das Ergebnis durch eigene Prompt-Variationen.

Darüber hinaus helfen klare Anweisungen: »Übersetze folgenden Text in eine Tabelle. Füge dabei den Originaltext in die linke Spalte ein.«

Grundsätzlich ist zu empfehlen, dass Prompts möglichst ausdrucksstark sind und mit wenigen Worten auskommen. Idealerweise schränken sie das Modell ein und definieren zudem die gewünschten Resultate. Daher eignen sich auch negative Prompts, also Anweisungen, was explizit nicht gewünscht ist. Schließlich helfen auch syntaktische Elemente wie Anführungs- und Schlusszeichen, Zeilenumbrüche und Interpunktionen, um Prompts zu strukturieren.

Schließlich nennen wir noch einige Strategien, die sich entsprechend anbieten, um gute Prompts zu verfassen:

- **Few-Shot Learning:** Damit ist gemeint, innerhalb des Prompts einige Lösungsbeispiele mitzuliefern, auf welchen die Ergebnisse basieren sollen. Diese Strategie sorgt dafür, dass das LLM entsprechend fortführt, was zur Orientierung mitgeliefert wurde. Als Beispiel können hier etwa Fragen an meine Zielgruppe dienen:
»Verfasse Fragen zur Bedarfsermittlung der Zielgruppe von Carsharing-Anbietern. Orientiere dich stilistisch an der Frage: ›Was bedeutet Mobilität für dich als Angehöriger der Generation Z?‹ Vermeide dabei geschlossene Fragen.«

- **Zero-Shot Learning:** Im Gegensatz zur vorherigen Strategie verzichtet man hier komplett auf Inhalte zur Orientierung, sondern vertraut darauf, dass die innerhalb des Prompts vorhandenen Einschränkungen gute Ergebnisse hervorbringen. Es empfiehlt sich, beide Strategien nacheinander anzuwenden und zu vergleichen, welche Ergebnisse einem besser gefallen.

- **Chain-of-Thought:** Manchmal ist es selbst bei präzisen Anweisungen nötig, die KI weiter zu unterstützen, da die Aufgaben eventuell zu komplex sind. Exemplarisch könnte das wie folgt aussehen:
»Ich muss je einen Workshop an fünf Standorten organisieren. Insgesamt nehmen 400 Personen teil. An Standort A 120, an Standort B 64, an Standort C 84, an Standort D 93 und an Standort E 39. Wie viele Tische benötige ich pro Standort, wenn an jedem Tisch 3-4 Personen sitzen sollen? Und wie viele Räume sind dann je Standort nötig, wenn in jeden Raum vier Tische passen? Gib das Ergebnis als Tabelle aus.«

Wie bei fast allem wird man mit der Zeit und entsprechenden Erfahrungen immer besser. Es wäre jedoch fahrlässig, die Unterstützung von derlei Anwendungen in dynamischen und komplexen Projekten zu ignorieren. Viele Aufgaben lassen sich durch gute Prompts schneller und in Teilen auch besser erledigen und sei es nur, um sich inspirieren zu lassen. Nie sollte man es jedoch aufgeben, eigenständig zu überlegen, gleich wie intelligent die Antwort wirkt.

Wenn der Fachmann kein Mal klingelt

Wenn man völlig neue Wege geht, ist es ratsam, jemanden dabeizuhaben, der das Terrain und die Gefahrenstellen kennt. Ob es um die Führung oder Beratung eines Inhouse-Teams oder den Aufbau eines externen Hubs geht, um die Teamentwicklung oder die Geschäftsmodellierung, um die initiale Beratung oder um den Zugang zu neuen Netzwerken: Schön und hilfreich ist, wenn jemand die Kompetenz und Erfahrung mitbringt, die dem eigenen Portfolio fehlt. Von Clay Christensen als Gisbert Rühls Sparring-Partner bis zum komplett neu aufgestellten Geers-Digitalteam, von der Recruiting-Expertise, die sich KUBIKx an Bord holten, bis zum von vornherein extern befähigten Team, das Kärcher in seine Cloud-Tochter Zoi überführte: Neue Aufgaben brauchen neue Kompetenzen – und die wachsen meist außerhalb der bestehenden Unternehmensgrenzen. Sie zu finden und zu rekrutieren, ist jedoch nicht einfach.

Bei der Suche nach – allgemein erfasst – IKT-Fachkräften klagen nach Angaben der EU-Statistiker Eurostat 76 Prozent der deutschen Unternehmen über Rekrutierungsprobleme. Im Gespräch mit einem Healthtech-Start-up vor einigen Jahren zeigte sich einer der Gründer frustriert darüber, dass die von ihnen benötigten Machine-Learning-Spezialisten alle zu Amazon und Zalando gehen. Angesichts einer seit rund 20 Jahren recht konstant sinkenden Gründerquote in Deutschland ist anzunehmen, dass die Gesamtmenge an verfügbarer Gründungs-, Start-up- und Geschäftsmodellerfahrung ebenfalls zurückgeht. Im Juli 2022 veröffentlichte die KfW überdies eine Studie, der zufolge 34 Prozent der mittelständischen Unternehmen den Mangel an Fachpersonal als wesentliches Innovationshemmnis angaben.

In dieser Situation reicht es nicht, den Bedarf zu identifizieren, ein Stellenangebot in die Welt zu setzen und darauf zu hoffen, dass sich jemand bewirbt.

Spezialisierte Headhunter können eine Lösung sein, die Menschen mit klar definierten Profilen suchen, aktiv ansprechen und in neue Positionen vermitteln.

Aus Gründen, die an diesem Punkt unseres Buches sicher verständlich sind, empfehlen wir zudem, sich in Gründer- und Digitalnetzwerken zu engagieren und neben allerlei Inspiration dort vielleicht auch spannende und fähige Menschen zu finden, die sich für das eigene Team begeistern lassen. Unterschätzen Sie außerdem nicht die Kraft von Verbindungen und Netzwerken. Das Beispiel KUBIKx zeigt lehrbuchhaft, wie eine richtige Besetzung mehrere nach sich ziehen kann, indem sie ihre Kontakte und ihre Fähigkeit, andere zu begeistern, richtig einsetzt. Letztlich unterstützen Plattformen wie das Expat-Forum InterNations auch dabei, Experten jenseits der Landesgrenzen zu finden.

Wer soll das bezahlen, wer hat so viel Geld?

In der oben bereits erwähnten KfW-Studie waren »finanzbezogene Hemmnisse« fast ebenso häufig ein Problem wie der Mangel an Fachpersonal. Als die beiden größten Stolpersteine nannten 34 Prozent der Befragten die grundlegenden Innovationskosten und 31 Prozent der Befragten das mit der Innovationsarbeit verbundene finanzielle Risiko.

Viele Unternehmen sind also nicht willens oder tatsächlich nicht in der Lage, in einem Gebiet in Vorleistung zu gehen, das, anders als das Kerngeschäft, keinen sofortigen Ertrag bringt und mit dem sich viele offene Fragen verbinden, die sich nur durch Versuche beantworten lassen. Kulturelle Faktoren spielen dabei sicherlich eine Rolle, doch in Zeiten der Multikrise – Energiekosten, Klima, Kriege, globale Unsicherheit, Migration – ist das finanzielle Argument nicht eben mit einem »Nun kommt schon, es lohnt sich bestimmt!« wegzuwischen. Selbst lange schon existierende und erfolgreiche Innovationseinheiten mussten sich etwa in der Coronakrise mit Einschränkungen abfinden. Entsprechend knauserig sind Unternehmen, die erst am Anfang ihrer Bemühungen stehen.

»Nun kommt schon, es lohnt sich bestimmt.« Das haben wir in diesem Buch nun oft in vielen Worten und mit hoffentlich guten Argumenten geäußert. Auch andere Lösungen für den Umgang mit Kapitalknappheit und Risikofaktoren haben wir bereits skizziert. Vor allem die strukturelle Aufstellung von Innovationseinheit und Ausgründungen als Kooperationen mit Partnern, Investoren und sogar Konkurrenten scheint uns hier sinnvoll. Oder, wie es Christoph auf der einen oder anderen Powerpoint-Folie sagte: »Mittelständler, bildet Banden!«

Die Innovationsarbeit bietet eine hervorragende Schnittstelle zu anderen Marktteilnehmern. Die InnoFactory der Hypothekarbank Lenzburg zeigt ein funktionierendes und spannendes Beispiel auf. Auch die Ausgründungen von kloeckner.i und KUBIKx funktionieren nach diesem Prinzip. Die Kosten für die einzelnen Teilnehmer gehen zurück, das Risiko wird verteilt, und die kombinierte Kraft macht den Innovationserfolg wahrscheinlicher.

Zu guter Letzt und ohne dass wir in diesem Buch eine erschöpfende Liste der Möglichkeiten präsentieren könnten: Staatliche Institutionen und Förderprogramme unterstützen, meist nach Branchen oder regional geclustert, Innovationsinitiativen auch finanziell. Auch die Potenziale unternehmensübergreifender Innovationszentren werden trotz mancher eher mauer Ergebnisse noch immer geschätzt – so entsteht in Heilbronn ein Innovationspark für Künstliche Intelligenz, den der Bund, das Land und private Geldgeber mit Millionenbeträgen fördern. Es empfiehlt sich zweifellos, sich mit den dort involvierten Unternehmen, Bildungsanbietern und Experten zu beschäftigen und die Optionen des eigenen Engagements näher zu beleuchten.

Exkurs: Effectuation-Methode

Die Liste der zu treffenden Entscheidungen wird einfach nicht kürzer. Probieren wir also etwas: Die von der Wirtschaftswissenschaftlerin Saras Sarasvathy entwickelte Effectuation-Methode ist eine alternative Herangehensweise zum traditionellen Ursache-Wirkungs-Denken der Entscheidungsfindung. Im Kern lässt sich der Unterschied anhand eines Kochabends wie folgt erklären:

- Bei der Causation folgt der Entrepreneur einer Planung, für die er Mittel benötigt → man kocht nach einem vorgegebenen Rezept und beschafft die nötigen Zutaten.
- Bei der Effectuation verfolgt der Entrepreneur seine Ziele mit den vorhandenen Mitteln → man kocht mit dem, was man in der Küche findet, und passt das Ziel entsprechend an.

Effectuation ist zudem der Versuch, die Denkweise von erfolgreichen und erfahrenen Entrepreneuren zu beschreiben. Hierfür erforschte Sarasvathy von Entrepreneuren angewandte heuristische Verfahren. Sie beobachtete experimentell 27 Entrepreneure, die jeweils Unternehmen mit heutigen Jahresumsätzen zwischen 200 Millionen und 6,5 Milliarden US-Dollar gründeten. Bei der Auswertung identifizierte sie Muster bei der Entscheidungsfindung, die sie unter dem Begriff Effectuation vom Konzept der Causation abgrenzte.

Die Effectuation-Methode konzentriert sich darauf, Unsicherheit zu bewältigen und Chancen in dynamischen und unvorhersehbaren Umgebungen zu schaffen. Hier sind die grundlegenden Prinzipien der Effectuation-Methode:

1. **Bird-in-Hand-Prinzip:** Statt sich ausschließlich auf die benötigten Ressourcen zu konzentrieren, geht die Effectuation-Methode davon aus, dass Unternehmer mit dem arbeiten, was sie bereits haben. Dies bedeutet, dass sie ihre eigenen Fähigkeiten, Erfahrungen und sozialen Netzwerke verwenden, um Chancen zu erkennen und zu nutzen.

2. **Verlustminimierung:** Anstatt sich ausschließlich auf den möglichen Gewinn zu konzentrieren, versucht die Effectuation-Methode, Verluste zu minimieren. Unternehmer betrachten mögliche Verluste als Teil des Risikos und prüfen, wie sie diese begrenzen können, um ihre Handlungsspielräume zu erweitern.

3. **Aspekt der Partnerschaft:** Effectuation betont die Bedeutung von Partnerschaften und Zusammenarbeit. Anstatt allein zu handeln, suchen Unternehmer nach Wegen, mit anderen Menschen zusammenzuarbeiten, um ihre Ziele zu erreichen. Durch den Aufbau von Netzwerken und Kooperationen erweitern Unternehmer ihre Ressourcen und ermöglichen Synergien.

4. **Pfadabhängigkeit:** Die Effectuation-Methode erkennt an, dass der Weg zum Erfolg nicht immer geradlinig ist. Vielmehr folgen Unternehmer einem iterativen Prozess, bei dem sie ihre Entscheidungen kontinuierlich überprüfen und anpassen. Sie lernen aus ihren Erfahrungen und passen ihre Strategie entsprechend an.

5. **Kontingenz:** Ein weiteres wichtiges Prinzip der Effectuation-Methode ist, Unsicherheit zu akzeptieren, um dann damit umzugehen. Unternehmer stellen sich auf verschiedene Szenarien ein und passen ihre Strategie entsprechend an, wenn neue Informationen oder Veränderungen auftreten.

Die Effectuation-Methode eignet sich vor allem für Start-ups und in Situationen, in denen traditionelle Planungs- und Entscheidungsmethoden nicht ausreichen. Sie ermöglicht es Unternehmern, flexibel zu agieren, Chancen zu erkennen und ihre eigenen Ressourcen optimal zu nutzen.

Ohne Staat ist kein Staat zu machen

Ehe wir uns nun endlich dem Framework zuwenden, erlauben Sie uns einen letzten Blick weit über den unternehmerischen Tellerrand. Dass die einstige Innovationskraft der deutschen Wirtschaft angesichts des technologischen Fortschritts so nachlässt, hat nämlich durchaus auch Gründe, die jenseits des unternehmerischen Handelns liegen. Wo die Rahmenbedingungen für Geschäftsmodell- und Wertschöpfungsinnovation, für Disruption und neue Wege nicht oder nur schlecht gesetzt werden, braucht man sich kaum zu wundern, wenn die derart gerahmte Wirtschaft nicht liefert. Es ist statistisch belegt und erwiesen, dass Deutschland in digitalen Fragen hinterherhinkt, und Christoph fragte schon vor einigen Jahren in einer seiner Kolumnen: »CEOs, warum beschwert ihr euch nicht?«

Unternehmen verfügen über Bedeutung und Macht und dürfen Veränderungen gern lauter und häufiger einfordern. Vier Felder halten wir dabei für bedeutsam: digitale Bildung und Weiterbildung, Breitbandausbau, Reform und Digitalisierung der Verwaltung und schließlich eine durchdachte und klug implementierte Migrationsstrategie. Die bloße Aufzählung verdeckt ein wenig die Komplexität jedes einzelnen Punktes und erst recht die komplexen Wechselwirkungen zwischen diesen Punkten.

Doch Komplexität allein rechtfertigt nicht, dass der Staat nicht handelt. Die Unternehmen sind verantwortlich dafür, Veränderung vehement einzufordern. Ein digital gut aufgestelltes Bildungssystem löst nicht automatisch die

Innovationsfragen von heute, aber zweifellos die von morgen – und dass sich Unternehmen auch morgen noch Innovationsfragen stellen können, ist ein Kernanliegen dieses Buches.

8.

Was wissen wir bereits?

Bestandsaufnahme des Status quo

Bevor wir Ihnen im letzten Kapitel den Versuch eines eigenen Modells vorstellen, betrachten wir zunächst, was zum Thema Corporate Innovation und Intrapreneurship bereits bekannt ist. Wir schauen uns verschiedene Modelle an und erörtern die Frage, wie sich die Forschung hinsichtlich der Persönlichkeitsmerkmale und Skills von Intrapreneuren äußert.

Beginnen wir mit einem Ansatz von Burns. Dieser empfiehlt initial, also vor Beginn der entsprechenden Innovationsbemühungen, ein *Corporate Entrepreneurship Audit* durchzuführen. Eine solche Untersuchung soll aufzeigen, wo das Unternehmen momentan steht, was bereits gut auf dem Weg ist und wo Verbesserungspotenzial besteht. Das komplette Audit vorzustellen, würde den Rahmen des Kapitels sprengen, aber wir skizzieren die wesentlichen Elemente. Grundsätzlich kann das Audit selbst oder unterstützt von externen Beratern erfolgen, die entsprechende Interviews durchführen.

Kulturelle Aspekte:

Zunächst geht man dabei der Frage nach, welche kulturellen Charakteristika das zu untersuchende Unternehmen ausmachen. Dies wäre etwa gegeben, wenn unter anderem folgende Aspekte als zutreffend bewertet werden:

- Die Organisation fördert eine unternehmerische Risikobereitschaft.

- Das Unternehmen unterstützt Mitarbeiter dabei, sich auf allen Ebenen zu vernetzen.
- Das Unternehmen unterstützt Kreativität und Innovation.
- Das Unternehmen toleriert Fehler.
- Die Organisation fördert das interne Teilen von Wissen.

Strukturelle Aspekte:

Der nächste Abschnitt widmet sich den strukturellen Ausprägungen einer Organisation. Hier gelten unter anderem folgende Eigenschaften als zielführend:

- Das Unternehmen ist in viele kleinere Unterstrukturen aufgeteilt.
- Die Organisation ist weder hierarchisch noch bürokratisch.
- Die Strukturen unterstützen eigenständige Entscheidungen.
- Es besteht eine Abteilung zur Entwicklung neuer Unternehmungen und Geschäftsfelder.
- Es existieren Strukturen, die das Training und die Weiterbildung von Intrapreneuren unterstützen.

Aspekte der Führung:

Der nächste Abschnitt widmet sich der Führung. Laut Burns sollten Führungskräfte, die im Kontext von Innovationsprojekten tätig sind, unter anderem visionär, emotional intelligent, resilient und Teamplayer sein. Sie sollten Vertrauen aufbauen können und in der Lage sein, strategisch zu denken. Darüber hinaus sei es zielführend, wenn das Audit den Führungskräften folgende Charakteristika attestiert:

- Sind in der Lage, zuzuhören und das Team in ihre Entscheidungen einzubinden.
- Sind in der Lage, ihre Strategie klar und verständlich zu kommunizieren.
- Das Arbeiten in crossfunktionalen Teams ist die Regel und nicht die Ausnahme.

- Haben ein gutes Verständnis hinsichtlich der Chancen und Bedrohungen des Unternehmens.
- Sind in der Lage, sich selbstkritisch zu hinterfragen.

Strategische Aspekte:

Im vierten Abschnitt des Audits beleuchtet man die strategischen Aspekte des Unternehmens. Auch sie sind elementar, um erfolgreich zu innovieren. Burns sieht es als erwiesen an, dass unter anderem folgende Charakteristika eine wirksame Strategie auszeichnen:

- Die erarbeitete Vision ist deutlich und realistisch, aber auch herausfordernd.
- Es existieren klare Werte, die sich in allen Aktivitäten des Unternehmens wiederfinden.
- Die Strategie unterstützt kommerzielle Kreativität und bezieht auch Kundenwünsche mit ein.
- Die Strategie ist an konkreten jährlichen Wachstumszielen ausgerichtet.
- Das Produkt-/Markt-Portfolio ist strategisch ausgerichtet.

Aspekte der Unternehmensumwelt:

Im letzten Abschnitt des Audits analysiert man das Umfeld des Unternehmens. Man bewertet, wie volatil oder stabil sich die Umgebung der Organisation darstellt. Hierbei identifiziert Burns unter anderem folgende Charakteristika als Indikatoren dafür, dass das Unternehmen über Innovationschancen verfügt:

- Das kommerzielle Umfeld ist äußerst wettbewerbsintensiv, instabil und kaum vorhersagbar.
- Das Umfeld ändert sich spontan und permanent.
- Es existieren keine Markteintrittsbarrieren.
- Es tauchen ständig neue Wettbewerber auf.
- Es existieren überproportional große Skalierungspotenziale.

Sie können die Charakteristika entsprechend erweitern und mittels Bewertungs-schemata betrachten und auswerten. Das Ergebnis könnte eine Matrix sein, die angibt, wo Sie entsprechend stehen. Es bietet sich an, das Verfahren alle zwei bis drei Jahre zu wiederholen, um zu prüfen, ob die hinterlegten Maßnahmen erfolg-reich waren.

Das Corporate Entrepreneurship-Modell von Bouchard und Fayolle

In diesem Abschnitt stellen wir ein Modell vor, mit dem sich Corporate Entre-preneurship operativ umsetzen lässt. Hierzu haben Bouchard und Fayolle di-verse Modelle hinsichtlich ihrer Stärken und Schwächen analysiert und sodann ein Framework formuliert. Sie stellen heraus, dass adäquat angewandtes unter-nehmerisches Unternehmertum zu folgenden Vorteilen führen kann:

- HR-Vorteile: Mitarbeiter sind zufriedener und motivierter.
- Ökonomische Vorteile: Erlöse und Gewinne steigen.
- Time to market: Die Zeit bis zum Markteintritt wird deutlich verkürzt, die Anpassungsfähigkeit (Pivot) steigt.
- Lerneffekte: Es ergeben sich signifikante Lerneffekte sowohl auf persönlicher als auch auf organisationaler Ebene.

Das Modell von Bouchard und Fayolle gliedert sich in fünf Phasen, die wir kurz skizzieren:

Eine Gelegenheit entdecken: Erfolgreiches Unternehmertum basiert seit jeher darauf, unternehmerische Gelegenheiten zu identifizieren, zu evaluieren und zu nutzen. Eine Gelegenheit kann etwa ein angemeldetes Patent, die identifizierte Schwäche eines Wettbewerbers oder ein erforschtes Kundenbedürfnis sein. Man sollte entsprechend Zeit und Engagement darauf verwenden, die Gelegenheit zu validieren, bevor sie Entscheidern präsentiert wird.

Initiale Unterstützung erhalten: Es ist wichtig, sich intern bedeutende Für-sprecher für die zu entwickelnde Idee zu suchen. Zum einen hilft deren Feedback dabei, etwaige Schwachstellen zu identifizieren und zum anderen wird der anschließende Pitch mit deren Reputation aufgeladen. Jene Fürsprecher sollten in der Organisation bekannt sein, die Idee sollte zur Strategie der Firma passen und praktisch umsetzbar sein. Man kann es als sinnvoll investierte Zeit ansehen, wenn die Ideengeber sich mit der Motivation und den Zielen des potenziellen Fürsprechers beschäftigen. Was hat er/sie davon, wenn er/sie mich unterstützt?

Offizielle Unterstützung erhalten: Um ein Team aufbauen und zum Beispiel einen Prototyp produzieren zu können, sind entsprechende Ressourcen vonnöten. Durch den gewonnenen Führsprecher steigen die Chancen, das Management davon zu überzeugen, das Projekt zu unterstützen. Man sollte einen Businessplan entwickeln, um Chancen und Risiken entsprechend einzuschätzen. Konkrete Kaufabsichten, etwa in Form von Absichtserklärungen (LoI) seitens der Kundschaft, helfen dabei, einer aufkommenden Opposition den Wind aus den Segeln zu nehmen.

Die **Implementierungsphase:** »Make it happen« ist nun angesagt. In dieser Phase geht es darum, das Projekt etwa über ein Minimum Viable Product (MVP), also ein Produkt mit den minimal erforderlichen Eigenschaften, um das Werteversprechen einzulösen, auf den Markt zu bringen. Man sollte belastbare Indikatoren am Markt identifizieren, um eine weitere Finanzierung für die anschließende Skalierung des Projekts sicherzustellen. Spätestens jetzt wird aus einem Soloprojekt eines einzelnen Intrapreneurs ein Teamprojekt. Die größten Risiken in dieser Phase sind entweder technischer Natur, unvorhergesehene Kosten oder dass es zu keinem Product-Market-Fit kommt.

Den **Ausstieg** planen: Die wenigsten Unternehmen haben bereits geregelt, wie die ideengebenden Intrapreneure zu entlohnen sind. Eine Beteiligung am Unternehmenserfolg erachten Bouchard und Fayolle jedoch als elementar, um einen anhaltenden Ideenstrom zu gewährleisten. Jene Entlohnung kann monetär erfolgen, etwa über Boni, Gewinnbeteiligungen oder den Übertrag von Anteilen. Auch nichtmonetäre, jedoch wertschätzende Maßnahmen wie die Sichtbarkeit und Wahrnehmung der Intrapreneure im Unternehmen sind wirksam. Schließlich können auch weitere Karriereschritte die Intrapreneure motivieren, wenn das Unternehmen ihnen nach erfolgreichem Projekt-abschluss entsprechende Angebote unterbreitet oder wenn es ihren Wünschen entspricht.

Intrapreneure finden und befähigen

Im nächsten Abschnitt dieses Kapitels betrachten wir zum einen, welche Fähig-keiten Intrapreneure mitbringen sollten und über welche Persönlichkeitsmerk-male sie idealerweise verfügen. Zum anderen stellen wir ein Modell vor, mit dem Sie Schritt für Schritt ein eigenes Intrapreneurship-Programm auf die Beine stel-len können.

Beginnen wir mit dem Skill-Set für Intrapreneure. Zunächst sei angemerkt, dass es nicht DEN einen »One-size-fits-all«-Ansatz für jedes Unternehmen gibt. Dafür sind Innovationsprojekte viel zu dynamisch und volatil.

Der BVR (Bundesverband der Deutschen Volksbanken und Raiffeisen-banken) hat 2022 gemeinsam mit dem CFin (Resarch Center For Financial Services) eine Studie zum Thema »Future Work Skills« durchgeführt. In meh-reren Iterationen wurden mehr als 100 Skills aus der internationalen und ak-tuellen Fachliteratur analysiert und zusammengefasst, woraus praxisnahe Profile abgeleitet und geeignete Integrationsmöglichkeiten für Genossenschaftsbanken aufgezeigt wurden.

Die Studie kommt zu dem Schluss, dass zumindest für den Bankensektor folgende neun Fähigkeiten notwendig seien, um die Organisationen unter-nehmerisch weiterzuentwickeln:

1. **Softwareverständnis:** beschreibt die Fähigkeit, sich in der digitalen Welt zurechtzufinden und sie effizient zu nutzen. Dabei geht es jedoch eher darum, Software anzuwenden, als um die tatsächliche Programmierung.
2. **Datenmanagement:** Dies betrifft nicht allein die Verwaltung von Daten, son-dern auch das Verständnis, welchen Wert Daten für die eigene Arbeit be-ziehungsweise das Unternehmen besitzen.
3. **Medien- und Informationskompetenz:** beschreibt den sicheren Umgang mit Medien und Informationen aller Art sowie deren Interpretation und Be-wertung in puncto Zuverlässigkeit.

4. **Digitale Zusammenarbeit:** Die Fähigkeit, im räumlich getrennten Umfeld gemeinsam zu arbeiten und zu reflektieren, welche Lösungen sich für welche Arbeitsschritte eignen.

5. **Soziokulturelle Kompetenz:** Eine weitere Fähigkeit bezieht sich auf die Zusammenarbeit von Menschen unterschiedlicher Herkunft und Werte. Gerade vor dem Hintergrund der Wirksamkeit interdisziplinärer und crossfunktionaler Teams ist dieser Skill unerlässlich.

6. **Nachhaltigkeitskompetenz:** Existieren ökologische, ökonomische und soziale Aspekte in Entscheidungsprozessen, ist eine Nachhaltigkeitskompetenz vonnöten. Nicht jede unternehmerische Gelegenheit sollte etwa vor dem Hintergrund der grünen Transformation auch tatsächlich genutzt werden.

7. **Agile Methodenkompetenz:** meint die Fähigkeit, schnell und flexibel auf Veränderungen zu reagieren, wie etwa Innovationsprojekte in kurzfristigen Iterationen zu realisieren.

8. **Intrapreneurship:** Die Kompetenz, unternehmerisches Denken und Handeln innerhalb einer Organisation zu fördern. So kann man Innovationen vorantreiben und unternehmerische Gelegenheiten nutzen, um sich erfolgreich am Markt zu positionieren.

9. **Strukturiertes Problemlösen:** befähigt mittels Problemdefinition, Reduktion, Vereinfachung und Mustererkennung, systematisch und analytisch zu denken.

Stumpf et al. kommen zu vergleichbaren Ergebnissen. Sie identifizieren ergänzend folgende Fähigkeiten:

1. **Fähigkeiten zur Entwicklung neuer Ideen:** Dies würde Kreativität, Innovativität und unkonventionelles Denken voraussetzen.

2. **Fähigkeiten zum Erkennen von (unternehmerischen) Gelegenheiten:** Ein sogenanntes »environmental scanning«, um Chancen wahrzunehmen, oder das »need finding«, um Kundenbedürfnisse zu erkennen, seien hier entsprechend wirksam.

3. **Validieren und Bewerten von Möglichkeiten:** Hier würden insbesondere analytische und evidenzbasierte Fähigkeiten helfen. Die Kompetenzen, sachgemäß Hypothesen aufzustellen (wissenschaftliches Arbeiten) und die geeignete Zielgruppe zu identifizieren (etwa unter Anwendung von Sinus-Milieus) sind dieser Gruppe von Skills zuzuordnen.

4. **Netzwerkfähigkeiten sowie Überzeugungskraft, Kooperations- und Team-fähigkeit:** seien notwendig, um zum einen entsprechende Fürsprecher zu finden und Entscheider zu überzeugen und zum anderen, um zum Beispiel Kreativworkshops zu moderieren.

Persönlichkeitsmerkmale

Wir beenden diesen Abschnitt mit dem versprochenen Blick auf Persönlich-keitsmerkmale, die für Intrapreneure typisch oder förderlich sind. Grundsätz-lich herrscht in der Forschung die Auffassung vor, dass zum einen viele Über-schneidungen hinsichtlich der Persönlichkeitsmerkmale mit Entrepreneuren existieren, zum anderen jedoch auch signifikante Unterschiede bestehen.

So ist es etwa typisch für Entrepreneure, besonders extrovertiert und »laut« aufzutreten, ihre Überzeugungen gegen diverse Widerstände zu vertreten und kaum ein »Nein« zu akzeptieren. Wenn sie sich so verhalten, dürften Intrapre-neure bereits früh scheitern. Denn sie sind auf ihr diplomatisches Geschick an-gewiesen, haben kein Problem damit, aus der zweiten Reihe zu agieren und schla-gen eher die »leisen« Töne an.

Chochoiek stellt heraus, dass sich das Big-Five-Modell eignet, um die Persön-lichkeitsmerkmale von Intrapreneuren zu beschreiben. Jene Makroeigenschaften sind freilich ein Spektrum, das von Person zu Person variiert.

1. **Offenheit für Erfahrungen:** Breite, Tiefe, Originalität und Komplexität des mentalen und realen Lebens von Individuen.
2. **Gewissenhaftigkeit:** meint die gesellschaftlich vorgeschriebene Kontrolle von Impulsen, die aufgabe- und zielorientiertes Verhalten begünstigt.
3. **Geselligkeit:** bezieht sich auf die Herangehensweise an die soziale und mate-rielle Welt und schließt etwa Eigenschaften wie Durchsetzungsvermögen und positive Emotionalität mit ein.
4. **Verträglichkeit:** beschreibt eine gemeinschaftliche, prosoziale Haltung, unter Einsatz von Altruismus, Vertrauen und Bescheidenheit.
5. **Neurotizismus:** stellt emotionale Stabilität negativer Emotionalität, etwa in Form von Ängsten und Anspannungen, gegenüber.

Chochoiek vergleicht jene Persönlichkeitsmerkmale sodann auch innerhalb der Gruppe von Intrapreneuren, Entrepreneuren und Managern. Während Intrapreneure gewissenhafter seien als Entrepreneure und verträglicher als Manager, strebten Entrepreneure mehr nach Unabhängigkeit als Intrapreneure. Zudem sei der Neurotizismus bei Managern größer ausgeprägt als bei Intrapreneuren.

Interessant ist schließlich auch eine Beobachtung von Christou et al. In einer Untersuchung zur Veränderungsbereitschaft im Handwerk fanden sie heraus, dass sich Führungskräfte und Mitarbeiter zwar als digital affin und aufgeschlossen erweisen, jedoch würde sich im Datenmaterial zeigen, dass die Beurteilung der betrieblichen Wirksamkeit tendenziell negativ ausfällt.

Insbesondere ältere Kollegen würden in Hinblick auf digitale Veränderungen als resigniert und ungeeignet eingeschätzt. Dieses Phänomen würde Analogien zur sogenannten *Sündenbock-Theorie* aufweisen. Orientiert an dem entsprechenden »Sündenbockmechanismus« hätten die Interviewten ihre Frustration über die digitale Stagnation des Betriebs auf jene Kollegen projiziert, die in ihren Augen für den Status quo verantwortlich seien. Allerdings würde das Interviewmaterial auch ein mitarbeiterseitiges Bedürfnis nach mehr Kollaboration im Transformationsprozess zeigen.

Ein Intrapreneurship-Programm aufsetzen

Nachdem wir nun diskutiert haben, welche Persönlichkeitsmerkmale Intrapreneure aufweisen und über welche Fähigkeiten sie verfügen sollten, betrachten wir nun ein Modell zum Aufbau eines Intrapreneurship-Programms.

Bry entwickelte dieses Modell unter Verweis und nach Auswertung diverser Praxisbeispiele. Er schlägt einen zehnstufigen Prozess mit folgenden Schritten vor:

1. **Was ist unser Warum, und wie richten wir uns strategisch aus?** Es wird empfohlen, zu Beginn den Sinn und Zweck des Programms zu definieren. Was ist uns wichtig, und woran würden wir merken, es erreicht zu haben? Ein »Warum« könnte etwa sein, neue Produkte zu entwickeln, oder das bestehende Geschäft gegen Angriffe durch Start-ups zu sichern. Eine Gefahr sei hier, dass man vor dem eigentlichen Problem zurückweicht und es nicht

präzise beim Namen nennt. Wichtig ist in dieser Phase auch über Budget-fragen zu sprechen und wie der Erfolg des Programms gemessen werden kann.

2. **Was ist das Werteversprechen für die Intrapreneure und die Zielgruppe?** Hier soll beschrieben werden, welche Vorteile sich für die Intrapreneure und die Zielgruppe des Unternehmens ergeben. Was lernen die Mitarbeiter in welchen Formaten? Wie wird das Programm in das Tagesgeschäft integriert? Welche Mitarbeiter können sich bewerben? Eine der Hauptgefahren besteht laut Bry in dieser Phase darin, dass sich die Initiatoren zu sehr in ihre eigene Lösung verlieben, anstatt diese tatsächlich an den Bedürfnissen der Mitarbeiter und der Zielgruppe auszurichten.

3. **Förderung:** Wer unterstützt das Programm wie und wer führt es durch? Kommen auch externe Trainer zum Einsatz? Warum eignen sie sich explizit für Ihr Programm? Ist er/sie in der Lage, alle Beteiligten über die Ergebnisse und den Fortschritt des Programms zu informieren?

4. **Intrapreneurship-Prozess – Identifizieren, Auswählen und Inkubation:** In dieser Phase wird beschrieben, wie Ideen entstehen können, wie sie nach welchen Kriterien bewertet und ausgewählt werden und ob sowohl externe Innovationen als auch interne Verbesserungen zugelassen sind. Wie setzt sich die Jury zusammen, und wie oft tagt sie? Wann wird eine Ideenentwicklung abgebrochen, und wann darf man sie weiterverfolgen? In dieser Phase liegt eine große Gefahr darin, dass Erwartungen nicht klar kommuniziert werden und es dadurch zu Enttäuschungen kommt.

5. **Entwicklungsstand der Intrapreneure, Coaching und Ressourcen:** In diesem Schritt soll detailliert beschrieben werden, in welcher Zeitspanne (Vollzeit oder Teilzeit?) die Intrapreneure ihre Ideen entwickeln können, an welchen Stellen sie welches Coaching erhalten und welche Ressourcen sie verwenden dürfen. Welche Rolle nimmt der Intrapreneur ein? Welche Skills besitzt er eventuell bereits im Vergleich zu anderen? Wer managt den gesamten Prozess? Da die Projekte inhaltlich äußerst variabel sind, empfiehlt es sich, die Rahmenbedingungen des Programms klar zu strukturieren.

6. **Verpflichtung der Geschäftsbereiche:** In diesem Schritt geht es darum, einzelne Geschäftsbereiche in die Projekte einzubinden und sie zu überzeugen, sich aktiv einzubringen. Intrapreneure könnten sich fragen: Welches sind die aktu-

ellen Herausforderungen, an denen die Teams arbeiten? Wie kann das Intrapreneurship-Programm die Teams dabei unterstützen? Umgekehrt ist es etwa auch denkbar, dass Geschäftsbereiche eigene Ideen für das Programm vorschlagen. Die Gefahr besteht bei diesem Schritt darin, die Business Units zu spät in die Projekte zu integrieren und dadurch ungewollte Abwehrmechanismen zu erzeugen.

7. **Ausstiegsszenarios, Geschäfts(-modell-)entwicklung und Skalierung:** Hier sollte beschrieben werden, wie die Intrapreneure aus den Projekten aussteigen können und was es ihnen bringt. Gleiches gilt auch für die Verwertungsoptionen aus Unternehmenssicht. Soll das eventuell entwickelte Produkt innerhalb des Unternehmens verwendet und zum Beispiel an die zuständige Business Unit übergeben werden? Soll ein Spin-off stattfinden? Sollen die entwickelten Assets direkt verkauft werden? Wenn man selbst skalieren soll, ist auch zu definieren, welche Strategie entsprechend passt – ein Geschäftsmodell finden, Internationalisierung und so weiter. Gerade die Geschäfts(-modell-)entwicklung unterschätzt man häufig. Abermals gilt: Eine gute Erfindung ist noch lange keine Innovation.

8. **Unternehmerische Kultur, Attraktivität des Unternehmens und gesellschaftliche Wirkung:** In dieser Phase soll beschrieben werden, wie sich das Programm auf die Kultur eines Unternehmens auswirken kann, wie dadurch auch neue Talente gewonnen werden oder soziale Projekte unterstützt werden können. Jene Effekte entstehen mithin ergänzend positiv zu den in Schritt zwei beschriebenen Zielen. Getreu dem Motto »Tue Gutes und sprich darüber!« sollte man hier eine entsprechend interne und externe Kommunikationsstrategie hinsichtlich des Programms entwickeln. Wie können die Intrapreneure nach Rückkehr in ihre Geschäftsbereiche den Spirit des Programms in das Unternehmen tragen?

9. **Innovations-Ökosystem:** In diesem Schritt erarbeitet man, wo und mit welchen konkreten Tools das Programm stattfindet. Es existieren verschiedene Arten von Innovationslaboren mit entsprechenden Vor- und Nachteilen. Einige eignen sich dafür, Prototypen schnell zu entwickeln, andere fördern Open-Innovation durch kollaborative Nutzung, und wieder andere sind reine Testlabore. Finden Sie, etwa durch Hospitanzen und Testprojekte, heraus, welches Setting am besten zu Ihnen passt. Wichtig ist, alle(!) Projekte zu dokumentieren und aufzubereiten, um anschließend aus ihnen zu lernen. An-

sonsten besteht die Gefahr, dass die Projekte eine Art Black Box werden, von der niemand weiß, was da genau passiert.

10. **Wertschöpfung, Kennzahlen und Business-Cases:** Um aufzuzeigen, dass das Programm wirkt, sollte man diverse Aspekte messen. Dies können unter anderem folgende Kennzahlen sein: Wie viele Ideen wurden eingereicht? Wie viele davon erreichen welche Stufe? Welche Erlöse hat man, gemessen an den Investitionen, erzielt? Wie schnell gelang die Transformation von der Idee zum Markteintritt? Wie bewerten die Kunden die Projekte? Ferner: Wie hat sich die Fluktuation der Mitarbeiter seit Einführung des Programms verändert? Wie wird das Unternehmen als Arbeitgeber bewertet? Wichtig ist, dass die erhobenen Metriken zur Strategie des Unternehmens passen und eventuell angeglichen werden.

Wie bereits angesprochen gibt es keine Blaupause des perfekten Intrapreneurship-Programms für Ihr Unternehmen. Sie wissen nun aber, was gute Intrapreneure ausmacht und verfügen über einen Fahrplan, um sie auszubilden und ganz nebenbei Innovationen hervorzubringen. Ihr eigenes Programm generieren Sie, wenn Sie herausfinden, was in Ihrer Branche bereits existiert. Anschließend entwickeln Sie, etwa anhand der skizzierten Modelle, etwas eigenes und folgen dem bekannten Prinzip von trial and error – Perfektion gibt es hierbei nicht.

Was sonst noch wichtig ist?

Wir beenden dieses Kapitel mit einem Exkurs zum Thema *New Work*. Das neue Arbeiten begegnet uns in diesem Buch häufig, daher schauen wir uns einmal einige wichtige Elemente an:

Zum Thema New Work existiert eine ganze Armada von Büchern, aber ohne einen kurzen Exkurs dazu wollen wir Sie nicht ins Innovationsgetümmel schubsen. Worum geht es dabei? Was soll das Ganze? Und was hat das mit Ihnen zu tun? Die Ursprünge von New Work finden sich bereits in den 1970er-Jahren, aber erst in den letzten Jahren hat das Konzept Fahrt aufgenommen.

Der Philosoph und Anthropologe Frithjof Bergmann entwickelte eine Vision für neue Arbeit. Er installierte damit den Begriff New Work als Gegenmodell zum kapitalistisch geprägten Arbeitsmodell. Bergmann schlug damals dem Management seines Arbeitgebers General Motors vor, den Mitarbeitern zu erlauben, die mittels Digitalisierung frei gewordene Zeit mit der Suche nach ihrer Berufung zu verbringen. Von ihm stammt auch das Zitat: »Für viele ist New Work etwas, was Arbeit ein bisschen reizvoller macht, quasi Lohnarbeit im Minirock.«

Im Kern lässt sich der New-Work-Ansatz auf die Symbiose folgender drei Bereiche herunterbrechen:

- (Agile) Methoden anwenden, etwa Scrum, Design Thinking oder Kanban
- Raumkonzepte nutzen, etwa Innovation-Labs, Desk Sharing oder Coworking-Räume
- Digitale Tools und Führungsmethoden einsetzen wie etwa SaaS-Lösungen (zum Beispiel Zoom) oder OKRs

Die nachfolgenden Überlegungen sollen Sie animieren, so noch nicht geschehen, sich etwas detaillierter mit dem New-Work-Konzept auseinanderzusetzen, denn es lohnt sich. Beginnen wir mit agilen Methoden. Immer wieder ist zu erleben, dass Innovationsstrategien halbseidenen Aussagen entspringen wie: *Wir müssen agiler werden.* Aha, warum denn? Fragen Sie doch einmal Kollegen, Berater oder Vertreter, welchen Vorteil es überhaupt bringt, agil zu arbeiten. Viele werden Ihnen mit nichtssagenden Worthülsen antworten.

Für Henry Ford etwa gab es überhaupt keine Veranlassung, agil zu arbeiten. Er perfektionierte die von Frederick Taylor entwickelte Fließbandarbeit derart, dass er sein T-Modell anstatt für 850 US-Dollar fortan für 300 US-Dollar anbieten konnte. Die Kehrseite der Medaille lautete: »Sie können mein T-Modell in jeder erdenklichen Farbe erwerben – solange sie schwarz ist.« Demgegenüber steht folgende Zahl: 188.894.659.314.785.808.547.804. Dabei handelt es sich um die theoretische Anzahl aller möglichen Ausstattungskombinationen der Serie des 3er BMW (E90-E93).

Die Massenproduktion führte dazu, dass sich das Verhältnis aus Angebot und Nachfrage umkehrte, wir nur noch von Werbung umgeben sind und es praktisch nichts gibt, was es nicht gibt. Neue Methoden mussten her. Und während Sie nach wie vor einen Tisch oder ein Mischbrot hervorragend nach dem Wasserfallprinzip produzieren können, benötigen Sie für Dinge, bei denen Sie am Anfang noch nicht wissen, wie sie am Ende aussehen werden, andere Methoden – agile Methoden.

Scrum ist zum Beispiel solch eine agile Methode. Anders als der Bäcker, der rückwärts planen kann (um 07.00 Uhr müssen die Brote im Laden liegen, eine Stunde backen, eine Stunde Teig anrühren, also um 05.00 Uhr anfangen) wissen etwa Softwareentwickler um 05.00 Uhr noch nicht einmal, was da um 07.00 Uhr im Laden liegen soll. Sie haben bestenfalls eine Ahnung, ob es ein Brot, ein Kuchen, oder Kekse werden sollen. Deshalb backen sie auch nicht einfach so drauflos und stellen am Ende fest, dass das niemand will (und verbrennen Geld), sondern sie backen sogenannte Inkremente, zeigen diese den Kunden und tasten sich so Stück für Stück voran. Somit senken sie das Risiko, am Markt vorbeizuproduzieren.

Kanban ist tatsächlich keine agile Methode, sondern wird auf Prozesse angewandt, um diese zu verbessern. Wenn Sie irgendwo eine Tabelle mit den Spalten *to do, doing, done* sehen und Ihnen der Verfasser der Tabelle erklärt, dies sei ein Kanban-Board, dann sprechen Sie über viele Dinge mit demjenigen – nur bitte nicht über Kanban. Der große Vorteil von Kanban ist, dass es Stress bei den Mitarbeitern reduziert. Etwa Stress, der dadurch ausgelöst wird, dass Arbeitsaufträge aus verschiedenen Richtungen mit zunehmend ausufernden Prioritäten an die Mitarbeiter herangetragen werden und diese schlichtweg darin versinken. Durch Kanban lässt sich dies besser steuern, indem sich die Mitarbeiter den nächsten Vorgang ziehen und sogenannte *Work in Progress-Limits* vergeben. Kanban steuert die Arbeit, nicht die Mitarbeiter. Falls Ihre Prozesse also chaotisch ablaufen, lesen Sie Bücher von Klaus Leopold und probieren Sie Kanban aus.

New Work besteht jedoch nicht nur aus Methoden und digitalen Helferlein wie Slack, Evernote oder Trello, sondern auch aus Raumkonzepten. Im Zuge von Innovationsprojekten fallen viele und unterschiedliche Arbeitsschritte an. Mal arbeiten Sie kollaborativ im Team in einem Kreativworkshop an neuen Ideen, mal tauschen Sie sich virtuell mit einem Kollegen in Übersee aus, und wieder ein anderes Mal grübeln Sie im stillen Kämmerlein über eine knifflige Frage nach.

Jede Situation benötigt andere Raumkonzepte. Aber Vorsicht! Auch hier gilt: Bitte kein Aktionismus! Widerstehen Sie dem Versuch, Ihre Räumlichkeiten sofort mit Sitzsäcken, Kickertischen und Lavalampen zu spicken, das geht garantiert in die Hose. Nehmen Sie Ihr Team mit und testen Sie. Besuchen Sie andere Unternehmen, mieten Sie Räume in Co-Working-Spaces, konsultieren Sie Berater und lesen Sie Erfahrungsberichte. Jedes Unternehmen kennt seine eigene Dynamik mit unterschiedlichen Charakteren, die sich erfolgreich (und zu Recht) gegen standardisierte Blaupausen wehren. Irgendwann wissen Sie und Ihr Team, was für Sie funktioniert oder was nicht, und dann gehen Sie auf Einkaufstour.

Gleiches gilt übrigens auch abschließend für das mobile Arbeiten oder das Arbeiten in *virtuellen Teams*. Viele Unternehmen machen es sich unserer Meinung nach immer noch zu einfach, indem sie behaupten, dass ihre Arbeit nicht im Homeoffice zu erledigen sei. Natürlich können Sie nicht einen Kuchenteig mittels Zoom vom Bett aus kneten, da beißt die Maus keinen Faden ab. Dennoch gibt es inzwischen diverse Beispiele, in denen auch in vermeintlichen »New Work Sperrzonen« Fortschritte möglich sind, wie zum Beispiel Vera Starker in der Medizin zeigt.

Die Talente von heute erwarten schlichtweg von Ihnen, dass Sie hier kreativ werden, und dank Corona hat sich auch viel bewegt in den vergangenen Jahren. Dennoch ist es gerade zu Beginn von Projekten auch heute noch wichtiger denn je, sich analog zu treffen. Beabsichtigen Sie zum Beispiel mit virtuellen Teams zu arbeiten, sollten Sie folgenden Rat beachten:

Eine Hamburger Webagentur überlegte sich einst, es könne eine schlaue Idee sein, die immer massiver steigenden Gehälter von Entwicklern insofern zu vermeiden, indem sie nur die Kundenbetreuer hier in Deutschland beschäftigen und fürs Coding Leute aus Indien und Polen einbinden. Dies klappte insofern bestens, als dass man etwa Zweierteams bildete: Der indische Kollege erstellt den Quellcode, der Kollege aus Polen kontrolliert die Ergebnisse in puncto Qualität.

Glücklicherweise hat die Agentur den Rat von Peter Ivanov berücksichtigt, der als Experte für virtuelle Teams gilt. Das Wichtigste sei zunächst, dass sich alle Kolleginnen und Kollegen VOR dem Projektbeginn einmal vor Ort treffen und kennenlernen. Hierfür genügen ein bis zwei Tage, in denen man sich gegenseitig vorstellt und erste kleinere Aufgaben bearbeitet. Kommt es anschließend zu virtuellen Konfliktsituationen, lassen sich diese weitaus einfacher beheben, wenn man weiß, wer die Person da am anderen Ende der digitalen Leitung ist.

Viel Spaß beim Entdecken des neuen Arbeitens, Sie können das!

9.

Die goldene Formel

Das Innovations-Erfolgsframework

Nachdem wir in den vorangegangenen Kapiteln nun an diversen Fallbeispielen die unterschiedlichen Elemente des Corporate Entrepreneurship diskutiert haben, versuchen wir in diesem Kapitel, ein eigenes Framework zu entwickeln. Dabei handelt es sich um eine Art Best of des Innovationswissens aus der Literatur, Podcasts, selbst durchgeführten Befragungen und aus eigenen Erfahrungen.

Bevor wir beginnen, sei kurz erwähnt, für wen das Framework sich zu eignen scheint, was wir uns davon versprechen und wo wir Grenzen sehen. Wir möchten mittelständischen Unternehmen damit konkrete Handlungsempfehlungen an die Hand geben, strukturiert Innovationen zu entwickeln. Damit meinen wir insbesondere jene Firmen, die wissen, dass sie etwas tun müssen, jedoch nicht, wo sie beginnen sollen, was konkret zu tun ist und welche Fehler sie lieber anderen überlassen.

Wir zeigen auf den folgenden Seiten Wege auf, wie Corporate Entrepreneurship gelingen kann und wie man die gröbsten Fehler vermeidet. Keineswegs erliegen wir der Hybris, damit sämtliche Fragen beantworten und alle Eventualitäten abbilden zu können. Dafür sind Innovationsprojekte viel zu dynamisch, die handelnden Akteure zu unterschiedlich und unser Wissensportfolio zu bescheiden. Wohl aber sind wir davon überzeugt, die wichtigsten Erfolgsfaktoren erfasst zu haben und mit den nachfolgenden Empfehlungen die Wahrscheinlichkeit stark zu erhöhen, ein grundsätzliches Scheitern der Innovationsbemühungen zu vermeiden.

Phase 1: Innovationsbereitschaft herstellen

Kernaussage//Handlungsempfehlung: Bevor Sie loslegen, gilt es, einige Dinge sicherzustellen oder zu erarbeiten. Dazu gehören unter anderem folgende Aspekte: einholen beziehungsweise aussprechen der verpflichtenden Bereitschaft seitens der Geschäftsführung, die Innovationsbemühungen zu unterstützen, zu fördern und eine entsprechende Fehlerkultur zu begrüßen. Konkrete Innovationsziele erarbeiten, allgemeine Aussagen wie »Wir wollen innovativer und agiler werden« sind zu unpräzise. Die Erwartungshaltung, ob die geplanten Innovationsschritte wirken werden, sollte innerhalb des gesamten Unternehmens eher mittel-, denn kurzfristig angelegt sein und sich nicht ausschließlich auf ökonomische Effekte beziehen.

Innovationsprojekte haben zwar einen Anfang, verlaufen aber selten völlig linear. Vermutlich wird man sie auch nie wirklich beenden, sobald man erkannt hat, wie notwendig und flächendeckend vorteilhaft sie sind. Auch wenn wir in den nachfolgenden Abschnitten eine gewisse Chronologie einhalten, merken wir hier doch klar an, dass Innovationsprojekte in den seltensten Fällen Schritt für Schritt umgesetzt werden (können). Vielmehr ist es so, dass man nach einem Start diverse Schritte parallel anstößt, die in einem jeweils unterschiedlichen Tempo voranschreiten und eventuell wiederholt oder angepasst werden müssen.

Zunächst sollte jedoch klar sein: Es braucht einen Startschuss. Jemand muss die Lösung aussprechen, dass das Unternehmen nunmehr Konzepte des Corporate Entrepreneurship umsetzen und sodann Innovationsstrategien umsetzen wird. Idealerweise entscheidet und verkündet die Unternehmensführung diesen Start oder kündigt eine Neuauflage oder Anpassung an, falls man bereits versucht hat, Innovationen zu entwickeln.

Wie wichtig diese klaren und unbedingten Bekenntnisse seitens der Unternehmensführung sind, kann nicht deutlich genug herausgestellt werden. Ausnahmslos jedes Unternehmen, mit dem wir gesprochen oder von deren erfolgreichen Innovationsstrategien wir über andere Kanäle erfahren haben, äußerte sich dahingehend, über eine klare Rückendeckung seitens des Managements zu verfügen.

Ohne klare Ziele wird das nichts

Ein weiterer maßgeblicher Aspekt, um Innovationsbereitschaft herzustellen, ist, klare Ziele zu formulieren. Unambitionierte und schwammige Aussagen wie »Wir wollen innovativer, agiler, oder kundenorientierter werden« sind völlig ungeeignet. Warum? Weil sie weder messbar noch zu managen sind und weil sie keinerlei Ambitionen wecken. Folgende Aussagen passen eher, um Innovationsbemühungen auf den Weg zu bringen:

- Wir wollen innerhalb von fünf Jahren in unserem Segment in der DACH-Region Marktführer werden.
- Wir wollen innerhalb von drei Jahren den Net Promoter Score von 38 auf 50 erhöhen.
- Wir wollen ein attraktiverer Arbeitgeber werden und die Fluktuation innerhalb von drei Jahren von 3,7 Prozent auf 3,0 Prozent reduzieren.
- Wir wollen innerhalb von fünf Jahren drei neue Produkte erfolgreich am Markt platzieren, um unabhängiger von unserem bisherigen Geschäftsmodell zu werden.

Innerhalb dieser übergeordneten Ziele ließen sich vertiefend auch konkrete Vorhaben benennen wie:

- Einführung einer neuen Cloud-Plattform mit erweiterten Sicherheitsfunktionen und erhöhter Skalierbarkeit bis Ende des Jahres XYZ.
- Implementierung des autonomen Fahrens der Stufe vier in einer Modellreihe für verbesserte Sicherheit und Komfort innerhalb von drei Jahren.
- Implementierung einer nahtlosen Omnichannel-Strategie zur Verbesserung der Kundenerfahrung und Steigerung der Kundenbindung unter Nutzung von KI-Technologien.
- Entwicklung und Implementierung eines neuen Lieferkettenmanagementsystems zur KI-basierten Optimierung der Bestandsverwaltung und Prozessoptimierung.

Je klarer Sie beim Erarbeiten von Zielen vorgehen, und je intensiver Sie Mitarbeiter dabei einbinden, desto wahrscheinlicher ist es, dass sich Ihre Belegschaft beziehungsweise Ihre Kollegen damit identifizieren und sich auch vorstellen können, was zu tun ist.

Phase 2: Infrastruktur schaffen//Auftaktveranstaltung

Kernaussage//Handlungsempfehlung: Schaffen Sie einen Fokus durch eine Auftaktveranstaltung, sammeln Sie dort erste Ideen beziehungsweise verdichten diese und erzeugen so eine entsprechende Wahrnehmung im Unternehmen.

Es ließen sich diverse Wege skizzieren, um damit zu beginnen, Ihre Innovationsstrategie zu starten. DEN perfekten Weg kennen auch wir nicht, zumal wir auch nicht wissen, ob und wenn ja, wo, Sie bereits begonnen haben. Die sich hier häufig stellende Kernfrage ist: Wählen wir einen zentralen oder einen dezentralen Ansatz? Wir empfehlen Ihnen den Mittelweg, ein *hybrides Konstrukt*. Es kann nützen, die Innovationsgeschicke zentral zu verankern, wie dies etwa DB Schenker umsetzt. Hier dürfte jedoch nicht zuletzt die Mitarbeiteranzahl von 78.000 dafür sorgen, dass ein dezentraler Ansatz schwierig umzusetzen ist. Wenn Sie einen dezentralen Weg gehen, also einen Innovationshub gründen, wie etwa die DEUTZ AG, dann werden interne Abwehrmechanismen auftreten, und Sie müssen das richtige Nähe-Distanz-Verhältnis ermitteln, worauf wir später noch zu sprechen kommen.

Für einen hybriden Ansatz spricht, dass etwa ein Kernteam in der Muttergesellschaft fest verankert ist, die Nähe zur Geschäftsführung hält, die Kommunikation steuert und Teams zusammenstellt, während man im dezentralen Innovationshub die Projekte umsetzt. Letzteres bietet die Vorteile, dass die Mitarbeiter nicht durch das Tagesgeschäft abgelenkt werden, eine große Nähe zum Kunden entstehen kann und umgekehrt die dort stattfindenden Projekte nicht für »Unruhe/Ablenkung« im Mutterunternehmen sorgen.

Auftakt im Workshop

Sie können damit beginnen, einen Workshop zu planen, bei dem Sie einerseits die Ziele und Vorgehensweise der Innovationsbemühungen verkünden und andererseits eine erste Runde stattfinden lassen, in der Mitarbeiter ihre Ideen äußern können. Dies sollten Sie mit einer entsprechenden Vorlaufzeit ankündigen und planen.

Thema eines solchen Workshops könnte etwa sein, dass Sie die zuvor erwähnten Ziele und Strategien erarbeiten und für Sie passende Innovationsfelder erarbeiten. Bei Letzterem kann Ihnen zum Beispiel die Megatrend-Map des Zukunftsinstituts oder das Trendradar von TRENDONE helfen. Oder Sie recherchieren einmal, welche Wikipedia-Edits kürzlich zu Themen Ihrer Branche erschienen sind. Versuchen Sie, dabei auf ein wirklich relevantes Problem zu stoßen, wie etwa im Fall der Quotes beim Unternehmen Sourceability beschrieben.

Wichtig ist, einzugrenzen, in welchen Bereichen Ideen entwickelt werden sollen. So käme die Lufthansa nicht auf die Idee, Wellness-Salons für Hunde zu eröffnen, auch wenn sicherlich viele Hundebesitzer mit der Lufthansa fliegen. Denken Sie an den Dreamguard-Case der Dräger Garage, die Entwicklungen sollten sich nicht zu weit von Ihrem Kerngeschäft entfernen.

Bis zum Auftaktworkshop können Sie Ideen über Tools wie *https://www.hypeinnovation.de/* oder *https://www.qmarkets.net/* sammeln und darum bitten, dass Einfälle bis zu einem bestimmten Stichtag einzureichen sind. Zuvor können Sie eine Jury besetzen, die sodann die eingegangenen Ideen bewertet und die mit dem offenbar größten Potenzial auswählt. Für diese Bewertung empfiehlt sich ein standardisiertes Verfahren, an deren Entwicklung Sie Ihre Mitarbeiter beteiligen sollten. Der Hintergrund ist, dass die Belegschaft zwar durchaus bereit ist, Ideen einzubringen, aber natürlich ungern sieht, dass diese nicht weiterverfolgt werden. Wenn Sie möchten, dass die Ideengeber von abgelehnten Ansätzen in der nächsten Runde erneut kreativ werden, sollten Sie ein Bewertungskonzept erarbeiten, mit dem die meisten einverstanden sind und das absolut transparent ist.

Dreamteam: Innovationskoeffizient und Innovationsredakteur

In puncto Bewertungskonzept können Sie eigens für Ihr Unternehmen einen sogenannten *Innovationskoeffizienten* entwickeln. Im Anhang finden Sie dazu ein Beispiel, das im Rahmen einer Abschlussarbeit für einen Automobilzulieferer erarbeitet wurde. Im Kern geht es darum, folgende Fragen zu bewerten:

- Passt die Idee inhaltlich zu unserem Kerngeschäft?
- Verfügt die Idee über ausreichend Marktpotenzial?

- Ist die Idee praktikabel und umsetzbar?
- Welche Ressourcen werden benötigt?
- Welche rechtlichen Aspekte sind zu beachten? usw.

Es könnte sinnvoll sein, dass die Mitglieder der Jury (etwa vier bis sechs Personen) jährlich neu gewählt werden und auch externe Personen dabei sind, die über einen entsprechenden Abstand zum Unternehmen verfügen. Zur Jury sollte auch eine Person gehören, die wir als *Innovationsredakteur* bezeichnen. Wie wir bereits mehrfach dargelegt haben, ist die interne und externe Kommunikation der Innovationsbemühungen einer der wichtigsten Erfolgsfaktoren im Zuge des Corporate Entrepreneurship. Jene Person sollte bereits mehrere Jahre im Unternehmen und entsprechend gut vernetzt sein und über beste Kommunikationsskills verfügen.

Der große Mehrwert dieser Person ist unter anderem darin zu sehen, dass trotz aller Bemühungen, Tools und kultureller Fortschritte Insellösungen und blinde Flecke unvermeidbar sind. Kaum jemand liest sämtliche Newsletter oder verfolgt die Innovationsentwicklungen mit der notwendigen Tiefe, um tatsächlich alle Projekte und Stakeholder zu kennen.

Insbesondere für den internen Wissenstransfer und für niederschwellige Austauschformate kann eine solche Person von unschätzbarem Wert sein. Sie oder er kann wie beim Memory-Spiel bei den meisten Schlagworten Projekte oder Personen im Unternehmen benennen, die sich inhaltlich damit befassen oder Experten in dem Bereich sind. Mittelfristig kann man den Aufbau eines *semantischen Netztes* empfehlen, um jenes Wissen sowie die dazugehörigen Entitäten digital verfügbar zu machen. Inwiefern bereits das Aufstellen von Wasserspendern im Unternehmen dabei helfen kann, Wissen zu teilen, erfahren Sie in diesem TED-Talk: *https://tinyurl.com/mmvcanhk*

Wir kommen auf das Konzept des Innovationsredakteurs später zurück, wenn es darum geht, Innovationsbemühungen zu kommunizieren. Der Auftaktworkshop könnte etwa in Form eines World-Cafés stattfinden und das übergeordnete Ziel verfolgen, die vorab ausgewählten Ideen zu präzisieren und detaillierter auszuarbeiten. Je nach Unternehmensgröße mag es sinnvoll sein, eine Art Roadshow umzusetzen, um die Veranstaltung an mehreren Standorten anzubieten. Im Anschluss daran sollte man die Ergebnisse verdichten, dokumentieren und aufbereiten.

Phase 3: Wer kann was? Aufsetzen eines Enabling-Programms

Kernaussage//Handlungsempfehlung: Befähigen Sie die involvierten Intra-preneure, die wichtigsten Herausforderungen bewältigen zu können, indem Sie sie weiterbilden oder bitten Sie Ihre Führungskraft um Unterstützung dabei, sich die nötigen Skills anzueignen.

Wie sich zeigen wird, werden Sie oder Ihre Kollegen in puncto Kompetenzen Lernpotenziale außerhalb des jeweiligen Fachwissens aufweisen. Es mag sinnvoll sein, bedarfsorientiert (nicht etwa nach dem Gießkannenprinzip!) entsprechende Aus- und Weiterbildungen anzubieten. So gründete Klöckner eine eigene Digital-Academy, allerdings gehen die für Innovationsprojekte notwendigen Skills weit über Digitalkompetenzen hinaus.

Nachfolgend listen wir einige thematisch zugeordnete Methoden beziehungsweise Konzepte auf, die je nach Innovationsfortschritt wertvolle Hilfestellungen leisten (um Näheres zu den aufgeführten Methoden zu erfahren, helfen Ihnen entsprechende Google- oder YouTube-Suchen einführend weiter):

Unternehmerische Skills:
- Ermitteln von Kundenbedürfnissen mittels Rob Fitzpatricks Mom-Test
- Entwickeln von Prototypen nach Eric Ries' Build-Measure-Learn-Ansatz
- Entwickeln von Geschäftsmodellen unter Verwendung des St. Gallener Business Model Navigators

Kreative Skills:
- Entwickeln von Prototypen mittels Design-Thinking
- Entwickeln von Ideen mittels der Systematic-Inventive-Thinking-Methode (SIT)
- Scribbeln von Wireframes

Agile Skills:
- Scrum
- Kanban
- OKR-Methode

Weitere Skills:
- Verfassen von wirksamen Prompts zur Anwendung von KI-Tools wie etwa ChatGPT, Adobe Firefly oder Midjourney.
- Aufbau von Medienkompetenzen zur sachgemäßen Informationsbeschaffung unter anderem in Deep-Web-Anwendungen wie *www.genios.de*.
- Lernen von statistischen Grundlagen zur korrekten Interpretation von Studien und Auffrischen der Kompetenzen zum wissenschaftlichen Arbeiten, um wirksame Studien selbst zu erstellen.

Die genannten Skills sind lediglich eine Auswahl und je nach Branche zu erweitern.

Schnittstellenkompetenz

Eine wesentliche Kompetenz, über die Intrapreneure verfügen sollten, ist die sogenannte Schnittstellenkompetenz, weshalb wir hier auch etwas tiefer einsteigen und beleuchten wollen, was damit gemeint ist. Die Schnittstellenkompetenz von Intrapreneuren bezieht sich auf die Fähigkeit von Mitarbeitern innerhalb eines Unternehmens, effektiv mit verschiedenen internen und externen Partnern zusammenzuarbeiten, um innovative Ideen voranzutreiben und erfolgreich umzusetzen.

Die Schnittstellenkompetenz von Intrapreneuren ist essenziell, da sie eine Brücke zwischen verschiedenen Abteilungen, Hierarchieebenen und externen Partnern bildet. Durch ihre Fähigkeit, effektiv mit diesen unterschiedlichen Akteuren zusammenzuarbeiten, gewährleisten Intrapreneure eine erfolgreiche Umsetzung von Innovationen.

Hier sind einige Aspekte, welche die Schnittstellenkompetenz von Intrapreneuren auszeichnen:

1. **Netzwerkaufbau:** Intrapreneure bauen ein umfangreiches Netzwerk innerhalb und außerhalb des Unternehmens auf, um Expertenwissen, Ressourcen und Unterstützung für ihre Ideen zu gewinnen. Sie knüpfen Kontakte zu Kollegen, Führungskräften, Kunden, Lieferanten, Forschungseinrichtungen und anderen relevanten Stakeholdern, um ihre Innovationsprojekte voranzutreiben.

2. **Kommunikation und Überzeugung:** Intrapreneure müssen in der Lage sein, ihre Ideen überzeugend und mittels unterschiedlicher Medien zu kommunizieren und andere von ihrem Potenzial zu überzeugen. Dies beinhaltet die Fähigkeit, komplexe Konzepte verständlich zu erklären, die Vorteile und Chancen von potenziellen Innovationen aufzuzeigen und Stakeholder von der Bedeutung der Zusammenarbeit zu überzeugen.

3. **Konfliktlösung/Mediation:** Da Intrapreneure oft mit unterschiedlichen Interessen und Prioritäten konfrontiert sind, ist die Fähigkeit zur Konfliktlösung von großer Bedeutung. Sie sollten befähigt sein, unterschiedliche Perspektiven zu berücksichtigen, Kompromisse zu finden und Konflikte konstruktiv zu lösen, um die Zusammenarbeit zwischen den Beteiligten aufrechtzuerhalten.

4. **Flexibilität und Anpassungsfähigkeit:** Intrapreneure müssen sich in einem dynamischen Umfeld (VUCA-Welt) bewegen und sich schnell an Veränderungen anpassen. Sie sollten in der Lage sein, auf Feedback und neue Informationen zu reagieren, ihre Pläne anzugleichen und ihre Innovationsprojekte entsprechend zu optimieren.

5. **Unterstützung der Unternehmenskultur:** Intrapreneure sollten zudem in der Lage sein, Ideen in Einklang mit den Unternehmenszielen und -werten zu bringen und auch für die Akzeptanz von gescheiterten Projekten werben. Kultur kann man nicht verordnen, sie kann man nur leben, hier nehmen Intrapreneure eine besondere Vorreiterrolle ein.

6. **Stakeholder-Management:** Intrapreneure müssen die Bedürfnisse und Erwartungen verschiedener Stakeholdergruppen identifizieren und darauf eingehen. Dies umfasst interne Stakeholder wie Führungskräfte und Mitarbeiter, aber auch externe Stakeholder wie Kunden, Lieferanten und Partner. Intrapreneure sollten in der Lage sein, Beziehungen zu diesen Stakeholdern aufzubauen, zu pflegen und zu managen, um Unterstützung und Ressourcen für ihre Innovationsprojekte zu gewinnen.

7. **Selbstreflexion und Lernbereitschaft:** Intrapreneure sollten sämtliche Kontakte zu den unterschiedlichsten Schnittstellen nutzen, um sich kontinuierlich weiterzuentwickeln und aus ihren Erfahrungen zu lernen. Es ist förderlich, bereit zu sein, eigene Stärken und Lernfelder zu kennen, Feedback anzunehmen und seine Fähigkeiten und Kenntnisse kontinuierlich zu erweitern. Dies umfasst auch die Bereitschaft, sich neuen Herausforderungen zu stellen, Risiken einzugehen und aus Fehlern zu lernen.

Wir erachten die Schnittstellenkompetenz von Intrapreneuren als entscheidend, um Innovationen erfolgreich in Unternehmen voranzutreiben. Durch ihre Fähigkeit, effektiv mit verschiedenen internen und externen Stakeholdern zusammenzuarbeiten, zu vermitteln, zu informieren, mitzunehmen und eine moderne Fehlertoleranz zu leben, werden sie zu jenen Corporate Heroes, die den entscheidenden Unterschied ausmachen.

Phase 4: Ambidextrie – das richtige Verhältnis aus Nähe und Distanz schaffen

Kernaussage//Handlungsempfehlung: Finden Sie den richtigen Weg, um den Herausforderungen zu begegnen, welche aus der Ambidextrie (Bestehendes verbessern und Neues entwickeln) erwächst und ermitteln Sie das richtige Verhältnis aus Nähe und Distanz zwischen Innovationseinheiten und dem Corporate.

Wir haben in den vorherigen Kapiteln wiederholt die Herausforderung erwähnt, wie schwer es Unternehmen fällt, beidem gerecht zu werden – zum einen das Bestehende zu verbessern und zum anderen Innovationen zu entwickeln. Diese »Beidhändigkeit« wird als Ambidextrie bezeichnet und ist Gegenstand der Phase vier. Warum ist es so herausfordernd, beides unter einen Hut zu bekommen, und wie kann das gelingen?

Zunächst einmal nützt es, sich vor Augen zu führen, dass klassische Management-Konzepte vorsehen, in die Verbesserung des Bestehenden zu investieren. Sich klarzumachen, dass hier eine Trennung erfolgen sollte, kann bereits helfen.

Wir unterscheiden dabei in zwei Modi: den Exploit- und den Explore-Modus.

- Vom **Exploit** Modus ist dann die Rede, wenn ein Unternehmen besonders strukturierte Prozesse umsetzt, etwa wenn es sich in einer Produktionsphase befindet: Planungszentrierungen, Fokus auf Kennzahlen, Abwertung von Themen, die nicht gemessen oder in Zahlen auszudrücken sind.
- Der **Explore**-Modus ist demnach das genaue Gegenteil des Exploit-Modus. Hier existiert kein Regelwerk, weil die Aufgaben besonders komplex und die Ergebnisse unklar sind. Deswegen herrscht eine große Individualität bei

den Mitarbeitern, was sich etwa auch durch eine ausgeprägte Fehlerkultur zeigt.

Es ist wichtig, klar festzulegen, wann welcher Modus Sinn ergibt. Niemand wünscht sich, sich in einem Stahllager, in dem tonnenschwere Lasten bewegt werden, im Explore-Modus zu befinden. Gleiches gilt für Flüge, Herz-OPs oder die Wartung von Kernkraftwerken. Hier existiert keine Akzeptanz von Fehlerkulturen, hier bedarf es klarer Regeln.

Um der Ambidextrie Herr zu werden, existieren mehrere Konzepte. Wir kennen etwa die **sequenzielle Ambidextrie**, in der sich in einer zentralen Einheit Explore- und Exploit-Modus abwechseln.

Dies mag sich für kleine agile Einheiten wie Start-ups eignen, wenn sie etwa in Sprints im Exploit-Modus jene Dinge umsetzen, die sie zuvor in kreativen Phasen im Explore-Modus ersonnen haben.

Die **kontextuelle Ambidextrie** sieht wiederum vor, dass man je nach Situation oder nach Art des zu lösenden Problems entscheidet, ob man den Explore- oder den Exploit-Modus anwendet. Hier besteht die Herausforderung darin, dass es für die involvierten Mitarbeiter recht schwierig sein dürfte, permanent zwischen den unterschiedlichen Modi zu wechseln.

Daher empfehlen wir die **strukturelle Ambidextrie**. Diese sieht vor, dass das Unternehmen in Teams aufgeteilt wird (oder dass man neue Teams aufstellt), in denen entweder im Exploit-Modus (etwa in der Produktion/Wartung), oder im Explore-Modus (Innovationsentwicklung) gearbeitet wird. Hier eignet sich sodann etwa der Aufbau von Innovation-Labs/Hubs beziehungsweise zu Beginn die temporäre Nutzung von bestehenden Infrastrukturen wie etwa factoryberlin.com, betahaus.com oder spacesworks.com.

Wie findet man nun das richtige Nähe-Distanz-Verhältnis?

Die Erde befindet sich im idealen Abstand zur Sonne, es ist nicht zu heiß und nicht zu kalt, sie liegt in der *habitablen Zone*. Übertragen auf den Unternehmenskontext bedeutet dies, dass Sie herausfinden sollten, wann jene Unit zu weit entfernt ist, als noch im Unternehmen wahrgenommen zu werden, und wann die Nähe zu groß ist, sodass das Tagesgeschäft die Teams zu sehr stört oder sie selbst zum Störfaktor werden.

Für Klöckner war dies eine der größten Herausforderungen, und auch Sie werden vermutlich eine Weile brauchen, um die Nuss für sich zu knacken. Daher empfehlen wir, nicht gleich ein tolles Gebäude anzumieten oder gar zu erwerben, es mit Kickertischen, Lavalampen und IKEA-Möbeln auszustatten, sondern, dem MVP-Ansatz folgend, zu experimentieren. Mieten Sie sich temporär bei einem der genannten Anbieter (oder woanders) von Coworking-Räumen ein und testen Sie! Finden Sie zum Beispiel Antworten auf folgende Fragen:

- Welche räumliche Distanz (Entfernung) eignet sich für uns?
- Welche Ausstattung benötigen wir?
- Wo fühlen sich die Mitarbeiter am wohlsten und sind am produktivsten?
- Lassen sich Synergien finden, indem wir gezielt die Nähe zu Start-ups, Hochschulen, Lieferanten, oder Kunden suchen?

Nehmen Sie sich bitte Zeit, um das herauszufinden, das Potenzial zu scheitern, ist hier groß. Haben Sie einmal entschieden, wie das entsprechende Setting aussehen soll, werden Investitionen vonnöten sein, und die Erwartungshaltung steigt. Seien Sie sich auch nicht zu schade, bei Wettbewerbern nachzufragen, wie diese vorgegangen sind. Recherchieren Sie nach Leuchtturmprojekten aus Ihrer Branche und suchen Sie aktiv das Gespräch. Wie immer beim Netzwerken ist es auch hier sinnvoll, sich vorab zu überlegen, welchen Vorteil Ihr Wettbewerber beziehungsweise das Unternehmen erzielen könnte, wenn es Sie an deren Erfahrungen teilhaben lässt. Gutes Gelingen!

Phase 5: Vom Säen und Ernten

Kernaussage//Handlungsempfehlung: Schaffen Sie ein Portfolio aus unterschiedlichen Innovationsprojekten, um das Risiko zu reduzieren, Ihre Investitionen bei wenigen Chancen zu verlieren. Statten Sie Teams in unterschiedlichen Phasen mit Ressourcen aus und fordern Sie ein, dass die Teams nach mehrwöchigen Phasen Erfolgsindikatoren nachweisen.

Nachdem Sie nun initial Ihre Innovationsziele und Innovationsfelder erarbeitet und sich infrastrukturell aufgestellt haben, können Sie sich nun auf die Reise begeben. Dies bedeutet konkret, mehrere Ideen zu entwickeln, daraus Prototypen zu produzieren und sodann eine erfolgreiche Markteinführung zu probieren.

Da jedoch die meisten Ideen scheitern werden, ist es ratsam, ein entsprechendes Portfolio zu befüllen, damit am Ende einige erfolgreiche Projekte eher die getätigten Investitionen rechtfertigen.

Osterwalder et al. sprechen von einem »Ausloten und Ausschöpfen-Ansatz« und führen aus, wie etwa das Bosch-Accelerator-Programm diesbezüglich vorgeht. So wählt bei diesem Beispiel die Programmleitung zunächst eine Gruppe aus etwa 20 bis 25 Teams aus allen Standorten weltweit aus, die dann zwei bis zehn Monate zusammenarbeiten.

Die Leitung stattet die Teams mit einer Anfangsinvestition von 120.000 Euro aus und gibt ihnen zwei Monate Zeit, um zu prüfen, ob sich Indikatoren finden lassen, welche die Geschäftsmodellideen als ausbaufähig erscheinen lassen. Je nachdem, wie erfolgreich die Teams dabei sind, erhalten jene, die eine Runde weiterkommen, zusätzlich etwa 300.000 Euro, um gemeinsam mit den Kunden konkrete MVPs zu entwickeln.

Nur die besten Teams mit den erfolgreichsten Aussichten erreichen die Phase des Abschöpfens oder Erntens. Diese Teams können nachweisen, dass die erarbeiteten Geschäftsideen tatsächlich profitabel sein werden. Als Verwertung kommen dann entweder eine Übernahme der entwickelten Produkte in den eigenen Vertrieb, eine Ausgründung, oder der direkte Verkauf der Assets infrage. Seit 2017 wurde in mehr als 200 Teams investiert, von denen lediglich 60 Teams die zweite und etwa 15 die Erntephase erreichten (Stand 2023).

Einen ähnlichen Ansatz, allerdings mit deutlich weniger Budget, nutzt auch das Unternehmen hansgrohe, das insbesondere hochwertige Wasserarmaturen herstellt. Vom Problem ausgehend erhalten die Teams etwa 5.000 Euro und sie haben rund drei Monate Zeit, um zu beweisen, dass das Problem, das sie gefunden haben, relevant ist. In der nächsten Phase bekommen sie 10.000 Euro Budget und haben anschließend sechs Monate Zeit, um eine Lösung zu finden, welche die Kunden akzeptieren.

Hier bedient man sich auch mal des sogenannten Fakedoor-Ansatzes zur Marktvalidierung. Dieses Konzept bewirbt ein Produkt, das es so noch nicht gibt. Sind Kunden dann bereit, tatsächlich dafür zu bezahlen, wird der »Schwindel« aufgelöst, und man schenkt den Interessenten reinen Wein ein. Dies führt dann zu tatsächlich harten Marktindikatoren, um die eigenen Thesen zu stützen und in die Produktion zu gehen.

Um die Marke hansgrohe bei diesem Vorgehen zu schützen, führt man solche Tests jedoch unter einer Submarke durch. Zwei von zehn Projekten kommen am Ende durch und sind auch erfolgreich. Zwei erfolgreiche Projekte sind zum Beispiel RainTunes (*https://www.hansgrohe.de/smart-living/raintunes*) oder eine Dusche für Hunde *https://www.hansgrohe.de/bad/linien/dogshower*.

Sie sind also gut beraten, mehrere Ideen in einem mehrstufigen Prozess auf den Weg zu bringen, damit am Ende dann auch wirklich erfolgreiche Projekte entstehen. Empfehlenswert ist, mit sogenannten low hanging fruits zu beginnen, also Ideen, die im Innovationshorizont eins liegen und schnell Wirkung zeigen, um das Vertrauen der Mitarbeiter zu steigern. Darüber hinaus ist es ratsam, die Teammitglieder während der Arbeit an den Ideen komplett aus dem Tagesgeschäft (Exploit-Modus) herauszulösen, um den bestmöglichen Fokus zu erhalten und Ablenkungen auf ein Minimum zu reduzieren.

In dieser Phase sei abschließend nochmals auf die Definition von Innovation verwiesen: Dabei handelt es sich um eine erstmals wirtschaftlich erfolgreich am Markt platzierte Erfindung. Sie benötigen ein nachhaltig profitables Geschäftsmodell, damit aus einer Invention eine Innovation wird. Befähigen Sie sich, profitable Geschäftsmodelle zu entwickeln, indem Sie die Entwürfe niederschwellig mit dem *Lean Canvas* von Ash Maurya beschreiben und sie anschließend etwa unter Verwendung des *Business Model Navigators* ausarbeiten und testen.

Phase 6: Die Wirksamkeit messen

Kernaussage//Handlungsempfehlung: Um die Akzeptanz der Innovationsprojekte und deren Performance zu erhöhen, ist es erforderlich, deren Wirksamkeit zu messen. Hierfür eignen sich unterschiedliche Metriken und Kennzahlen, die Sie entsprechend herleiten, erheben und kommunizieren sollten.

Als große Herausforderung haben wir stets wahrgenommen, dass sich die internen Abwehrmechanismen gegen Innovationsprojekte dann in Grenzen halten, wenn diese Vorhaben aufzeigen können, dass sie wirken. Dies kann über mehrere Bereiche erfolgen.

Holger Ernst empfiehlt, sich auf den wirtschaftlichen Erfolg von Innovationen zu fokussieren und erachtet dabei zwei Metriken als wichtig:

1. Umsatzanteil von eingeführten Innovationen (innerhalb von drei bzw. fünf Jahren) und
2. Return on Investment (RoI) von Innovationsprogrammen oder Projekten

Dies versteht sich nahezu von selbst, allein der Mehrwert vieler Innovationsprojekte zeigt sich auch in folgenden Aspekten:

- **Das Employer Branding steigern**: Viele Innovationsprojekte sorgen dafür, dass junge Talente sie positiv wahrnehmen, und helfen dabei, die Fluktuation von Mitarbeitern zu reduzieren.
- **Prozesse verbessern**: Auch bei der Prozessoptimierung zeigt sich die Wirksamkeit nicht zwingend in direktem wirtschaftlichen Kontext. Es kann das Arbeitsklima und die Kultur jedoch erheblich beeinflussen, wenn Prozesse schlanker und Entscheidungen nachvollziehbarer werden.
- **Kundenzufriedenheit steigern**: Einige Innovationen sind möglicherweise sogar defizitär und wirken sich dennoch positiv aus. So mag ein exzellenter Kundenservice teuer sein, aber dennoch günstiger als zusätzliche Marketingkampagnen, um etwa die Churn-Rate (Abwanderungsrate) von Abonnenten zu kompensieren.
- **Neue Kooperationen aufbauen**: Auch ergeben sich manchmal Vorteile von wirtschaftlich nicht erfolgreichen Innovationsprojekten, wenn man etwa neue Lieferanten findet oder spannende Joint Ventures mit Start-ups eingeht.

Wunderwaffe OKRs

Ein hervorragendes Konzept, um zu messen, wie wirksam Innovationsprojekte sind, liefern die sogenannten *Objectives and Key Results* (OKRs). Nachfolgend erklären wir die Methode und stellen dar, wie sie im Rahmen von Innovationsprojekten in Unternehmen angewendet werden kann.

Die OKRs sind ein leistungsorientiertes Framework, das dazu dient, klare Ziele zu setzen und den Fortschritt bei der Erreichung dieser Ziele zu messen. Es besteht aus zwei Hauptelementen: Objectives (Ziele) und Key Results (Schlüsselergebnisse).

- **Objectives** sind die übergeordneten Ziele, die ein Unternehmen erreichen möchte. Sie sollten herausfordernd, inspirierend und messbar sein. Ein Beispiel für ein Objective in einem Innovationsprojekt könnte sein: »*Entwicklung eines neuen Produkts, das den Marktanteil um 15 Prozent steigert.*«
- **Key Results** sind die quantifizierbaren Ergebnisse, die dazu beitragen, das Objective zu erreichen. Sie sollten spezifisch, messbar und erreichbar sein. Ein Beispiel für ein Key Result in diesem Fall könnte sein: »*Steigerung der Verkaufszahlen des neuen Produkts um 10 Prozent innerhalb des ersten Quartals nach der Markteinführung.*«

OKRs in Innovationsprojekten anzuwenden, ermöglicht Ihnen, sich auf klare Ziele zu fokussieren und den Fortschritt in Richtung dieser Ziele zu verfolgen. Es fördert auch die Transparenz und Zusammenarbeit innerhalb des Teams, da alle Mitarbeiter ihre individuellen OKRs mit den übergeordneten Zielen des Unternehmens verknüpfen können.

Nehmen wir an, ein Unternehmen möchte ein neues digitales Produkt entwickeln, um seinen Kunden eine verbesserte Benutzererfahrung zu bieten. Das Objective könnte lauten: »Entwicklung einer innovativen mobilen App, die die Kundenzufriedenheit um 20 Prozent steigert.«

Die Key Results können wie folgt aussehen:

1. App-Downloads um 50 Prozent innerhalb der ersten sechs Monate nach der Markteinführung erhöhen.
2. Die durchschnittliche Bewertung der App in den App Stores auf 4,5 Sterne steigern.
3. Die durchschnittliche Ladezeit der App um 30 Prozent senken.

Indem das Unternehmen diese OKRs festlegt, definiert es klare Ziele und kann den Fortschritt anhand der Key Results messen. Das Team ist nun in der Lage, auf diese Ziele hinzuarbeiten und Maßnahmen zu ergreifen, um die gewünschten Ergebnisse zu erzielen. Regelmäßige Checks und Anpassungen der OKRs ermöglichen dem Corporate Hero, den Erfolg des Innovationsprojekts zu verfolgen und wo nötig zu justieren, um die gesteckten Ziele zu erreichen.

OKRs in Innovationsprojekten anzuwenden, bietet mithin eine strukturierte Methode, um Ihre Ziele zu definieren, den Fortschritt zu verfolgen und den Fokus auf der Innovation zu halten. Dadurch können Sie Ihre Innovationsstrategie effektiver umsetzen und erfolgreich neue Produkte und Lösungen entwickeln.

Phase 7: Kommunikation und Reflexion

Kernaussage//Handlungsempfehlung: Kommunizieren Sie zwingend über diverse interne und externe Kanäle Ihre Innovationsziele und den Fortschritt der Projekte und nehmen Sie dabei alle Stakeholder mit. Reflektieren Sie zwischendurch und am Projektende (besonders bei den gescheiterten Vorhaben), bereiten Learnings auf und stellen diese im Rahmen des Wissensmanagements bereit.

Als letzten wichtigen Aspekt zum erfolgreichen Auf- und Umsetzen von Innovationsprojekten, erachten wir die Themen interne/externe Kommunikation und Reflexion des Gelernten. Zum Beispiel im TUI/Musement-Case war es essenziell, möglichst alle internen und externen Stakeholder auf die herausfordernde Reise mitzunehmen. Es war ein wesentlicher Erfolgsfaktor, dass Botschaften, Ziele und Fortschritte wiederholt und auf mehreren Kanälen kommuniziert wurden.

Auch im Fall von Klöckner war es nicht zuletzt Gisbert Rühls umfassender Medienpräsenz zu verdanken, dass das Projekt extern entsprechend wahrgenommen wurde und intern dafür sorgte, dass die Mitarbeiter sogar stolz waren, daran mitzuwirken. Demzufolge sind Sie gut beraten, auch dieses Thema entsprechend zu beherzigen.

Schauen wir uns einmal an, worauf es in Innovationsprojekten unserer Meinung nach in puncto interner und externer Unternehmenskommunikation ankommt. Hier lesen Sie einige konkrete Beispiele:

Interne Kommunikation:

1. **Die Vision verbreiten:** Es ist wichtig, die Vision des Innovationsprojekts eindeutig an alle Mitarbeitenden zu kommunizieren. Dies schafft ein gemeinsames Verständnis und Engagement für das Projekt. Beispielsweise können regelmäßige Team-Meetings, Newsletter oder interne Kommunikationstools wie Slack, Yammer, Wrike oder Awork genutzt werden, um die Vision zu teilen und das Team auf dem Laufenden zu halten.

2. **Alle Stakeholder einbinden:** Man sollte alle relevanten Mitarbeiter in den Kommunikationsprozess einbeziehen, damit sie über die Ziele, den Fortschritt und die Auswirkungen des Innovationsprojekts informiert bleiben. Dies schafft Transparenz und ermöglicht den Teams, ihre Ideen und Bedenken einzubringen. Ergänzend können Workshops, Team-Meetings, Town-Halls oder OKR-Dashboards wie profit.co oder cultureamp.com angewandt werden, um die Mitarbeiter bestmöglich einzubinden.

Externe Kommunikation:

1. **Marktforschung und Kundenfeedback:** Um die Kommunikation mit externen Stakeholdern effektiv zu gestalten, ist es wichtig, die Bedürfnisse und Erwartungen der Zielgruppe zu verstehen. Durch Marktforschung und Kundenfeedback gewinnen Unternehmen wertvolle Einblicke, um ihre Kommunikationsstrategie anzupassen und die Vorteile des Innovationsprojekts für die Kunden zu betonen.

2. **Klare Botschaften und Nutzenkommunikation:** Die externe Kommunikation sollte klare und überzeugende Botschaften über den Nutzen des Innovationsprojekts für die Kunden vermitteln. Dies kann durch gezielte Marketingkampagnen, Pressemitteilungen, Social-Media-Beiträge etwa auf LinkedIn oder entsprechende Veranstaltungen erreicht werden. Es ist wichtig, den Mehrwert und die Alleinstellungsmerkmale des Produkts (zum Beispiel Nachhaltigkeit, Wirksamkeit und so weiter) oder der Dienstleistung zu betonen, um das Interesse potenzieller Kunden oder Talente zu wecken.

3. **Stakeholder-Engagement:** Unternehmen sollten die Kommunikation mit externen Stakeholdern wie Kunden, Partnern oder Investoren aktiv suchen und aufrechterhalten. Dies kann durch regelmäßige Meetings, Konferenzen, Webinare oder spezielle Events (zum Beispiel UX-Tests von MVPs) erfolgen,

um über den Fortschritt des Innovationsprojekts zu informieren und Feedback oder Ideen von externen Parteien einzuholen. Externe Stakeholder zu integrieren, kann auch dazu beitragen, das Projekt bekannter zu machen und potenzielle Kooperationsmöglichkeiten zu identifizieren.

Seien Sie mutig und gehen Sie auch unkonventionelle Wege! Beziehen Sie Kunden mit ein, wenn es etwa darum geht, Namen für Produkte zu finden. Nutzen Sie Crowdfunding-Kampagnen, um den Bekanntheitsgrad Ihrer Innovationen zu steigern. Alles, was funktioniert und zu Ihrer Marke passt, ist erlaubt, trauen Sie sich.

Insgesamt halten wir eine professionelle, effektive interne und externe Kommunikation für entscheidend, damit Innovationsprojekte erfolgreich sind. Durch eine klare Vision, Integration aller Stakeholder über unterschiedliche Kanäle, klare Botschaften und eine aktive Einbindung externer Parteien können Sie das Verständnis, Engagement und Interesse für ihre Innovationsprojekte fördern und so die Chancen auf Erfolg erhöhen.

Auch zu scheitern bedeutet erfolgreich zu sein – sofern man daraus lernt

Wir sprachen bereits mehrfach über die Aspekte des Wissensmanagements und darüber, dass auch vermeintlich gescheiterte oder gestoppte Projekte nützlich sein können. Reden Sie auch über das Scheitern! Lassen Sie Ihre Belegschaft wissen, was funktioniert hat und was nicht erfolgreich war. Sammeln Sie die gelernten Aspekte auch aus den misslungenen Projekten und machen Sie Ihre Einsichten allen zugänglich, damit Fehler kein zweites Mal passieren.

So lassen sich zum einen Investitionen rechtfertigen, die keinen direkt messbaren wirtschaftlichen Erfolg generiert haben, und zum anderen zeigt man, dass man die geleistete Arbeit wertschätzt. Tatsächlich werden Sie häufiger scheitern, als erfolgreich sein. Wenn Sie sich dies jedoch von Anfang an bewusst machen, Ihre Teams darauf vorbereiten und daraufhin auch immer wieder wie selbstverständlich über gescheiterte Projekte berichten, wird sich genau die Fehlerkultur etablieren, die so wichtig für Corporate Entrepreneurship ist.

Sir James Dyson, der Erfinder des Dyson Staubsaugers, erlebte auf seinem Weg zum Erfolg sehr (!) viele Rückschläge und Misserfolge. Er soll mehr als

5.000 Prototypen entwickelt und 15 Jahre lang an seinem Staubsauger gearbeitet haben, bevor er schließlich erfolgreich war.

Aus den zahlreichen Misserfolgen von James Dyson lassen sich einige wichtige Lektionen für Corporates ableiten:

1. **Ausdauer und Beharrlichkeit:** Dyson gab nicht auf, trotz der vielen Rückschläge, denen er begegnete. Sein Durchhaltevermögen und seine Entschlossenheit waren entscheidend für seinen Erfolg. Die Lektion hier lautet, dass es wichtig ist, an einer Idee festzuhalten und trotz Misserfolgen weiterzumachen.

2. **Aus Fehlern lernen:** Jeder Prototyp und jeder Fehlschlag brachte Dyson neue Erkenntnisse und ermöglichte ihm, seine Konstruktion immer weiter zu verbessern. Er betrachtete seine Misserfolge als Lernchancen und nutzte sie, um sein Produkt zu perfektionieren. Diese Lektion lehrt uns, dass es wichtig ist, aus Fehlern zu lernen und sie als Teil des Innovationsprozesses zu akzeptieren.

3. **Innovativ denken:** Dyson ging neue Wege und entwickelte eine völlig neue Technologie für Staubsauger. Er brach mit traditionellen Konzepten und ersetzte den herkömmlichen Beutel durch eine Zyklontechnologie. So innovativ zu denken, war entscheidend für seinen Erfolg. Die Lektion hier lautet, dass das Denken außerhalb der Box und das Streben nach neuen Lösungen zu Durchbrüchen führen können.

4. **Hartnäckigkeit und Selbstvertrauen:** Dyson glaubte fest an sein Produkt, auch wenn andere ihn skeptisch betrachteten oder ihn ablehnten. Er vertraute auf seine Idee und sein Wissen und gab nicht auf. Die Lektion hier lautet, dass Selbstvertrauen und die Fähigkeit, gegen den Strom zu schwimmen, wichtig sind, um Innovationen voranzutreiben.

Die Geschichte von James Dyson zeigt, dass Misserfolge und Rückschläge ein normaler Teil des Innovationsprozesses sind. Es geht darum, aus ihnen zu lernen, hartnäckig zu bleiben und innovative Lösungen zu finden. Sie sagt auch aus, dass es in der Verantwortung von Führungskräften und Intrapreneuren liegt, den Mitarbeitern das nötige Selbstvertrauen zu vermitteln, um kontinuierlich an neuen Ideen zu arbeiten, weil Innovationen nur entstehen, wenn man ständig den Status quo infrage stellt.

9. Die goldene Formel

Hier endet die Reise natürlich nicht, tatsächlich beginnt sie erst. Wenn Sie bis hierher alles richtig gemacht haben, verfügen Sie nunmehr über ein Produkt, das am Markt nachgefragt wird, über einen neuen effizienten Prozess, der zum Beispiel Kosten reduziert, oder Sie haben für ein bestehendes Produkt ein neues Geschäftsmodell entwickelt. Was immer es auch ist, nun beginnt die Arbeit erst so richtig. Entweder Sie skalieren das Produkt nun, um entsprechende Marktanteile zu erschließen, oder Sie gründen ein Spin-off oder Sie verwerten die entwickelten Assets auf eine andere Weise. Dies ist jedoch eine andere Reise, unsere endet hier.

Die Heldinnen und Helden hinter »Corporate Heroes«

Unser Corporate-Innovation-Buch wäre erheblich kürzer, uninteressanter und lebloser ohne den unschätzbar wertvollen Input unserer Interviewpartner und Interviewpartnerinnen. Von Herzen danken wir Michael Halfen und Philipp Kitterer, Thomas Glöckner, Marianne Wildi und Mark Chardonnens, Benjamin Hermann, Michael Albiez und Rüdiger Bechstein, Gisbert Rühl, Karl-Heinz Neu, André Guillaume, Andreas Schmidlechner, Jens Gamperl, Nils Müller, David Schelp und der ungenannten CDO der Gutent AG.

Für die Herstellung von Verbindungen, für jede Menge Kontext und für ihre Geduld danken wir Tina Müller, Christoph Kayser und Antje Zehnpfund. Für ihre Zuarbeit, ihr waches Auge und ihren moralischen Beistand vielen Dank an Donata von der Leyen. Für die aussagekräftigen Vorworte ein großes Dankeschön an Janina Kugel und Jeannette zu Fürstenberg. Zudem danken wir Lena Lührmann von Visionsalive, Anna Friesen vom Sparkassen Innovation Hub und Peter von Aspern von TRENDONE dafür, unser Modell kritisch zu diskutieren.

Für die konkrete Arbeit an einigen der Cases, auf die wir uns in diesem Buch stützen, und die damit einhergehenden Erfahrungen, Berichte und Methoden, die sie uns verfügbar machten, gebührt dem Team von TLGG Agency und TLGG Consulting großer Dank. Angemessen tief verneigen wir uns außerdem vor Alena Spott und ihrer Covergestaltung und vor Florian Kegel und seiner Unterstützung dabei.

»I love deadlines«, schrieb Douglas Adams einst. »I like the whooshing sound they make as they fly by.« Es war die mitunter strapazierte, völlig zu Recht mit den Augen rollende, aber doch stets dehnbare Geduld Michael Wursters und des Redline Verlags, die unsere Texte zu einem Buch reifen ließen, auch wenn wir auf dem Weg zur Vollendung manche Abgabefrist rissen. Vielen Dank dafür. Wir hoffen, es hat sich gelohnt zu warten. Für die Betreuung, die Gestaltung und das Lektorat vielen Dank an Katharina Maier, Carsten Klein, Marc Fischer und Anne Horsten.

Last, but not least, danken wir schließlich auch Ihnen, liebe Leserinnen und Leser, dass Sie uns bis hierhin gefolgt sind. Wir wünschen Ihnen nun viel Erfolg beim Umsetzen des Gelesenen, und dass wir Sie bald wie die Protagonisten dieses Buchs bezeichnen dürfen – als Corporate Heroes.

Über die Autoren

Christoph Bornschein ist Gründer und Chairman der Unternehmensgruppe TLGG sowie President Digital Strategy von Omnicom Deutschland. Er berät internationale Unternehmen, Marken und staatliche Institutionen bei der strategischen Nutzung digitaler Technologien. Zudem ist er gefragter Referent auf Konferenzen und Kongressen und Autor zahlreicher Fachbeiträge, u. a. im *Manager Magazin*.

Dr. Sebastian Pioch lehrt als Professor an einer privaten Hochschule in den Bereichen Entrepreneurship und Innovation. Er ist Berater für mittelständische Unternehmen und Speaker für die Themen »Digitale Transformation«, »Intrapreneurship« und »Start-up-Skills«.

Sebastian Cleemann prägt als Texter, Autor, Ghostwriter und Berater Kommunikation online und auf Papier. Er schreibt Minister- und Vorstandsreden, Whitepaper und Bestseller, Fach- und Kulturbeiträge. Er ist seit 2011 Teil der Unternehmensgruppe TLGG.

Anhang

Kriterien nach Machbarkeit	Beschreibung der Kriterien	Gewichtung 1 = Basis Kriterium 2 = Relevantes Kriterium 3 = Ausschlaggebendes Kriterium	Bewertung der Idee 0 bis 5 Punkte	Punktevergabe Gewichtung x Bewertung = Σ
Personalressourcen und Fachkompetenz	Personalressourcen und deren fachliche Kompetenz zur Umsetzung der Idee 5 Punkte: Personalressourcen mit fachlichen Kenntnissen im Unternehmen vorhanden 0 Punkte: Personalressourcen mit fachlichen Kenntnissen im Unternehmen nicht vorhanden	2		
Finanzielle und technische Machbarkeit	Benötigte finanzielle und technische Ressourcen für Umsetzung der Idee 5 Punkte: Voraussetzende finanzielle sowie technische Ressourcen stehen zur Verfügung 0 Punkte: Technische und finanzielle Ressourcen nicht vorhanden	3		
Zeitraum	Der zeitliche Aufwand für vollständige Ideenumsetzung und Integration 5 Punkte: Umsetzung innerhalb eines Jahres 0 Punkte: Zeitlicher Aufwand von mindestens fünf Jahren	2		

Kriterien nach Machbarkeit	Beschreibung der Kriterien	Gewichtung 1 = Basis Kriterium 2 = Relevantes Kriterium 3 = Ausschlaggebendes Kriterium	Bewertung der Idee 0 bis 5 Punkte	Punkte-vergabe Gewichtung x Bewertung = Σ
Strategie-fit	Konformität der Idee mit der Unternehmensstrategie 5 Punkte: Sehr hohe Übereinstimmung mit der Strategie 0 Punkte: Keine Übereinstimmung mit der Strategie	2		
Regelkonformität	Idee befindet sich im Einklang mit den wichtigsten, bekannten gesetzlichen Rahmenbedingungen 5 Punkte: Idee ist regelkonform 0 Punkte: Idee widerspricht wichtigen Regeln	2		
Kriterien nach Potential				
Unique Selling Proposition	Anzahl der neuartigen Eigenschaften der Idee im Vergleich zu ähnlichen Umsetzungen 5 Punkte: viele neue Eigenschaften 0 Punkte: wenig neue Eigenschaften	2		
Mehrwert	Potential der Idee zur Arbeitserleichterung. Prozessverbesserung, Produktivitätssteigerung, Mitarbeitermotivation o. ä. aus Kundensicht oder für interne Zwecke 5 Punkte: sehr hoher Mehrwert für Kunden oder Anwender 0 Punkte: geringer Mehrwert für Kunden oder Anwender	3		

Kriterien nach Machbarkeit	Beschreibung der Kriterien	Gewichtung 1 = Basis Kriterium 2 = Relevantes Kriterium 3 = Ausschlaggebendes Kriterium	Bewertung der Idee 0 bis 5 Punkte	Punktevergabe Gewichtung x Bewertung = Σ
Markteintritt	Schwierigkeitsgrad der Übermittlung von Produkt an Zielgruppe 5 Punkte: Kontakt mit Zielgruppe schon vorhanden 0 Punkte: neue Zielgruppenerschließung notwendig	1		
Globale Anwendbarkeit	Potential für eine globale Umsetzung 5 Punkte: Idee hat internationales Potential 0 Punkte: Idee geeignet nur für einen Markt	1		
Umsatzpotential	Verhältnis der bei der Umsetzung der Idee entstehenden Kosten und dem potentiellen Nutzen für das Unternehmen 5 Punkte: Nutzen übersteigt die zu erwartenden Kosten stark 0 Punkte: Kosten übersteigen den zu erwartenden Nutzen stark	2		

Abbildung 1: Beispiel für einen Innovationskoeffizienten (Quelle: Pape, A., 2019)

Quellen

Andreessen, M. (20.08.2011). Why Software Is Eating the World. Von https://a16z.com/why-software-is-eating-the-world/ abgerufen.

Bouchard, V. und Fayolle, A. (2018). *Corporate Entrepreneurship*. Routledge.

Brauck, M. und Kaiser, S. (2023). »Wir sind Veränderungsangsthasen geworden« - der Ökonom Moritz Schularick hält die Wirtschaftspolitik der Regierung für falsch und rückwärtsgewandt, Kanzler Scholz zeige keinen Mut. *Spiegel*, Ausgabe 36, 2023.

Burns, P. (2020). *Corporate Entrepreneurship and Innovation*. Macmillan.

Christensen, C., von den Eichen, S. und Matzler, K. (2011). *The Innovators Dilemma: Warum etablierte Unternehmen den Wettbewerb um bahnbrechende Innovationen verlieren*. Vahlen.

Christou, V., Evertz, L. und Süß, S. (2020). Digitale Transformation im Handwerk: Eine qualitative Analyse der individuellen Veränderungsbereitschaft. ZfKE, S. 149–168.

Engelen, A., Engelen, M. und Bachmann, J.-T. (2015). *Corporate Entrepreneurship*. SpringerGabler.

Europäische Kommission. (14.09.2023). Der Index für digitale Wirtschaft und Gesellschaft (DESI). Von https://digital-strategy.ec.europa.eu/de/policies/desi abgerufen.

European Commission. (14.09.2023). Data Browser. Von https://ec.europa.eu/eurostat/databrowser/explore/all/all_themes abgerufen.

Exxeta AG. (14.09.2023). Business Innovation in Times of Consolidation. Von https://pathfinder-study.com/ abgerufen.

Fitzpatrick, R. (2016). Der Mom-Test: Wie Sie Kunden richtig interviewen und herausfinden, ob Ihre Geschäftsidee gut ist - auch wenn Sie dabei jeder anlügt. CreateSpace Independent Publishing Platform.

Gassmann, O., Frankenberger, K. und Choudury, M. (2020). *Geschäftsmodelle entwickeln: 55+ innovative Konzepte mit dem St. Galler Business Model Navigator*. Carl Hanser Verlag.

Goldenberg, J. und Boyd, D. (2019). *Inside the Box: Warum die besten Innovationen im Geschäftsleben direkt vor Ihren Füßen liegen*. Springer.

Guggenbühl, O. (Juli 2023). Die richtigen Prompts für ChatGPT und Co. *t3n Magazin*, S. 132-134.

Hauschildt, J., Salomo, S., Schultz, C. und Kock, A. (2023). *Innovationsmanagement*. Vahlen.

Heath, D. und Heath, C. (2011). *Switch: How to change things when change is hard*. Random House Business.

Hoffmeister, C. (2022). *Digital Business Modelling: Digitale Geschäftsmodelle verstehen, designen, bewerten*. Hanser.

Hypothekarbank Lenzburg AG. (14.09.2023). Hypothekarbank Lenzburg AG gründet Finstar AG. Von https://www.hbl.ch/de/ueber-uns/medien-news/medienmitteilungen-und-news/2023/hypothekarbank-lenzburg-ag-schafft-mit-der-gruendung-der-finstar-ag-die-basis-fuer-strategische-fokussierung-und-staerkeres-wachstum-im-kernbankensoftware-geschaeft/ abgerufen.

Isidor, R., Baum, M., Franzke, S. und Schüler, J. (2023). Intrapeneurship MONITOR 2022. Universität Bayreuth – Institut für Entrepreneurship und Innovation.

Johansson, F. (2018). *Der Medici-Effekt: Wie Innovation entsteht*. Plassen Verlag.

Johnson, S. (2017). *Wo gute Ideen herkommen - Eine kurze Geschichte der Innovation*. Anaconda Verlag.

Kleine, J. und Weingarz, S. (2023). *Future Work Skills - Neue Kompetenzen braucht die Bank*. Praxis und Management, S. 62-65.

Quellen

Kleske, J. (24.06.2013). Work in times of strangeness. Von https://medium.thirdwaveberlin.com/work-in-times-of-strangeness-299cbefcfeab abgerufen.

Kraus, R., Kreitenweis, T. und Jeraj, B. (2022). *Intrapreneurship - Unternehmergeist, Systeme, Gestaltungsmöglichkeiten.* SpringerGabler.

Leemann, N. (2023). *Adaption!: Wie sich etablierte Unternehmen an radikalen Wandel anpassen.* Hanser.

Mayr, S. (22.05.2019). Wut und Wehmut - Dieter Zetsche übergibt den Vorstandsvorsitz an Ola Källenius. Die Aktionärsvertreter bedanken sich, es gibt auch scharfe Kritik. Von https://www.sueddeutsche.de/wirtschaft/daimler-wut-und-wehmut-1.4457746 abgerufen.

Nicolas, B. (2019). *The Intrapreneurs' Factory - a practical guide for corporate managers who want to leverage intrapreneurship.* Independently published.

Osterwalder, A., Pigneur, Y., Etiemble, F. und Smith, A. (2020). *The Invincible Company: So schaffen Sie eine Kultur der Innovation und Transformation, die Ihr Unternehmen unbesiegbar macht.* Campus.

Panthen, M. und Henike, T. (2023). Überwindung der internen Innovationskluft: Nudging-Prinzipien zur Förderung der individuellen Innovationsbereitschaft. HMD Praxis der Wirtschaftsinformatik, S. 60:709–720.

Pape, A. (08.07.2019). Von der Idee zur Innovation - Entscheidungsfindung im Rahmen von Transformationsprojekten anhand eines Innovationskoeffizienten. Bachelorarbeit. Hochschule Fresenius.

PETER MAY Family Business Consulting GmbH & Co. KG. (14.09.2023). Familienunternehmen brauchen dringend mehr Digitalkompetenz. Von https://www.petermay-fbc.com/consulting/consulting-news-blog/digitalbeiraete abgerufen.

Pioch, S. (2018). *Digital Entrepreneurship: Ein Praxisleitfaden für die Entwicklung eines digitalen Produkts von der Idee bis zur Markteinführung.* Springer.

Pioch, S. (2021). *Quick Guide Wissensbasiert entscheiden: Wie Sie strukturierte Entscheidungen treffen können.* Springer.

Pioch, S. und Windmüller, H. (2020). *Start-up Skills: Der Guide für Entrepreneure und Querdenker.* Campus.

Rout, S. (24.12.2021). Bundling, unbundling, and re-bundling: understanding the cycle of progress. Von https://satyajit-rout.medium.com/bundling-unbundling-and-re-bundling-understanding-the-cycle-of-progress-3301383c5839 abgerufen.

Sauga, M., Müller-Arnold, B., Kröger, M., Traufetter, G., Jauernig, H., Diekmann, F., Rosenbach, M. (2023). Ein Land als Sanierungsfall: Deutschlands Wirtschaft schmiert ab – was jetzt helfen könnte. *Spiegel,* Ausgabe 36.

Schönebeck, G. und Kratzer, J. (2010). Barrieren und Widerstände als Hemmnisse im Intrapreneurship-Prozess – Eine empirische Studie. ZfKE, S. 267–288.

Schröer, A. und Rosenow-Gerhard, J. (2019). *Lernräume für Intrapreneurship. Eine praxistheoretische Perspektive auf Grenzziehung und Grenzbearbeitung im Spannungsfeld zwischen Arbeitsalltag und Innovationsentwicklung.* ZfW, S. 42:221–233.

Sifted EU Ltd. (14. 09.2023). 94% of VC-backed startups are going to survive Covid. Von https://sifted.eu/articles/stationf-startup-survey abgerufen.

Sprenger, R. (2021). *Mythos Motivation: Wege aus einer Sackgasse.* Campus.

Tropper, M. (2020). *Vertrauen: Wie dein Business von echten Partnerschaften profitiert.* Campus beats.

UK Parliament. (14.09.2023). Churchill and the Commons Chamber. Von https://www.parliament.uk/about/living-heritage/building/palace/architecture/palacestructure/churchill/ abgerufen.

Vahs, D. und Brem, A. (2015). *Innovationsmanagement: Von der Idee zur erfolgreichen Vermarktung.* Schäffer-Poeschel.

Zimmermann, V. (2022). Mittelständische Unternehmenstypen im Innovationssystem: Aktivitäten, Hemmnisse und Erfolge. KfW Research.

Stichwortverzeichnis

Stichwortverzeichnis